"十三五"国家重点图书出版规划项目

国家出版基金项目
NATIONAL PUBLICATION FOUNDATION

中国特色畜禽遗传资源保护与利用丛书

辽 宁 绒 山 羊

姜怀志　丛玉艳　郭 丹　张 微　著

中国农业出版社

北 京

本书编写人员

著　者　姜怀志　丛玉艳　郭　丹　张　微

审　稿　田可川

　　我国是世界上畜禽遗传资源最为丰富的国家之一。多样化的地理生态环境、长期的自然选择和人工选育，造就了众多体型外貌各异、经济性状各具特色的畜禽遗传资源。入选《中国畜禽遗传资源志》的地方畜禽品种达 500 多个、自主培育品种达 100 多个，保护、利用好我国畜禽遗传资源是一项宏伟的事业。

　　国以农为本，农以种为先。习近平总书记高度重视种业的安全与发展问题，曾在多个场合反复强调，"要下决心把民族种业搞上去，抓紧培育具有自主知识产权的优良品种，从源头上保障国家粮食安全"。近年来，我国畜禽遗传资源保护与利用工作加快推进，成效斐然：完成了新中国成立以来第二次全国畜禽遗传资源调查；颁布实施了《中华人民共和国畜牧法》及配套规章；发布了国家级、省级畜禽遗传资源保护名录；资源保护条件能力建设不断提升，支持建设了一大批保种场、保护区和基因库；种质创制推陈出新，培育出一批生产性能优越、市场广泛认可的畜禽新品种和配套系，取得了显著的经济效益和社会效益，为畜牧业发展和农牧民脱贫增收作出了重要贡献。然而，目前我国系统、全面地介绍单一地方畜禽遗传资源的出版物极少，这与我国作为世界畜禽遗传资源大国的地位极不相称，不利于优良地方畜禽遗传资源的合理保护和科学开发利用，也不利于加快推进现代畜禽种业建设。

　　为普及对畜禽遗传资源保护与开发利用的技术指导，助力做大做强优势特色畜牧产业，抢占种质科技的战略制高点，在农业农村部种业管理司领导下，由全国畜牧总站策划、中国农业出版社出版了这套"中国特色畜禽遗传资源保护与利用丛书"。该丛书立足于全国畜禽遗传资源保护与利用工作的宏观布局，组织以国家畜禽遗传资源委员会专家、各地方畜禽品种保护与利用从业专家为主体的作者队伍，以每个畜禽品种作为独立分册，收集汇编了各品种在管、产、学、研、用等相关行业中积累形成的数据和资料，集中展现了畜禽遗传资源领域最新的科技知识、实践经验、技术进展与成果。该丛书覆盖面广、内容丰富、权威性高、实用性强，既可为加强畜禽遗传资源保护、促进资源开发利用、制定产业发展相关规划等提供科学依据，也可作为广大畜牧从业者、科研教学工作者的作业指导书和参考工具书，学术与实用价值兼备。

丛书编委会

2019 年 12 月

序言

　　我国是世界畜禽遗传资源大国，具有数量众多、各具特色的畜禽遗传资源。这些丰富的畜禽遗传资源是畜禽育种事业和畜牧业持续健康发展的物质基础，是国家食物安全和经济产业安全的重要保障。

　　随着经济社会的发展，人们对畜禽遗传资源认识的深入，特色畜禽遗传资源的保护与开发利用日益受到国家重视和全社会关注。切实做好畜禽遗传资源保护与利用，进一步发挥我国特色畜禽遗传资源在育种事业和畜牧业生产中的作用，还需要科学系统的技术支持。

　　"中国特色畜禽遗传资源保护与利用丛书"是一套系统总结、翔实阐述我国优良畜禽遗传资源的科技著作。丛书选取一批特性突出、研究深入、开发成效明显、对促进地方经济发展意义重大的地方畜禽品种和自主培育品种，以每个品种作为独立分册，系统全面地介绍了品种的历史渊源、特征特性、保种选育、营养需要、饲养管理、疫病防治、利用开发、品牌建设等内容，有些品种还附录了相关标准与技术规范、产业化开发模式等资料。丛书可为大专院校、科研单位和畜牧从业者提供有益学习和参考，对于进一步加强畜禽遗传资源保护，促进资源可持续利用，加快现代畜禽种业建设，助力特色畜牧业发展等都具有重要价值。

中国科学院院士
中国农业大学教授　吴常信

2019 年 12 月

　　山羊是人类 1 万年前从野生驯化成家养的主要农业物种，其后又经历了 3 000～5 000 年的人工选择，才形成了如今分布于世界各地的拥有近千个品种（遗传资源）的重要家养动物。山羊作为重要的农业动物，在维持生态环境、充分利用饲草资源、将植物蛋白高效转换成动物蛋白中发挥着重要作用。养羊业是我国畜牧业的重要组成部分。羊对粗饲料的转化效率约是牛的 3 倍，可以利用其他家畜无法利用的资源，生产出满足纺织工业需求的优质绒毛原料，满足人们健康所需的高蛋白质、低脂肪特别是低胆固醇的羊肉。

　　全世界 70% 的山羊群体分布在亚洲和中东地区，数量较多的是中国、印度和巴基斯坦。中国是世界第一山羊饲养大国，也是世界上山羊品种（遗传资源数量）较为丰富的国家之一。2011 年出版的《中国畜禽遗传资源志·羊志》中共列入山羊品种 69 个（其中，地方品种 58 个、培育品种 8 个、引进品种 3 个），在这 69 个山羊品种中，以产绒为主或可产山羊绒的品种（遗传资源）多达 18 个，占品种总数的 26%。

　　山羊绒是产绒山羊皮肤次级毛囊生长的分布于被毛底层的无髓纤维，是山羊业的主要产品之一，在国际市场统称为

"开士米"（cashmere），即克什米尔的谐音。中国利用山羊绒生产各类织品的历史悠久。据史书记载，唐代就利用出自河西"矞芳羊"或"羖羝羊"的内毛（山羊绒）纺织出轻暖、手感犹如"丝帛滑腻"的绒褐（毛绒布）。清朝光绪七年（1881年），山羊绒作为大宗畜产品开始出口。20世纪80年代以来，中国的山羊绒贸易量一直占国际市场的60%以上，山羊绒成为我国为数不多的在国际市场中占据主导地位的农畜产品。

辽宁绒山羊是以高产绒量而闻名于世的著名绒山羊品种，自20世纪50年代末期在辽东地区被发现以来，已经推广到全国17个省（自治区和直辖市）的114个县（旗），作为主要父本品种，培育出陕北白绒山羊等多个绒山羊新品种，为中国的绒山羊产业发展作出了巨大贡献。吉林农业大学马宁教授作为辽宁绒山羊和中国绒山羊育种的开拓者，自20世纪80年代中期就开始了以辽宁绒山羊为主的绒山羊资源利用方面的研究工作，其后中国农业大学、沈阳农业大学和辽宁省畜牧科学研究院等单位也相继开展了辽宁绒山羊的相关研究工作，研究内容涉及辽宁绒山羊的品种特性、品种选育、繁殖性能、营养需求及饲养管理等多个方面，对辽宁绒山羊的种质资源特性进行了初步揭示，对指导辽宁绒山羊的选育提高和品种资源利用提供了理论参考。

　　本书的著者均师承马宁教授和贾志海教授两位绒山羊研究领域前辈，多年来一直从事以辽宁绒山羊为主要对象的相关研究工作，尤其是均承担过"十一五"国家科技支撑计划、国家自然科学基金项目等多项涉及辽宁绒山羊的国家级项目研究工作。因此，将多年来对辽宁绒山羊研究的成果和心得汇集成书，以便为今后的研究者提供一些基础素材，是本书著者们多年的心愿。衷心感谢辽宁省辽宁绒山羊育种中心（辽宁省绒山羊原种场有限公司）多年来对著者及其团队在从事辽宁绒山羊研究方面给予的大力支持，也感谢著者研究团队的博士和硕士研究生们。相信《辽宁绒山羊》一书的出版，将对我国绒山羊养殖技术的研究和应用及产业的可持续发展起到积极的推动作用。

　　书中不妥之处在所难免，敬请同行和读者不吝赐教。

著　者

2019 年 6 月于长春

第一章
中国绒山羊产业

　　绒山羊产业是我国畜牧业中的一个重要组成部分。绒山羊品种是我国宝贵的品种遗传资源，也是重要的战略资源。我国的绒山羊饲养历史悠久，清光绪七年（1881年）山羊绒就开始向欧洲出口，1949年山羊绒产量达到1 250 t。中华人民共和国成立后，国家开展了绒山羊本品种选育，绒山羊产业得到了较大的发展，特别是改革开放以来，我国的绒山羊产业发展极为迅速，到2015年年底，我国的山羊绒产量达到1.813 5万t，是1978年的4.8倍。在山羊绒产量迅猛增长的同时，绒山羊品种（遗传资源）数量也得到了迅速增加，除了辽宁绒山羊等原有的绒山羊品种（遗传资源）外，又先后培育出了陕北白绒山羊等数个绒山羊新品种；山羊绒已经成为我国畜产品领域中为数不多的可以左右国际市场的产品。1996—2015年是我国绒山羊发展极为迅猛的时期，其生产情况见表1-1和图1-1。

表1-1　我国山羊存栏及山羊绒产量

[引自《中国统计年鉴》（1997—2016）]

年份	山羊数量（万只）	山羊绒产量（t）
1996	12 315.80	9 585.00
1997	13 480.10	8 626.00
1998	14 168.30	9 799.00
1999	14 816.26	10 179.65
2000	14 945.60	11 057.00
2001	14 562.27	10 967.66
2002	14 841.20	11 765.00

（续）

年份	山羊数量（万只）	山羊绒产量（t）
2003	14 967.90	13 528.00
2004	15 195.50	14 514.70
2005	14 658.96	15 434.83
2006	13 768.02	16 395.06
2007	14 336.47	18 483.39
2008	15 229.22	17 184.00
2009	15 050.10	16 963.71
2010	14 203.93	18 518.48
2011	14 274.24	17 989.06
2012	14 136.15	18 021.22
2013	14 034.54	18 113.81
2014	14 465.92	19 227.94
2015	14 893.44	19 247.21

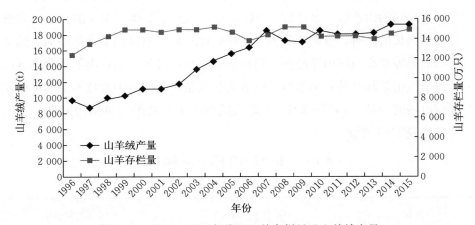

图 1-1　1996—2015 年我国山羊存栏量及山羊绒产量

第一节　世界绒山羊品种资源概述

世界山羊品种丰富多彩，总数近 200 个（不含品种群和类群羊），包含肉用、毛用、奶用、绒用和毛皮用及兼用等多种专门生产方向。绒山羊是其中的一个重要类别。世界上的绒山羊大多是非专门化品种，粗毛与绒毛的重量比约为 7 : 3，产绒量平均约 100 g。经过系统选育，绒毛占毛绒总量 50% 以上，产绒量达到 300 g 以上的专门绒山羊品种并不多，目前大约有 40 个品种，分布在全世界 20 多个国家和地区，其中亚洲占 80% 以上。分布地区相对集中在北纬 35°—55°、东经 5°—120° 范围内的中亚山地和高原上，绝大部分分布在干旱、半干旱、荒漠、半荒漠化草原上，仅有少数分布在温带丘陵地区。世界上的绒山羊品种大体上可以分为两类：一类是以中国绒山羊为主体的开士米型粗毛山羊，如辽宁绒山羊、内蒙古绒山羊、蒙古绒山羊、印度绒山羊和巴基斯坦绒山羊，其特点是毛长绒短，外层毛被有较长的粗毛，被毛的底层生长着较短的绒毛，有明显的季节型脱毛现象；另一类是以俄罗斯产绒山羊为主体的绒毛型山羊，如顿河山羊、奥仑堡山羊等，其特点是绒长毛短，冬春季节从外观上看，外层为绒毛，粗硬的有髓毛则隐藏到绒毛之中成为下层毛，绒比毛多，一般绒的含量为毛绒总量的 60% 以上。

全世界绒山羊品种（遗传资源）除了中国外，还有分布在欧洲、中亚及大洋洲等地的产绒山羊，著名的绒山羊遗传资源主要有顿河山羊、奥仑堡山羊、瓦塔尼黑山羊、山地阿尔泰绒山羊、吉尔吉斯绒山羊、乌兹别克黑山羊、蒙古绒山羊、戈壁古尔班赛汗绒山羊、毛尔克赫山羊、康尔第山羊、戈地山羊、克什尼山羊、阿斯玛瑞山羊、英格兰山羊、野化山羊。国外的众多绒山羊遗传资源中以产青绒、紫绒和黑绒等有色绒为主，产白绒的极少，而且除了顿河山羊、奥仑堡山羊外，绝大多数品种每只羊的年均产绒量都在 300 g 以下。另外，还有如西藏山羊、沂蒙黑山羊、安那图黑山羊、加迪山羊等一些产绒量少的兼用山羊品种。国外主要绒山羊生产性能分布见表 1-2。

世界上目前饲养绒山羊的主要国家有中国、俄罗斯、伊朗、蒙古国、阿富汗、印度、巴基斯坦及土耳其。另外，澳大利亚、新西兰、英国等一些传统的羊毛生产国也开始发展绒山羊业。目前世界的山羊绒产量稳定在 2 万 t 左右，中国是世界主要的山羊绒生产国，原绒产量和贸易量均占世界的 50% 左右。在世界各国的山羊绒中，中国和蒙古国的山羊绒均为细而均匀的优质绒。世界山羊绒的主要进口和加工国家有英国、美国、意大利、德国、日本等国。英国是世界上羊绒加工量最大的国家，每年山羊绒进口量占世界贸易量的 60%，其中由中国进口量约占英国进口总量的 46%。日本年山羊绒加工量为 1 100 t，主要来自中国和蒙古国。

表 1-2 国外主要绒山羊生产性能

（引自姜怀志，郭丹，陈洋，等，2009）

品种	体重（kg）		产绒量（g）		绒纤维直径（μm）	绒纤维长度（mm）	绒毛颜色
	成年公羊	成年母羊	成年公羊	成年母羊			
山地阿尔泰绒山羊	63～70	40～44	700～900	500～800	16～19	80～90	黑、灰色
顿河山羊	60～65	35～41	550～1 600	330～1 430	16～20	80 以上	灰色
奥仑堡山羊	55～110	42～65	300～400	200 左右	14～15	50 以上	白色
乌兹别克黑山羊	51（公母平均）		280～440（公母平均）		15～24	80～90	黑色为主
蒙古绒山羊					14.3～15.5	39～51	紫色
开士格拉山羊			50～500		15～19	56～67	白色
昌代吉羊	20.4	19.8	215		13.9	49.5	白色为主
戈壁古尔班赛汗绒山羊	55	40	800	500	—	—	白色为主
吉尔吉斯绒山羊	—	—	500～600	360～385	16～18	30	青色或紫色
瓦塔尼黑山羊			—	—	16.6	68～69	黑色为主

由表 1-2 可见，世界的主要绒山羊品种中，山地阿尔泰绒山羊和顿河山羊的产绒量最高，但主要是产黑绒，其他品种中绒色也以黑色为主，其次为紫色绒，白色绒所占的比重较小，产绒量也高低不等。

第二节 中国绒山羊业

一、中国绒山羊品种（遗传资源）分布

中国的绒山羊群体主要分布在长城以北地区，具有产绒潜力的山羊群体扩散到北纬 35°以北的黄河流域和青藏高原；而在青海、四川，分布区已经向南延伸到北纬 32°；在西藏向南延伸到北纬 27°。出现向南延伸的状况是由海拔高度（一般在 4 000 m 以上）升高造成的。从绒山羊分布的气候带来看，我国产绒山羊主要分布在中温带的干旱、半干旱和亚湿润气候带（内蒙古、新疆北部、宁夏、河北、山西、甘肃等地），占全国绒山羊总数的 55%以上；暖温带的干旱（新疆的南疆）、亚干旱（陕西、山西、河北的部分地区）、亚湿润（山

东、河北部分地区）、湿润（辽宁的辽东山区）地区约占全国绒山羊的 28%；高原气候带的干旱（西藏、青海部分地区）、亚湿润（青海的部分地区）、湿润地带（四川的甘孜、阿坝地区）约占全国绒山羊总数的 17%。我国部分绒山羊品种产区的自然条件、生态特点见表 1-3 和表 1-4。

表 1-3　我国产绒山羊产区的气候条件

（引自姜怀志，李莫南，娄玉杰，等，2001）

山羊品种	分布地区	地理位置	海拔 (m)	平均气温 (℃)	降水量 (mm)	无霜期 (d)	相对湿度 (%)
辽宁绒山羊	以盖州市为中心的辽宁半岛	东经 121°—125° 北纬 39°—40°	500~1 200	7~8	700~900	150~170	60
内蒙古绒山羊	内蒙古全境以巴彦淖尔、鄂尔多斯较多	东经 106°—108°42′ 北纬 41°—41°41′	800~1 700	4.5	100~200	120~180	40~50
河西绒山羊	甘肃省的河西走廊地区	东经 98°31′—99° 北纬 39°46′—40°	1 400~3 000	7.3	80~200	130	46
西藏山羊	西藏青海及四川的甘孜、阿坝	东经 90°25′—99° 北纬 28°58′—30°	2 500~4 500	1.9~7.5	400	33~57	44
新疆山羊	全疆各地	东经 75°09′—88°05′ 北纬 41°—41°41′	500~2 000	4.0~22.7	50~600	110~200	50~56
中卫山羊	宁夏的中卫，甘肃的景泰、靖远等地	东经 104°—106° 北纬 36°—38°	1 300~2 000	8.3	190.7	140~160	55
太行山羊	河南、河北、山西三省接壤的太行山区	东经 107°—114°03′ 北纬 36°09′—41°05′	500~1 600	7.9~11.6	500~700	150~170	54~60
沂蒙黑山羊	以沂蒙源县为中心的山东泰山沂蒙山区	东经 117°81′—118°31′ 北纬 35°35′—36°23′	46~54	13.6	650~850	200~205	65~70

表 1-4　我国产绒山羊产区生态环境特点

（引自姜怀志，李莫南，娄玉杰，等，2001）

山羊品种	气候带	生态类型	植被特点	饲养特点	地域划分
内蒙古绒山羊	中温带	高寒草原	以多年生禾本科植物及灌木半灌木为主，植被覆盖度低，产草量不稳定	全年放牧，不补饲	北方牧区

（续）

山羊品种	气候带	生态类型	植被特点	饲养特点	地域划分
辽宁绒山羊	中温带	干旱沙漠	高山灌木丛草场，草甸草原草场，半荒漠草场，荒漠草场	全年放牧，不补饲	北方牧区
新疆山羊	中温带	干旱草原	草甸草原，森林草甸草原	全年放牧，不补饲	北方牧区
西藏山羊	青藏高原区	高寒草地	高山草原草场，高山草甸草场，山地疏林草场，高山荒漠草场，植被覆盖度为30%～50%	全年放牧，不补饲	青藏高原
中卫山羊	中温带	干旱沙漠	荒漠半荒漠草原，植被为耐温碱耐旱的藜科、菊科多年生小灌木，覆盖度为15%～37%	全年放牧，不补饲	农牧交错区
太行山羊	暖温带	丘陵山地	荆条、牛荆、灌丛植物以及农作物	全年放牧	北方农区
沂蒙黑山羊	暖温带	丘陵山地	禾本科、豆科为主的牧草	舍饲为主，放牧为辅	北方农区

二、中国绒山羊遗传资源种类

中国列入 2011 年版《中国畜禽遗传资源志·羊志》（以下简称《羊志》）的山羊品种（遗传资源）共 69 个，其中产绒的品种（遗传资源）共 18 个。产绒品种中，专门化的地方品种 4 个（乌珠穆沁绒山羊由地方命名），培育品种 6 个（3 个通过国家审定；晋岚绒山羊品种 2012 年通过国家审定，未列入《羊志》中；2 个通过省级品种审定，未列入《羊志》中），正在培育的绒山羊遗传资源 1 个，其余为可产绒地方山羊品种（青格里绒山羊通过省级审定而未被列入《羊志》），具体见表 1-5。

表 1-5 中国产绒山羊品种及遗传资源

（引自姜怀志，2012）

品种	类型	产地及分布	产绒量（g）	绒色	品种类型
辽宁绒山羊	绒肉兼用	辽东山区及辽东半岛	成年公羊 1 300 成年母羊 640	白色	地方品种，本品种选育

（续）

品种	类型	产地及分布	产绒量（g）	绒色	品种类型
内蒙古绒山羊	绒肉兼用	阿尔巴斯型分布在鄂尔多斯地区	成年公羊 1 000 成年母羊 410	白色	地方品种，本品种选育
		二狼山型分布在巴彦淖尔地区	成年公羊 760 成年母羊 410	白色	地方品种，本品种选育
		阿拉善型分布在阿拉善盟	成年公羊 570 成年母羊 400	白色	地方品种，本品种选育
河西绒山羊	绒肉兼用	甘肃河西地区的酒泉、武威	成年公羊 323 成年母羊 279	白色	地方品种，本品种选育
乌珠穆沁绒山羊	绒肉兼用	内蒙古东、西乌珠穆沁旗	成年公羊 780 成年母羊 460	白色	地方品种，本品种选育
罕山白绒山羊	绒肉兼用	内蒙古赤峰市和通辽市	成年公羊 750 成年母羊 510	白色	培育品种，2010 年国家审定
柴达木绒山羊	绒肉兼用	青海西北部柴达木盆地周边地区	成年公羊 540 成年母羊 450	白色	培育品种，2009 年国家审定
陕北白绒山羊	绒肉兼用	陕西的榆林和延安地区	成年公羊 720 成年母羊 430	白色	培育品种，2004 年国家审定
晋岚绒山羊	绒肉兼用	山西岢岚等地	成年公羊 485 成年母羊 450	白色	培育品种，2012 年国家审定
新疆绒山羊 （南疆型，又称阿克苏绒山羊）	绒肉兼用	新疆阿克苏地区	成年公羊 500 成年母羊 250	白色	培育品种，1998 年新疆审定
新疆绒山羊 （北疆型，又称博格达绒山羊）	绒肉兼用	新疆乌鲁木齐地区	成年公羊 544 （含野生山羊血） 成年母羊 350 （含野生山羊血）	白色	培育品种，1998 年新疆审定
陇东绒山羊	绒肉兼用	甘肃庆阳地区	成年公羊 578 成年母羊 451	白色	已经培育完成，尚待审定
西藏山羊	肉绒皮兼用	西藏全境，四川甘孜、阿坝，青海玉树、果洛	成年公羊 400～600 成年母羊 300～500	白色	地方品种，部分地区经过本品种选育
新疆山羊	绒肉兼用	新疆全境	成年公羊 530 成年母羊 510	白色	地方品种，未进行系统选育

（续）

品种	类型	产地及分布	产绒量（g）	绒色	品种类型
承德无角山羊	产肉为主，产少量绒	河北平泉、宽城	成年公羊 240 成年母羊 110	黑色	地方品种，未进行系统选育
吕梁黑山羊	肉绒兼用	山西的吕梁山区	成年公羊 260 成年母羊 230	黑色	地方品种，未进行系统选育
太行山羊	肉绒兼用	山西、河北、河南三省交界的太行山区	成年公羊 200 成年母羊 180	紫色	地方品种，未进行系统选育
莱芜黑山羊	肉绒兼用	山东莱芜、泰安地区	成年公羊 350 成年母羊 200	紫色	地方品种，未进行系统选育
沂蒙黑山羊	肉用，产少量绒	山东泰山和沂蒙山区	成年公羊 225 成年母羊 125	黑色	地方品种，未进行系统选育
济宁青山羊	羔皮，产少量绒	山东济宁、菏泽地区	成年公羊 50～70 成年母羊 30～50	青色	地方品种，经过本品种选育
子午岭黑山羊	绒皮兼用	甘肃东部子午岭山区	成年公羊 313 成年母羊 152	紫色	地方品种，未进行系统选育
中卫山羊	裘皮，产少量绒	宁夏中卫、中宁、海原，甘肃靖远等地	成年公羊 240 成年母羊 170	白色	地方品种，经过本品种选育
青格里绒山羊	绒肉兼用	新疆阿勒泰地区清河县	成年公羊 550 成年母羊 370	白色	地方遗传资源，2005 年新疆地方命名

由表 1-5 可以看出，我国虽然产绒山羊品种较多，但产绒量高的品种几乎是以经过系统选育的地方品种（如辽宁绒山羊、内蒙古绒山羊等）和培育的绒山羊新品种为主，其他品种产绒量均较低。这说明我国优质绒山羊品种是世界上任何绒山羊品种无法比拟的，其他优良品种经过选育和扩大杂交改良，其产绒潜力仍会得到更大的提高。

三、我国山羊绒品质及与国外山羊绒品质的比较

我国绒山羊所产大部分原绒主要以直径 14.5～16.5 μm 的无髓毛为主。自然状态下山羊绒的绒层高度为 3～7 cm，伸直长度为 4～9 cm，多数为 4.5～6.5 cm。山羊绒的颜色有白、紫、青、红 4 类，其中白绒最珍贵，仅占世界羊

绒产量的 30%；我国过去山羊绒中白绒占 40%，紫绒占 55%，青绒和红绒占 5%。但随着近年来各地都引进纯种白绒山羊改良本地产绒山羊，估计全国白绒比例还会增加，但目前还没有确切统计，不同颜色山羊绒的外观性状和细度特征（决定山羊绒品质的最重要物理性状）见表 1-6 和表 1-7。

表 1-6 山羊绒颜色及品种

（引自姜怀志，郭丹，陈洋，等，2009）

颜色类别	外观特征	品　　种
白山羊绒	绒纤维和毛纤维均为白色	辽宁绒山羊、内蒙古绒山羊、河西绒山羊、陕北绒山羊、柴达木绒山羊、切古山羊（白色为主）、昌代吉羊（白色为主）、开士格拉山羊、乌珠穆沁绒山羊、罕山绒山羊、阿克苏绒山羊、博格达绒山羊、西藏山羊（约 32%）、
青山羊绒	绒纤维呈灰白色或青色，毛纤维呈黑白相间色或棕色	济宁青山羊、顿河山羊
紫山羊绒	绒纤维呈紫色或棕色，毛纤维呈棕色或黑色	子午岭黑山羊、奥仑堡山羊、瓦塔尼黑山羊、山地阿尔泰绒山羊、蒙古绒山羊、吉尔吉斯绒山羊、乌孜别克黑山羊、戈壁古尔班赛汗绒山羊、西藏山羊（约 30%）、河北太行山羊、承德无角山羊、黎城大青羊、吕梁黑山羊、沂蒙黑山羊

表 1-7 世界主要产绒国家山羊绒细度比较

（引自姜怀志，郭丹，陈洋，等，2009）

国别	细度（μm）
中国	13.0~17.0
蒙古国	13.0~16.0
苏联	18.0~19.0
伊朗	17.5~19.5
土耳其	16.0~17.0
巴基斯坦	17.9~18.0
新西兰	13.0~19.5
澳大利亚	14.9~19.0

由表 1-7 中可见，我国山羊绒与世界其他主要产绒国家羊绒的细度相比

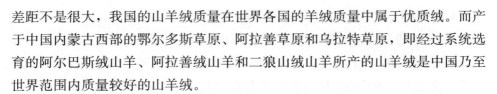

差距不是很大，我国的山羊绒质量在世界各国的羊绒质量中属于优质绒。而产于中国内蒙古西部的鄂尔多斯草原、阿拉善草原和乌拉特草原，即经过系统选育的阿尔巴斯绒山羊、阿拉善绒山羊和二狼山绒山羊所产的山羊绒是中国乃至世界范围内质量较好的山羊绒。

四、我国绒山羊生产中存在的问题

1. 绒山羊良种化程度低，生产水平不高　我国的绒山羊杂交改良面小、发展不平衡。全国现有纯种、杂交后代绒山羊不足，可产绒山羊数不足 25%，大部分主产区的绒山羊数量仅占可产绒山羊的 1/3 左右，目前我国绒山羊的个体产绒量在 200 g 以下，良种化程度非常低，我国的山羊绒产量增长完全是靠绒山羊饲养数量的增加而获得的。如果将我国绒山羊的个体产绒量提高到 250 g 以上，要生产 15 000 t 山羊绒，只要 6 000 万只绒山羊就足够了，也就是说可以在减少 1/3~1/2 饲养数量的同时仍可以保持目前的山羊绒生产水平。目前辽宁省率先在辽宁东部山区的 8 个绒山羊主产区实施了绒山羊的良种化工程项目，大幅度改良低产绒山羊，使产区各个县区的个体产绒量达到 600 g 以上，而与此同时绒山羊的饲养数量减少了 2/3，但山羊绒的总产量不但没有下降，反而有所增加。如果单纯靠增加饲养数量来维持羊绒产量，不仅制约绒山羊的良种化进程，而且对生态环境的压力较大。

2. 种羊场生产规模小，难以满足绒山羊良种化的供种能力　全国目前共有 33 个绒山羊种羊场，其中存栏种羊 500 只以下的种羊场占 57.5%，1 000 只以上的占 36.4%。种羊场规模小，不能形成一定的生产能力和规模效益，致使优良种羊远不能满足需要。

3. 资金投入不足，制约了绒山羊育种进程和生产水平的提高　我国"六五"以前国家投资（约 600 万元）建立 20 个绒山羊生产基地，之后几年中几乎没有投入资金。直到"十五"期间又重新开始对辽宁和内蒙古的国家级原种场重新开始投资，但对其他生产基地的投资仍几乎为零。资金的缺乏，使多数生产基地处于举步维艰的状况，难以维持正常生产，更不要说进行绒山羊的育种工作。

4. 绒山羊生产与山羊绒流通和加工企业之间脱节，制约了山羊绒质量的提高　目前山羊绒的收购没能完全做到以质论价、优质优价、分级拍卖等现代流通手段，致使各地在绒山羊的改良过程出现了一味追求产量的提高，而忽视或漠视羊绒细度，使羊绒品质下降的状况。同时近年来，一部分加工企业为追求产品质量，在加工流程中通过配毛提高羊绒标准的做法，造成了羊绒制品质量的下降，影响销售。最终出现了中国拥有世界上最大的羊绒生产资源和产品加工优势却没有效益优势的局面。

5. 缺乏绒山羊饲养标准，难以科学合理地对绒山羊进行饲养　目前为止我国还没有统一的绒山羊营养标准，虽然已经制定出了内蒙古绒山羊饲养标准，但是辽宁绒山羊目前还没有饲养标准，各地所使用的标准仍然参照细毛羊或毛用山羊的饲养标准，不能满足绒山羊的营养需求。尤其是在目前各地均采取舍饲半舍饲的饲养方式下，粗饲料资源种类匮乏等不利因素，造成了绒山羊体况不是过肥就是过瘦，尿结石、肢蹄病等疾病发生率大幅度增加的状况，对绒山羊营养需求和饲养标准的需要就显得更加迫切。

五、我国绒山羊业的发展前景

我国的绒山羊业在今后的发展过程要以市场需求为导向，以现有资源为基础，努力增加优良品种数量，加快绒山羊杂交改良速度，提高羊只个体产绒量，因地制宜，突出重点，合理布局，实现社会经济和自然资源的优化配置，坚持国家、集体、个人一起上的原则，尽快形成产、供、销一体化的生产经营格局，稳定羊绒价格，实行优质优价，推动我国绒山羊业持续、稳定发展，以满足国内外市场对羊绒制品的需要，增加农牧民收入。

1. 稳定数量　科学合理发展，使全国绒山羊及杂交羊比重提高到50％以上，即在控制山羊绒纤维直径在 15 μm 左右的条件下，提高绒山羊的产绒量。

2. 加强联合育种，提高羊绒质量　辽宁省辽宁绒山羊育种中心自 2005 年以来一直采取社会化联合育种的方式进行辽宁绒山羊的选育工作。几年的实践表明，通过采用统一选育标准、统一登记、统一饲养标准等方式的以绒山羊原种繁育中心为核心，联合民营企业和农户的社会化联合育种模式是十分成功的，不仅能加速绒山羊的良种选育进程，而且能在较短的时间内扩增良种的规模。

3. 绒山羊种羊良种登记　我国各个绒山羊育种企业的绒山羊种羊良种要进行统一登记，并建立电子标识，凡不符合种羊等级标准的、未经测定和登记的，一律不允许作为种羊上市交易。这样就能从种源角度有效地了解绒山羊的良种推广范围和改良效果。

4. 转变绒山羊的饲养方式，正确处理好绒山羊生产与生态环境之间的关系 在 20 世纪末期以后的相当长的一段时间内，由于草原环境恶化，沙尘暴频发，一些人将生态环境恶化归罪于绒山羊。事实上绒山羊的特殊采食习性，确实对草原尤其是灌木具有较大的破坏性，但是究其主要原因还是养殖者不顾草原的载畜能力，盲目扩大绒山羊的数量规模，造成了超载过牧。因此，今后在绒山羊业的发展过程中，尤其是草原地区一定要处理好舍饲圈养与季节性放牧之间的关系。事实证明，凡是草原和山场长期承包给个人的地区，绒山羊对草原的破坏不但没有加剧，反而对草场起到很好的保护作用。

第二章
辽宁绒山羊品种特性与利用

第一节　辽宁绒山羊品种选育历史

　　辽宁绒山羊是在辽宁省东部山区及辽东半岛经过当地人们长期选育，通过选留毛色全白、产绒量高、体躯大、生长发育快的绒山羊作为种用，逐渐繁衍而形成的一个地方良种。该品种究竟来自何处与具体的形成时间，直至今日也没有查到明确的记载。该品种最早是在 1955 年 11 月发现的。时任辽宁省农业厅畜牧技师赵启泰先生（1925—2010 年），在盖县（现盖州市）太阳升公社丁屯村发现了纯白色、体格高大、产绒量高的山羊群体。1959 年辽宁省畜牧兽医研究所张延龄技师对该村的山羊进行仔细调查后，确认该山羊群体为优良地方品种。1963 年农业部付寅生研究员到当地对该群羊进行了现场考察并对母羊产绒量进行了现场测试，母羊产绒量高达 400 g，与当时苏联的顿河山羊的产绒量相接近，属于当时世界少见的高产绒山羊群体，考察结果引起农业部的高度重视。1964 年 8 月农业部委托辽宁省组成专家工作组对盖县的产绒山羊进行进一步现场调查，工作组成员除了对太阳升公社丁屯村绒山羊的生产性能进行现场测定外，还走访了其他 7 个公社，共调查了 24 群羊，在 1 349 只山羊中抽取了 220 只进行体尺、体重和产绒量的测定，调查结果由张延龄先生主笔撰写了《盖县绒山羊调查报告》（发表在《辽宁农业科学》1965 年第 2 期），经辽宁省农业厅上报辽宁省人民委员会，并得到批转。1968 年辽宁省人民委员会在盖县建立辽宁省绒山羊育种站，选择质量好的绒山羊集群繁殖，开始本品种选育工作。"文化大革命"期间，绒山羊的选育工作受到破坏，育种站一度被撤销。1980 年，全国畜禽品种资源普查发现在盖县周围的岫岩、凤城、宽甸等县也有类似的绒山羊群体。同年，在农业部的支持下，辽宁省在盖县建立了辽宁省绒山羊原种场。1981 年辽宁省召开了有关产区县参加的绒山羊育种工作会议，将分布在盖县、岫岩、宽甸等各县的绒山羊统一命名为"辽宁绒山羊"，并组成由各个基地县参加的绒山羊育种协作组，按照统一的育种方案，开展联合育种。1981 年农业部将辽宁绒山羊选育正式列入国家层面的畜牧科研计划。1983 年由辽宁省畜牧兽医研究所牵头，制定了《辽宁绒山羊标准（草稿）》。1985 年经当时的国家标准局批准为国家标准（GB/T 4630—1984），该标准于 2010 年进行重新修订，2011 年经国家质量监督检验检疫总局发布，即至今仍在实施的《辽宁绒山羊》（GB/T 4630—2011）。1984 年，辽宁省农业厅、辽宁省科学技术委员会受农业部委托，对辽宁省各地饲养的辽宁绒山羊进行了统一鉴定，确认该品种为绒山羊品种，被国家正式命名为"辽宁绒山羊"，并被列入《中国羊品种志》（1989 年）。该书中收录了国内 3 个绒山羊品种，而辽宁绒山羊是其中之一。1985 年以后，辽宁省对辽宁绒山羊进行了系统的选育，除了开展常规群体继代选育外，还先后开展了以产绒量提高为核心的品种选育（1985—1990 年），优质高产系选育（1981—1995 年），辽宁绒山羊优质系、高产系选育（1991—1999 年），辽宁绒山羊常年长绒型新品系选育（1998—2006 年），辽宁绒山羊高繁系、无角系选育（2000—2008 年），2001 年后实施社会化联合育种工作。经过近 40 余年的系统选育，辽宁绒山羊的品种质量不断提升，产绒量不断提高，已经跃居世界白绒山羊之首，成为享誉中外的优良绒山羊品种。自 20 世纪 70 年代末期，辽宁绒山羊被国内其他绒山羊饲养省份多次引种，累计向全国 17 个省（自治区、直辖市）的 114 个县（旗）推广种羊 50 余万只，冷冻精液 150 余万剂，是国内培育陕北白绒山羊、柴达木绒山羊、晋岚绒山羊等绒山羊品种的父本品种，同时各地区利用辽宁绒山羊改良本地低产品种，使山羊产绒量普遍得以提高。

第二节　辽宁绒山羊产区自然生态环境

辽宁绒山羊主产区主要集中在辽宁省的盖州（原盖县）、岫岩、凤城、宽甸、庄河、瓦房店、大石桥、辽阳、本溪、新宾、清原、桓仁等 12 个县（市）的山区及辽东半岛地区。产地位于东经 121°20′—125°40′，北纬 30°20′—40°10′之间。产区地貌复杂，山地河谷和小平原相互交错，东部山地丘陵区为长白山山脉的西南延伸部分，由东北向西南逐步降低进入中部平原。其中以桓仁、宽甸 2 县地势最高，境内的花脖子山海拔 1 336 m，为最高点。南部辽东半岛的千山山脉西南部延伸部分的丘陵区，北高南低，海拔多在 900 m 以下，最高峰为庄河区域内的步云山，海拔 113 m。丘陵面积广阔，呈波浪起伏。南端介于黄海和渤海之间。

辽宁东部山区属森林植被，以针阔混交林和阔叶林为主，外周杂树区以柞树、榛子树及各种灌木为主。树木种类繁多，草本植物资源丰富。草地类型以山地草甸、农林间隙地、山地灌木草丛为主，森林草甸零星分布。可利用的天然牧草有 600 多种，有可利用草地 169 万 hm²，生态环境良好。辽东半岛草地类型则以农林隙地类为主，多为零星小片草地，有可利用草地面积 25.2 万 hm²，占全省 7.78%。土壤为棕色、褐色森林土。植被覆盖率达 80% 以上。草生繁茂、种类繁多，有禾本科的画眉草、狗尾草，豆科的野苜蓿、落豆秧和菊科的老牛筋，也有多种低矮灌木胡枝子等，都是山羊的好饲料。境内水资源丰富，山山有水、溪水长流，山羊可随意饮用，非常方便。主要农作物有玉米、高粱、大豆、花生、水稻，也有苹果、棉花等经济作物，农业资源丰富，所有农副产品、树枝果叶、果皮等都是绒山羊的好饲料。

辽东、辽南地处欧亚大陆东岸，是温带大陆性季风气候。辽东、辽南地区地形、地貌较为复杂，各地气候不尽相同。总的气候特点是四季分明，寒冷期长；雨量集中，东湿西干；平原风大，日照丰富。辽东、辽南各地年平均气温多为 5～10 ℃，自沿海向内陆逐渐递减，辽东半岛及辽南的瓦房店、盖州平均气温均在 9 ℃ 以上，而清原至新宾一带以东地区在 5 ℃ 以下，辽东与辽南的气温差距较大，在 10 ℃ 以上。气温年较差（最热月与最冷月平均温度之差）由于海陆分布的影响，内陆大于沿海，南部沿海地区为 27～31 ℃，其余地区为 31～38 ℃。最低气温≤0 ℃ 日数，沿海地区为 140～180 d，其他地区为 180～220 d。年平均降水量一般为 500～1 000 mm，由东向西逐渐减少。东南部地区多达 800～1 050 mm，西北部地区为 400～500 mm。全年降水量主要集中在夏季，6—8 月降水量占全年降水量的 60%～70%。无霜期除东部山区在 140 d 以下，大连南端和长海在 200 d 以上，其他地区一般为 150～200 d。辽东、辽南的辽阳、盖州、瓦房店、凤城、岫岩、宽甸、桓仁、本溪、新宾、清原各地在气温、降水量、无霜期、主要农作物和植物覆盖等均有显著差别。辽宁绒山羊主产区的自然状况见表 2-1。

表 2-1 辽宁绒山羊主产区状况

地区	年均气温 (℃)	年均降水量 (mm)	无霜期 (d)	主要农作物	地形特点	主要植被
新宾	5	762	134	玉米、水稻	山地	乔木
清原	4	774	132	玉米、水稻	山地	乔木
宽甸	6	1 051	135	玉米	山地	灌木
辽阳	8	716	165	玉米	山地	灌木
岫岩	7	818	151	玉米	山地	灌木
瓦房店	9	613	178	水稻	平地	作物
盖州	9	607	189	水稻	山地	灌木
桓仁	6	815	148	玉米、水稻	山地	乔木
凤城	8	998	156	玉米	山地	灌木
本溪	6	765	151	玉米	山地	乔木

第三节 辽宁绒山羊品种特性

一、辽宁绒山羊体型外貌特征

辽宁绒山羊体质结实、结构匀称。被毛全白，外层有髓毛长而稀疏，无弯曲，有丝光；内层密生无髓毛，清晰可见。肤色为粉红色。头小而轻，额顶有长而弯曲的旋毛，颌下有髯，面部清秀，鼻梁微凹。公、母羊均有角，公羊角粗壮、发达，向后朝外侧呈螺旋式伸展；母羊多为板状角，稍向后上方反转伸展，少数为麻花角。颈宽厚，颈肩结合良好。背腰平直，后躯发达，四肢粗壮，坚实有力。尾为短瘦型，尾尖上翘（彩图 2-1 至彩图 2-3）。

二、辽宁绒山羊体尺指标

辽宁绒山羊的体长、体高、胸围、胸宽、胸深、腹围和管围等体尺指标见表 2-2。

表 2 - 2   辽宁绒山羊体尺

(引自张世伟，2009)

类别	体长 （cm）	体高 （cm）	胸围 （cm）	胸宽 （cm）	胸深 （cm）	腹围 （cm）	管围 （cm）
成年公羊	82.10	74.00	99.60	30.50	37.60	116.00	11.80
成年母羊	71.50	61.80	82.80	21.00	31.00	104.60	9.40
育成公羊	63.20	55.40	70.40	17.70	27.60	78.50	8.20
育成母羊	61.90	53.70	67.20	14.70	25.60	75.60	7.30
后备公羊	68.70	63.80	82.20	21.50	31.70	95.20	9.90
后备母羊	63.30	58.30	73.10	17.70	28.10	90.00	8.40

注：各类别羊均是 100 只羊的测定数据。

三、辽宁绒山羊产肉性能与羊肉品质

1. 辽宁绒山羊的产肉性能   陈洋等（2009）对辽宁绒山羊 18 月龄公羊和 12 月龄母羊的屠宰性能进行了测定分析，发现辽宁绒山羊 18 月龄公羊宰前活重可达 39.00 kg，胴体重达 18.39 kg，屠宰率为 47.03％，净肉率为 32.68％，肉骨比 3.10。12 月龄母羊宰前活重可达 25.67 kg，胴体重达 11.04 kg，屠宰率为 43.01％，净肉率为 30.78％，肉骨比 3.11。

2. 辽宁绒山羊的肉质性状   辽宁绒山羊肉质性状及其与盖州当地山羊（盖州当地饲养的山羊未经系统选育，每只羊的年产绒量不足 50 g，2009 年前饲养规模超过 100 万只，主要用于生产商品羊肉）的相关指标对照结果见表 2 - 3。

表 2 - 3   辽宁绒山羊肉质性状指标

(引自陈洋，常青，巩俊明，等，2009)

项目	数量（只）	辽宁绒山羊	盖州当地山羊
肉色评分	10	4.10±0.62	4.11±0.63
亮度	10	41.82±2.26	39.65±2.14
红度	10	20.68±1.16	19.04±2.63
黄度	10	1.13±0.48	1.12±0.48
大理石花纹	10	1.87±0.74	1.91±0.73
pH（终点）	10	6.13±0.37	6.12±0.38

（续）

项目	数量（只）	辽宁绒山羊	盖州当地山羊
系水力（%）	10	30.12±11.01	28.11±8.27
熟肉率（%）	10	62.74±8.34	60.35±6.48
眼肌面积（cm²）	10	14.45±2.63[a]	7.15±1.14
肌纤维直径（mm）	10	0.035 2±0.002 6	0.033 8±0.002 1

由表 2-3 可见，肉色、pH、系水力、熟肉率、纤维直径等指标，辽宁绒山羊与盖州当地山羊接近，而眼肌面积则极显著地大于本地山羊（$P<0.01$）。

3. 辽宁绒山羊肉的营养成分 辽宁绒山羊与盖州当地山羊的羊肉的常规营养成分、氨基酸、微量元素及胆固醇含量分别见表 2-4 至表 2-6。

表 2-4 辽宁绒山羊羊肉的常规营养成分（占肉样百分比，%）

（引自陈洋，常青，巩俊明，等，2009）

类别	数量（只）	干物质（DM）	粗蛋白质（CP）	粗脂肪（EE）	钙（Ca）
辽宁绒山羊	10	95.69±3.42	84.59±3.15	6.08±0.82	4.13±0.43
盖州当地山羊	10	94.78±3.23	83.63±2.14	6.07±0.79	4.11±0.39

表 2-5 羊肉中微量元素及胆固醇含量

（引自陈洋，常青，巩俊明，等，2009）

类别	数量（只）	硒（Se）（mg，以100 g 肉计）	铜（Cu）（mg，以100 g 肉计）	铁（Fe）（mg/kg）	锌（Zn）（mg/kg）	胆固醇（mg，以100 g 肉计）
辽宁绒山羊	10	0.137±0.09	0.77±0.095	44.65±4.56	36.67±8.4	89.6±15.01
盖州当地山羊	10	0.07±0.002	1.33±0.08	43.33±3.46	67.30±7.6	16.67±16.03

表 2-6 羊肉中氨基酸含量（占肉样百分比，%）

（引自陈洋，常青，巩俊明，等，2009）

氨基酸种类	辽宁绒山羊	盖州当地山羊
精氨酸	1.213	1.106
组氨酸	0.603	0.558
赖氨酸	1.668	1.516
苯丙氨酸	0.938	0.796

（续）

氨基酸种类	辽宁绒山羊	盖州当地山羊
蛋氨酸	0.360	0.294
苏氨酸	0.953	0.812
异亮氨酸	0.978	0.876
亮氨酸	1.918	1.598
缬氨酸	1.000	1.026
脯氨酸*	0.725	0.620
天冬氨酸*	1.923	1.764
丝氨酸*	0.858	0.722
甘氨酸*	1.305	0.854
谷氨酸*	4.565	3.946
丙氨酸*	1.390	1.160
酪氨酸*	0.770	0.488

* 为非必需氨基酸，其他为必需氨基酸。

由表 2-4 至表 2-6 可知，辽宁绒山羊羊肉的各项常规营养组分均高于盖州当地山羊，属于高蛋白、低脂肪肉品，符合现代人们对肉食的要求，结合羊肉胴体重量和净肉重分析，按照我国羊肉等级标准进行评定，辽宁绒山羊的肉品质属于一级。

辽宁绒山羊肉中的 Se 含量显著高于盖州当地山羊（$P<0.05$），Fe 含量略高于盖州当地山羊，但差异不显著（$P>0.05$），Cu、Zn 含量均显著低于盖州当地山羊（$P<0.05$），胆固醇含量则显著高于盖州当地山羊。

辽宁绒山羊肉中的 16 种氨基酸中除缬氨酸外均高于盖州当地山羊，其氨基酸总含量为 21.17%，盖州当地山羊的氨基酸总量为 18.12%，前者高于后者 3.05%，说明两者羊肉的营养值有差别。

四、辽宁绒山羊生理生化指标参数

舍饲条件下辽宁绒山羊的常规生理指标参数见表 2-7 至表 2-9。

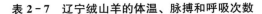

表 2-7 辽宁绒山羊的体温、脉搏和呼吸次数

（引自姜怀志，韩迪，郭丹，等，2011）

指标	育成公羊	育成母羊	成年公羊	成年母羊
体温（℃）	39.30 ± 0.41^{ab}	39.85 ± 0.20^{ab}	38.82 ± 0.31^{b}	39.63 ± 0.51^{a}
脉搏（次/min）	82.95 ± 1.50	88.74 ± 1.42	83.60 ± 1.62	84.35 ± 0.09
呼吸次数（次/min）	25.72 ± 2.10	24.83 ± 2.91	23.55 ± 1.82	22.34 ± 2.01

注：同列数据不同字母者表示差异显著（$P<0.05$），相同字母者表示差异不显著（$P>0.05$）。

表 2-8 辽宁绒山羊血液生理指标

（引自姜怀志，韩迪，郭丹，等，2011）

指标	育成母羊	育成公羊	成年母羊	成年公羊
白细胞计数（WBC，$\times10^{9}$ 个/L）	58.11 ± 7.57	58.82 ± 3.42	43.26 ± 7.90	37.34 ± 13.09
红细胞计数（RBC，$\times10^{12}$ 个/L）	2.08 ± 0.44	2.87 ± 0.57	2.49 ± 0.77	3.00 ± 1.08
血红蛋白浓度（HGB，g/L）	103.00 ± 15.48	126.60 ± 13.25	78.80 ± 0.16	100.02 ± 15.18
红细胞压积（HCT，%）	6.55 ± 1.51	9.14 ± 2.01	7.99 ± 2.62	9.80 ± 3.91
平均红细胞压积（MCV，fL）	31.54 ± 0.61	31.84 ± 1.28	32.09 ± 0.80	32.60 ± 1.28
平均红细胞血红蛋白含量（MCH，pg）	50.02 ± 4.57	45.06 ± 6.18	42.44 ± 8.87	35.06 ± 9.86
平均红细胞血红蛋白浓度（MCHC，%）	$1\,604.00\pm57.39$	$1\,427.60\pm110.11$	$1\,338.40\pm100.33$	$1\,089.20\pm143.10$
红细胞分布宽度（RDW-CV，%）	15.83 ± 1.29	15.50 ± 1.97	17.14 ± 1.11	17.12 ± 2.22
红细胞体积分布宽度（RDW-SD，fL）	13.41 ± 0.87	13.72 ± 1.30	14.96 ± 0.42	15.50 ± 1.97

表 2-9 辽宁绒山羊血液生化指标

（引自姜怀志，韩迪，郭丹，等，2011）

指标	成年公羊	育成公羊	成年母羊	育成母羊
谷丙转氨酶（ALT，U/L）	24.84 ± 5.39	35.70 ± 4.24	28.02 ± 6.81	33.44 ± 3.97
总蛋白（TP，g/L）	69.98 ± 0.76	64.27 ± 10.50	79.00 ± 13.00	72.46 ± 5.37
白蛋白（ALB，g/L）	44.00 ± 5.34	54.36 ± 13.99	36.46 ± 5.90	43.03 ± 7.60
天冬氨酸转移酶（AST，g/L）	17.16 ± 2.83	26.96 ± 6.42	20.08 ± 5.06	22.55 ± 5.96
碱性磷酸酶（ALP，U/L）	175.96 ± 24.88	210.75 ± 26.24	47.59 ± 5.50	58.42 ± 7.13
二氧化碳结合力（CO_2-CP，mmol/L）	26.13 ± 1.30	22.81 ± 1.66	23.19 ± 1.45	25.44 ± 1.52
血糖（GLU，mmol/L）	1.87 ± 0.51	1.84 ± 0.67	1.42 ± 0.82	1.63 ± 0.39

（续）

指标	成年公羊	育成公羊	成年母羊	育成母羊
血钾（K，mmol/L）	5.16±0.29	6.14±0.51	5.40±0.27	5.97±0.43
血钠（Na，mmol/L）	142.04±2.42	135.05±2.63	144.31±4.36	141.84±2.00
血氯（Cl，mmol/L）	102.83±1.48	103.11±2.21	110.14±4.30	102.96±3.63
血钙（Ca，mmol/L）	0.87±0.06	0.96±0.08	086±0.12	0.97±0.09

五、辽宁绒山羊舍饲条件下的生活规律

（一）辽宁绒山羊昼夜活动规律

舍饲条件下，辽宁绒山羊昼夜采食、反刍、休息等行为活动规律见表 2-10。

表 2-10　辽宁绒山羊昼夜活动时间及比率

（引自姜怀志，娄玉杰，马宁，2000）

项目	采食	反刍	休息
昼夜活动时间（min）	365.40±25.99	421.20±21.60	653.40±32.70
活动时间占昼夜的比率（%）	25.37	29.25	45.38
白天（min）	243.80±21.43	269.20±18.89	216.40±41.58
夜晚（min）	121.60±14.65	152.00±17.12	437.00±27.94
白天占昼夜的比率（%）	66.72	63.91	33.12
夜晚占昼夜的比率（%）	33.28	36.09	66.88

舍饲条件下，辽宁绒山羊昼夜的活动规律为用于采食和反刍的时间较多，且白天时间显著大于夜间（$P<0.01$）；休息时间夜间显著大于白天（$P<0.05$），夜间休息时间为白天的 2 倍。采食、反刍、休息时间三者之比为 1∶1.15∶1.78。

（二）舍饲辽宁绒山羊的采食和饮水行为

舍饲条件下，辽宁绒山羊的采食和饮水行为见表 2-11。

表 2-11   舍饲条件下辽宁绒山羊的采食和饮水行为

（引自姜怀志，娄玉杰，马宁，2000）

项目	平均值	占昼夜的比率（%）
昼夜采食次数	32.51±4.23	
白天采食次数	21.32±3.45	65.57
夜晚采食次数	11.19±0.13	34.43
干物质（DM）采食量 [kg/(d·只)]	1.24±0.13	
每千克代谢体重 DM 采食量 [kg/(d·只)]	0.118 7±0.017 0	
饮水量 [kg/(d·只)]	1.86±0.47	

在舍饲条件下，辽宁绒山羊日采食干物质量为（1.24±0.13）kg/d，占体重的 4.83%；饮水量为（1.86±0.47）kg/d，占体重 7.24%；每千克代谢体重（$W^{0.75}$）食入干物质（0.118 7±0.017 0）kg。

（三）舍饲条件下辽宁绒山羊的反刍行为

舍饲条件下的辽宁绒山羊反刍行为见表 2-12。

表 2-12   舍饲条件下辽宁绒山羊反刍行为

（引自姜怀志，娄玉杰，马宁，2000）

项目	数值	项目	数值
昼夜反刍周期数（个）	20.61±3.52	反刍周期持续时间（min）	20.76±4.63
昼夜反刍时间（min）	421.20±21.62	每个反刍周期逆呕食团数（个）	16.77±3.48
白天反刍时间（min）	269.20±18.89	每个食团咀嚼次数（次）	51.63±8.54
夜晚反刍时间（min）	152.00±17.12	每个食团咀嚼时间（s）	52.05±9.41
昼夜反刍食团数（个）	345.80±40.52		

辽宁绒山羊在舍饲情况下，昼夜共逆呕食团（345.80±40.52）个，每次反刍持续时间为（20.76±4.63）min，每个食团咀嚼次数为（51.63±8.54）次，表明辽宁绒山羊在舍饲条件下咀嚼特别细致，因而有利于消化。辽宁绒山羊反刍时，只有躺卧和站立两种姿势，以躺卧反刍为主，几乎没有走动反刍现象。

（四）舍饲条件下辽宁绒山羊排泄行为

舍饲条件下辽宁绒山羊排泄行为见表 2-13。

表 2 - 13　舍饲条件下辽宁绒山羊的排泄行为

（引自姜怀志，娄玉杰，马宁，2000）

项目	平均值	占昼夜的比例（%）
昼夜排粪次数	17.80±4.52	
白天排粪次数	11.70±3.28	65.73
夜晚排粪次数	6.10±2.35	34.27
昼夜排粪量（kg）	0.639 3±0.059 7	
昼夜排尿次数	11.5±4.1	

　　舍饲条件下辽宁绒山羊的昼夜排粪次数平均比排尿次数多6.3次，说明排粪并不完全伴随排尿，以减少水分散失，排粪次数昼间显著多于夜间（$P<0.05$），每日排粪量为（0.634 9±0.059 67）kg/d，占体重2.47%，说明辽宁绒山羊的饲料消化能力较好。观察发现其排尿多在排粪后进行，排粪前尾竖立，正常羊粪呈圆球状，排尿时后肢下蹲半屈，尿呈淡黄色。

第四节　辽宁绒山羊生产现状与利用效果

　　辽宁绒山羊是世界上最优秀的绒山羊品种之一，具有产绒量高、绒纤维长、细度好、体躯大、遗传性能稳定、改良低产山羊效果显著等特点，是我国农业领域拥有自主知识产权的特殊品种资源，被称为"中国绒山羊之父"。虽然从20世纪80年代末期起，辽宁省就在盖州市、凤城市、岫岩县、宽甸县、本溪县、新宾县、桓仁县、辽阳市、清原县等辽东9个绒山羊主产县（市）实施辽宁绒山羊的改良工作，大规模的选育和改良工作则是从2005年开始的，历经十余年，辽东山区作为辽宁绒山羊的主产区，绒山羊群体质量和生产形势都发生了巨大的变化。

一、辽宁绒山羊生产现状

（一）辽宁绒山羊主产区绒山羊生产现状

　　1995年，辽宁绒山羊主产区——辽东山区9县（市）绒山羊饲养量为72.71万只，存栏量为36.24万只，出栏量36.47万只；到2005年，绒山羊饲养量 266.79 万只，存栏量 155.02 万只，出栏量 111.77 万只；2015 年，绒山羊饲养量 250.49 万只，存栏量 161.02 万只，出栏量 89.47 万只（表 2-14）。由表 2-14 中的数据可以看出，20 世纪 90 年代辽东地区绒山羊生产处于起步阶段，养殖量较少，而且以商品羊为主，出栏较多，占总饲养量的 50.16%；而到 2005 年绒山羊的发展达到了高峰期，羊绒产量和商品羊出栏都实现了大幅增长，绒山羊饲养量和出栏量分别增长了 2.67 倍和 2.06 倍，绒山羊产业快速发展；但是 2010 年以后，由于受封山禁牧政策的影响，主产区的绒山羊养殖方式由原来的放牧、半放牧半舍饲逐渐转为全舍饲圈养，生产成本增加、粗饲料缺乏，导致许多养殖户淘汰低产绒山羊，降低饲养成本，保证利润空间。到 2015 年，绒山羊饲养量减少到 250.49 万只，比 2005 年下降了 6.1%。

表 2-14　辽宁东部山区 9 县（市）绒山羊存栏情况（万只）

地区	1995 年				2005 年				2015 年			
	饲养量	出栏量	存栏量	出栏率	饲养量	出栏量	存栏量	出栏率	饲养量	出栏量	存栏量	出栏率
盖州	11.5	6.38	5.12	55.48%	46.48	12.84	33.64	27.62%	66.4	21.93	44.47	33.03%
岫岩	11.26	5.04	6.22	44.76%	51.71	27.74	23.97	53.65%	32.61	7.35	25.26	22.54%
凤城	17.46	8.69	8.77	49.77%	33.21	9.64	23.57	29.03%	33.09	12.08	21.01	36.51%
宽甸	10.36	5.34	5.02	51.54%	21.31	5.2	16.11	24.40%	40.28	16.42	23.86	40.76%
本溪	10	5	5	50.00%	30	18	12	60.00%	16	6	10	37.50%
桓仁	4.63	1.52	3.11	32.83%	15.83	11.2	4.63	70.75%	7.83	3.51	4.32	44.83%
新宾	2.7	1.5	1.2	55.56%	25	13	12	52.00%	22.6	11.7	10.9	51.77%
清原	4.8	3	1.8	62.50%	12.65	6.45	6.2	50.99%	10.18	4.58	5.6	44.99%
辽阳	—	—	—	—	30.6	7.7	22.9	33.62%	21.5	5.9	15.6	27.44%
合计	72.71	36.47	36.24	50.16%	266.79	111.77	155.02	41.89%	250.49	89.47	161.02	35.72%

（二）辽宁绒山羊规模生产及生产水平

1. 绒山羊规模化生产发展情况　随着国家禁牧政策的实施和改良进程的推进，辽宁绒山羊舍饲生产管理技术逐渐被养殖户所接受，规模化生产管理水平明显提高，规模生产场（户）逐年增加。2015 年末，主产区绒山羊饲养量 200～500 只的养殖户共计 1 310 户，饲养量 501～1 000 只的养殖户共计 110

户，饲养量 1 000 只以上的养殖户有 19 户，其饲养羊只数量分别占主产区绒山羊养殖总量的 17.99%、3.44% 和 1.68%。绒山羊规模化饲养量达 57.89 万只，占全省绒山羊总饲养量的 23.11%（表 2-15）。

表 2-15　主产区的辽宁绒山羊规模生产发展情况（2015 年）

地区	200～500 只		501～1 000 只		1 000 只以上	
	户数 （户）	羊只占总体比例 （%）	户数 （户）	羊只占总体比例 （%）	户数 （户）	羊只占总体比例 （%）
盖州	313	14.15	15	3.10	2	0.86
岫岩	35	3.50	10	2.30	3	1.00
凤城	340	25.00	40	5.10	4	2.00
宽甸	220	30.00	12	4.00	1	0.60
本溪	50	10.00	10	5.00	2	5.00
桓仁	25	8.70	4	2.60	0	0.00
新宾	52	12.14	3	2.20	1	0.86
清原	75	26.33	1	0.56	1	0.86
辽阳	200	32.10	15	6.10	5	3.90
合计	1 310	17.99	110	3.44	19	1.68

2. 辽宁绒山羊的生产管理水平　主产区积极推广绒山羊舍饲全混合日粮（TMR）技术、机械剪绒技术、人工输精技术等实用技术，加快绒山羊饲养方式转变。至 2015 年年末，辽宁省东部主产区的绒山羊已全部实现舍饲和半舍饲生产，其中全舍饲达到 72% 以上，规模化、集约化生产管理水平有了较大提高。通过对 120 户调查统计结果分析发现，绒山羊的平均繁殖率达 102%，比 1995 年提高 24%，比 2005 年提高 24%；繁殖成活率平均为 91%，比 1995 年提高 16.7%，比 2005 年提高 12.3%；生产管理水平有了较大的提高。实行舍饲后，户均饲料成本为 475 元/只，人工成本为 148 元/只（表 2-16）；绒山羊养殖收益从 1995 年的平均养羊收益 197 元/只，增长到 2005 年的 463 元/只，2015 年平均收入达 297 元/只，养羊收益同饲养方式、管理水平关系密切（表 2-17）。

表 2-16　主产区的辽宁绒山羊生产水平（2015 年）

地区	繁殖率（%）	成活率（%）	饲养方式（%）		饲养成本（元）		
			舍饲	半舍饲	饲料	人工	合计
盖州	120	95	80	20	600	300	900
岫岩	95	90	70	30	600	100	700
凤城	90	85	60	40	700	100	800
宽甸	112	97	80	20	550	130	680
本溪	110	95	90	10	480	160	640
桓仁	80	90	60	40	400	120	520
新宾	120	96	80	20	292	120	412
清原	98	92	69	31	300	150	450
辽阳	90	80	60	40	350	150	500
平均	102	91	72	28	475	148	623

表 2-17　主产区的辽宁绒山羊养殖收益情况（元/只）

地区	1995 年	2005 年	2015 年
盖州	245	883	402
岫岩	218	440	260
凤城	150	300	200
宽甸	225	670	290
本溪	206	430	280
桓仁	195	380	280
新宾	180	320	350
清原	170	280	260
辽阳	180	460	350
平均	197	463	297

3. 主产区的辽宁绒山羊总体生产水平　经过 10 余年的改良，主产区绒山羊的质量得到了显著提高（表 2-18）。2015 年成年公、母羊个体平均体重分别为 68.89 kg 和 54.44 kg，平均产绒量分别为 1 340 g 和 861.11 g，山羊绒平均细度为 17.20 μm，平均长度为 8.24 cm。与 1995 年相比，公、母羊的平均体重分别提高了 46.8% 和 40.71%，公、母羊的平均产绒量分别提高了 119% 和 125.7%，公、母羊的平均细度提高了 13.2%，公、母羊的平均长度提高了

36.88%；同 2005 年相比，公、母羊平均体重分别提高了 21.8% 和 25.96%，
公、母羊的平均产绒量分别提高了 68.2% 和 39.14%，公、母羊的平均细度提
高了 5%，公、母羊的平均长度提高了 17.55%。但是，至今辽宁绒山羊主产
区仍存在部分低产羊群体，其平均产绒量为成年公羊 850 g、成年母羊 450 g，
低产公、母羊占全省羊群比例分别为 43.67% 和 43.28%。

表 2 - 18 主产区绒山羊生产性能

年度	体重（kg）		平均产绒量（g）		绒纤维细度	绒纤维长度
	成年公羊	成年母羊	成年公羊	成年母羊	（μm）	（cm）
1995	46.92	38.69	611.89	381.45	15.19	6.02
2005	56.56	43.22	796.67	618.89	16.38	7.01
2015	68.89	54.44	1 340.00	861.11	17.20	8.24

二、辽宁绒山羊遗传改良的进展与成效

（一）辽宁绒山羊遗传改良取得的呈现

1. 建立完整的辽宁绒山羊良种繁育体系 通过对辽宁绒山羊主产区的绒
山羊实施遗传改良工作，已经建立了辽宁绒山羊原种核心场-联合育种场-扩繁
场的三级繁育体系。由辽宁绒山羊原种场将优质种羊及精液提供给二级繁育场
户进行扩繁选育，培育出的优秀种羊，通过人工输精改良站点为广大养殖户开
展冻（鲜）精配种改良工作。全省建立了 2 家原种核心场、20 家联合育种场、
339 个扩繁场组成的辽宁绒山羊三级良种繁育体系，覆盖辽宁省 9 县（市）的
主要绒山羊产区，显著提高了优秀种羊的供种及改良能力。

2. 打造出辽宁绒山羊优势产业区 辽宁省在实施辽东地区绒山羊改良项
目的同时，实施绒山羊良种补贴和优质高产绒山羊生产技术推广等项目，通过
加大对辽宁绒山羊主产区 9 县（市）的扶持力度，建设辽宁绒山羊生产基地，
打造辽东地区绒山羊优势产业区。通过引资金、引技术、引能人等手段，重点
扶持辽东 9 县（市）有实力的联合育种场，提升育种管理技术水平，提高种羊
规模化生产能力；通过推广优质种公羊及精液、建设人工授精站点的方式，提
高种羊生产性能，增加养殖收益，带动农民集中发展绒山羊养殖业；建立"大
户牵头型、合作经营型、经纪人纽带型"的产业化经营模式，严抓种羊质量、
规范种羊市场、满足市场需求。

3. 发挥改良站的示范带动作用 由于辽宁绒山羊产区的地域广、分布散，又多地处偏远山区，为了充分扩大绒山羊优质种源的改良效果，主产区通过建立改良示范站点，以点带面，加强示范引导，突出示范带动作用，目前共建立289个冻精配种站点和50个鲜精配种站点，备受绒山羊养殖户欢迎，发挥了带动示范作用，各地人工授精站点分布情况见表2-19。

表2-19 辽宁省各地区人工授精站点（个）分布情况

项目	辽阳	本溪	盖州	凤城	岫岩	宽甸	新宾	清原	桓仁	合计
冻精站点	28	38	12	50	97	21	16	16	27	289
鲜精站点	5	5	12	5	5	5	5	5	3	50
合计	33	43	24	55	102	26	21	21	30	339

（二）辽宁绒山羊遗传改良的主要技术措施

1. 开展良种登记和种源管理，保证种羊质量 在联合育种场利用良种登记软件在主产区的9县（市）开展良种登记工作，通过编码，可直接查找羊只所在地区、场户、个体生产记录、三代内系谱资料。截至2015年，联合育种羊只全部纳入良种登记范畴，登记种羊达20 000余只。适时调剂种羊，各改良户使用同一家系种羊不超过2年，防止近亲交配影响改良效果，由各推广站进行具体调换并做好记录；加强对特殊优质种质管理，将特级种羊和冻精投放到高质量的母羊群，不断扩大优质种源。

2. 大力推广人工授精技术，提高鲜、冻精输配受胎率 针对冻精配种的受胎率不高的问题，加大技术研究，不断改进冻精的生产工艺、冻精稀释液的配方，使冻精解冻后的活力由0.3提高到0.4以上，解冻后存活时间从4 h延长至7 h以上。在解决冻精受胎率的同时也开展了鲜精长时间保存技术研究，使鲜精的保存时间从72 h延长到120 h以上，便于长途运输，显著地提高鲜精人工输精改良覆盖面；针对最佳输配时间难掌握的问题，研制了发情鉴定仪，准确把握输配时机；总结出"一观察，二控温，三适时"的冷配技术要点，使受胎率大大提高。

3. 推广二年三产模式，提高优良母羊的利用率 推广两年三产生产模式，母羊产羔2个月后羔羊断奶，断奶后1个月配种，使母羊8个月产羔一次。为了达到全年均衡产羔，在生产中，避开 6、7、8 三个月份产羔，避免由于产羔、哺乳而造成营养缺失，影响羊只绒囊发育。其他月份均可安排配种，如果母羊在第一组内妊娠失败，2 个月后可参加下一组配种。应用该繁育模式进行种羊生产，成年母羊繁殖率比一年一产要提高近 30%，增加了养羊收益。

4. 集成及推广舍饲养羊综合配套技术 集成应用了 TMR 日粮配方和饲喂技术、秸秆简捷化加工利用技术、机械剪绒技术、羔羊精细培育技术、设施化养殖技术、规范化养殖技术、疫病网上诊断技术，开展舍饲养羊综合配套技术的示范推广。在改良项目区内，建立示范站点，以点带面，使舍饲养羊综合配套技术得以快速推广和应用，有效提高了舍饲生产的管理水平，提高饲养效率，利用秸秆资源节约饲养成本，显著提高舍饲养羊的经济效益。

(三) 辽宁绒山羊主产区改良取得的成效

1. 辽宁绒山羊主产区的羊群质量显著提高 辽宁绒山羊优秀种公羊及人工授精等改良扩繁技术的推广，加快了主产区中低产绒山羊改良工作，使主产区绒山羊整体品质得到显著提高。

辽宁绒山羊个体平均产绒量，成年公羊从 1995 年的 611.89 g 增加到 2015 年的 1 340.00 g，提高了 119%；成年母羊从 381.45 g 增加到 861.11 g，提高了 125.75%。个体平均体重，成年公羊从 46.92 kg 增加到 68.89 kg，提高了 46.82%；成年母羊从 38.69 kg 增加到 54.44 kg，提高了 40.71%。成年母羊个体平均绒纤维长度从 6.02 cm 增加到 8.24 cm，提高了 36.88%，绒纤维细度变化不显著。9 个基地县绒山羊平均产绒量显著增加，主要原因是近十年辽宁绒山羊育种中心推广自主培育的"常年长绒型"辽宁绒山羊，改良低产绒山羊效果显著，平均改良一代绒山羊产绒量可提高 50～100 g。改良前后的绒山羊群体见彩图 2-4 和彩图 2-5。

2. 辽宁绒山羊主产区的群体生产水平得到明显提升 随着辽宁绒山羊改良工作的不断推进和绒山羊品质的不断提高，主产区绒山羊生产水平也明显提升。在实施改良工作同时，为更好发挥种羊及改良后代的生产性能，提高养殖户饲养管理技术水平，配套开展绒山羊舍饲、TMR 饲养、机械剪绒、疫病防治等技术培训推广，取得了显著成效。各项技术覆盖率达到 70% 以上，节约饲养成本 10% 以上，机械剪绒提高劳动效率 5 倍以上，产羔率及成活率增加 10 个百分点以上。

3. 辽宁绒山羊主产区的种羊供种能力与质量水平显著增强 通过实施主产区绒山羊改良项目，建立以辽宁省辽宁绒山羊原种场为核心的三级良种繁育体系，改良进度持续加快、改良覆盖面快速扩大，大量高次改良后代优秀个体也成为良种，使主产区种羊质量水平显著提高，种羊场数量快速增加，供种能力不断增强。到 2014 年年底，全省建立绒山羊种羊场达 51 家，存栏达 29 198 只（表 2 - 20），基本形成了以盖州市为中心的高产区和以本溪县为中心的优质区良种繁育和调运示范基地，每年为全国其他绒山羊产区提供优良种羊 5 万～10 万只，每年仅从盖州引种数量就达 2 万只以上，有力地推进了我国绒山羊遗传改良工作。

表 2 - 20　主产区绒山羊改良基本情况

年度	种羊场建设		改良数量	改良羊占群体比例
	场数（个）	存栏（只）	（只）	（%）
1995	6	1 570	93 000	31.40
1996	6	1 570	113 100	34.55
1997	6	1 320	124 500	37.18
1998	6	1 356	153 000	38.88
1999	6	1 406	152 200	36.50
2000	6	1 426	161 600	39.48
2001	6	1 452	160 700	34.03
2002	8	2 113	176 580	66.00
2003	10	2 874	295 628	43.07
2004	13	4 413	325 190	46.54
2005	18	5 930	342 792	49.40
2006	18	5 750	461 280	43.08
2007	23	6 590	481 860	46.52
2008	29	8 850	518 210	47.97
2009	31	11 948	401 069	47.77
2010	43	16 676	100 966	51.39
2011	60	24 600	333 472	54.01
2012	59	27 480	485 103	59.34
2013	52	26 024	395 132	60.24
2014	51	29 198	378 174	63.30
合计	—	—	5 653 556	—

4. 养殖效益显著增加 主产区累计改良低产绒山羊 565.36 万只，同等饲养条件下，平均每只改良羊比低产绒山羊多收益 268 元（表 2-21），盖州地区种羊市场发展较良好，平均改良羊比低产绒山羊多收益 380 元，经济效益显著。在项目实施过程中一直向广大绒山羊养殖户宣传"养好羊，养精品"的观念，广大养殖户由原来的养菜羊、靠饲养数量取得效益，逐步转变为养优质种羊来取得效益。

表 2-21 改良羊与低产绒山羊养殖效益（元/只）对比

地区	改良羊	低产羊	差额
盖州	1 380	1 000	380
岫岩	650	300	350
凤城	670	300	370
宽甸	420	280	140
本溪	450	200	250
桓仁	600	500	100
新宾	960	620	340
清原	530	300	230
辽阳	570	350	220
平均	695	427	268

三、辽宁绒山羊在国内的推广与利用

辽宁绒山羊自 20 世纪 70 年代末期开始向全国各地进行推广，已先后推广到全国 17 个省份的 113 个县，累计推广数量达 30 万只以上。各地引入辽宁绒山羊后主要有 3 个使用方向：①以辽宁绒山羊为父本改良本地产绒山羊，以提高当地山羊的生产性能；②在当地进行纯种繁育，发展当地的绒山羊业，如吉林省、黑龙江省及河北省的平原地区；③以辽宁绒山羊为父本、本地山羊为母本，通过杂交育种方式，培育绒山羊新品种（品种群或类群）。

1. 作为父本品种培育绒山羊新品种 自 1978 年以来，山西、陕西、青海、内蒙古、新疆等地分别引入了辽宁绒山羊，并以此为父本，与当地产绒山羊进行级进杂交，培育绒山羊新品种，先后培育出晋岚绒山羊、陕北白绒山羊、柴达木绒山羊、罕山白绒山羊、新疆绒山羊南疆型（阿克苏绒山羊）和北疆型（博格达绒山羊）。

2. 改良国内各地的低产山羊 国内各个省份引入辽宁绒山羊后，均利用辽宁绒山羊与当地产绒山羊进行杂交，进而改进当地山羊的生产性能和山羊绒品质。综合国内自 1980 年后文献资料报道结果来看，使用辽宁绒山羊与各地低产山羊杂交后，其生产性能的确发生了很大的变化，主要表现在以下几个方面。

（1）改良后的产绒量得到大幅度提高，F_1 代的产绒量均比原品种有较大的增加幅度，当然由于各地产绒山羊的品种差异，各地增加的幅度不一，大多为 30～200 g/只（黑龙江省提高 300 g/只），提高的比例为 14%～300%。

（2）改良后山羊绒的细度也有所增加，F_1 代的山羊绒细度几乎都比原品种增加了 0.08～3.3 μm，提高了 1%～29%，但是仍然都在 16.00 μm 以下；个别地区也存在改良后山羊绒细度降低的现象，山东省利用辽宁绒山羊与本地的黑山羊和青山羊杂交，其 F_1 代的细度反而下降了 1%～11%。细度增加幅度的差异与当地被改良的品种细度是直接相关的，凡是原品种纤维直径大的，改良后直径增加的幅度就大。

（3）改良后的山羊绒的净绒率在有的地区有所提高，有地区则有所下降，这是因为影响净绒率的因素是多种的，包括当地的环境因素等。

（4）改良后山羊绒的长度普遍得到增加，F_1 代的长度几乎都在 3.5 cm 以上，比改良前增加了 0.4～1.31 cm，增加 5%～90%。

（5）改良后代的白色羊比例得到大幅度的增加，由于很多被改良的品种毛色是黑色或青色的，但其改良后 F_1 代的白色羊比例均为 63%～90%。

第三章
辽宁绒山羊皮肤与毛囊结构

第一节　辽宁绒山羊的皮肤毛囊结构

辽宁绒山羊与其他毛用哺乳动物一样，其主要产品——山羊绒和山羊毛均是其皮肤的衍生物，山羊绒与山羊毛的形态及质量均与其皮肤的构造及其生理活动密切相关。

一、辽宁绒山羊胎儿期皮肤与毛囊的发生发育过程

(一) 辽宁绒山羊胎儿期皮肤与毛囊发育的组织学特点

以辽宁省辽宁绒山羊育种中心的核心群母羊作为研究对象，分别于妊娠的45~135 d 每隔 10 d 剖宫取出胎儿各 2 只，在其体侧肩胛骨后缘处采取 1 cm² 皮样，经 4％多聚甲醛固定，固定 24 h 后，常规法制作组织切片，苏木精伊红（H. E）染色，观察辽宁绒山羊胎儿期皮肤的发育过程。

辽宁绒山羊 45 d 胚龄时，表皮已经成形，表皮细胞排列紧密，在表皮的基底层，排列有许多角质化细胞（彩图 3-1-A、彩图 3-2-B 中箭头所示）。表皮的下方是结构松散的真皮（彩图 3-1-A），但是也有些部位的真皮结构还未出现（彩图 3-1-B）。该时期的皮样在采集时，由于皮肤还未形成，无法剥离出单层的皮肤，所以连同表皮及其肌肉骨骼（肋骨）一起制作石蜡切片。彩图 3-1-A 中圆形的部分即肋骨（RIB）的横切面。

60 d 胚龄时，表皮增厚，上皮的角质化细胞聚集排列，形成毛芽的结构，在毛芽的下方，形成一个由真皮叶间细胞构成的拱形凸起，将来会形成真皮乳

33

头。彩图3-2-A中箭头所示为拱形结构的真皮叶间细胞，彩图3-2-B中箭头所示为聚集的上皮角质化细胞。

75 d胚龄时，表皮继续增厚，毛芽向真皮层内部延伸，形成一个柱状结构，在其末端开始汇集了更多的真皮叶间细胞（彩图3-3-A，箭头所示为由真皮叶间细胞构成的柱状结构）。在有些毛芽的下方，可以观察到一个明显的真皮浓缩核（dermal condensate），该结构不仅可以诱导桩形物（peg）及以后的毛囊生长的方向，并最终会被内卷的真皮叶间细胞包裹并形成真皮乳头（彩图3-3-B，箭头所示为真皮浓缩核）。

90 d胚龄时，在皮肤纵切片中可以观察到大量的球根桩形物（bulbous peg），是由桩形物继续向真皮深层伸入、延长而形成的，其特点是长度增加、直径变粗，且末端有球形结构，以后继续发育成为毛球（彩图3-4-A和图3-4-B，图中a箭头所示为毛球）。此外，在有些球根桩形物靠近表皮的部位可以观察到一个膨大结构（彩图3-4-A和彩图3-4-B，图中b箭头所示为膨大部），是毛发干细胞所在的位置。

105 d胚龄时，初级毛囊已经发育成熟，在纵切片（彩图3-5-A）上可以看到一个完整的毛球，其内的真皮乳头（dp）已经发育成熟，并被毛母质细胞（hmc）包围，毛母质细胞外周是内根鞘（irs）。在表皮的某些部位开始出现次级毛囊原始体，并向皮肤内部延伸（彩图3-5-B中箭头a所示）；此外，在皮肤的浅层，皮脂腺已经成形（彩图3-5-B中箭头b所示）。此时还尚未观察到有毛纤维长出体表。

在该时期的横切片（彩图3-5-C）上可以看到由三个初级毛囊构成的三毛群，从图中可以判断，位于中间的中央初级毛囊和位于两侧的侧生初级毛囊的毛球是位于不同深度的，且是中央初级毛囊的毛球位置更深。彩图3-5-D是较浅层的横切片，从图中可以看到许多次级毛囊原始体分布于初级毛囊周围（图中细箭头所示）。从彩图3-5-D还可以看出，初级毛囊的中心被染成黄色的结构就是毛干，包裹毛干的红色部分则是有活性的内根鞘。值得一提的是，汗腺在该时期内首次出现，但是此时的汗腺很小且结构简单（彩图3-5-D中粗箭头所示）。

120 d胚龄时，初级毛囊的真皮乳头变长变细（彩图3-6-A）。在彩图3-6-B上可以看到，已经有毛纤维长出体表，可以看到明显的毛纤维髓质，初级毛囊已经达到皮肤的深处；次级毛囊发育成熟，并可以清楚地看到毛乳头（图中箭头所示）。对该时期的横切片进行观察，在已经有成熟的次级毛囊的同时，还有一些次级毛囊正在发生和形成（彩图 3-6-C），箭头 a 所示为已经成熟的次级毛囊，中央黄色的结构为毛干，而箭头 b 所示为正在发生的次级毛囊；在该图上还可以看到汗腺，体积明显增大（箭头 c 所示）。从彩图 3-6-D 上可以看到，每个初级毛囊的两侧都有 2 个皮脂腺（箭头所示）。

到 135 d 胎龄，皮肤的结构已接近成年羊的皮肤结构，包括已经发育完成的初级毛囊、成熟的次级毛囊以及二者构成的毛囊群，还包括皮脂腺、汗腺等结构，其中汗腺的数量明显比 120 d 胎龄时增多（彩图 3-7-A 上箭头所示）。彩图 3-7-B 中的次级毛囊结构完整，此时次级毛囊产生的绒毛也长出体表。

（二）辽宁绒山羊胎儿期皮肤与毛囊发育的形态学特点

1. 辽宁绒山羊胎儿皮肤形态学参数　不同胎龄辽宁绒山羊胎儿的皮肤结构参数，见表 3-1、图 3-1 至图 3-3。

表 3-1　辽宁绒山羊不同胎龄胎儿的皮肤结构参数

胎龄（d）	表皮厚度（μm）	真皮厚度（μm）	真皮厚度/表皮厚度
45	—	—	—
60	—	—	—
75	10.23±1.96[a]	197.53±17.09[a]	19.31±1.99[a]
90	14.62±1.03[b]	235.49±32.11[b]	16.11±2.03[b]
105	16.91±2.22[b]	504.01±69.33[c]	29.81±2.37[c]
120	16.05±1.19[b]	739.85±59.28[d]	46.09±4.32[d]
135	21.42±2.21[c]	974.48±128.79[e]	45.49±5.97[d]

注：同列数据不同字母者表示差异显著（$P<0.05$），相同字母者表示差异不显著（$P>0.05$）。

表皮厚度的变化为：75～90 d 胎龄显著增加（$P<0.05$），90～120 d 胎龄无显著增加（$P>0.05$），之后到 135 d 胎龄这一阶段内再次显著增加（$P<0.05$）；受到真皮厚度和表皮厚度的变化影响，真皮厚度/表皮厚度在 120 d 胎龄之前显著增加（$P<0.05$），然后维持在同一水平（$P>0.05$）。

35

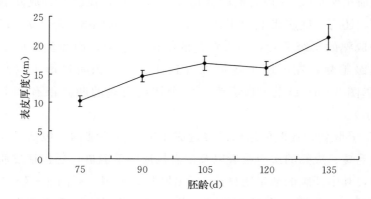

图 3-1　不同胚龄辽宁绒山羊胎儿表皮厚度的变化趋势

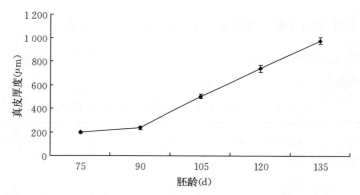

图 3-2　不同胚龄辽宁绒山羊胎儿真皮厚度的变化趋势

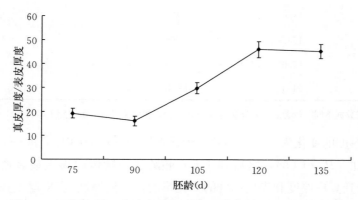

图 3-3　不同胚龄辽宁绒山羊胎儿真皮厚度/表皮厚度的变化趋势

2. 辽宁绒山羊胎儿期皮肤毛囊深度、毛球宽度变化规律 不同胚龄辽宁绒山羊初级毛囊、次级毛囊的深度和毛球宽度的数据及变化趋势见表3-2、图3-4、图3-5。辽宁绒山羊75～135 d胚龄胎儿发育过程中，初级毛囊的深度不断增加，且各阶段之间的增加幅度均显著（$P<0.05$）；而初级毛囊的毛球宽度则是在120 d胚龄前不断显著增加，然后到135 d胚龄时，仍处于与120 d胚龄相同的水平（$P>0.05$）；次级毛囊，由于其出现较晚，仅可有两个时期相比，其中次级毛囊深度显著增加（$P<0.05$），而毛球宽度则变化差异不显著（$P>0.05$）。

表3-2　不同胚龄辽宁绒山羊胎儿毛囊深度、毛球宽度

胚龄 (d)	毛囊深度（μm）		毛球宽度（μm）	
	初级毛囊	次级毛囊	初级毛囊	次级毛囊
45	—	—	—	—
60	—	—	—	—
75	101.81±23.46[a]	—	—	—
90	319.07±37.74[b]	—	53.75±6.37[a]	—
105	668.87±69.94[c]	—	127.13±13.57[b]	—
120	970.42±103.22[d]	621.29±121.38[a]	187.93±15.88[c]	67.35±9.92[a]
135	1 328.38±125.75[e]	852.41±113.96[b]	168.44±12.12[c]	65.46±6.45[a]

注：同列数据不同字母者表示差异显著（$P<0.05$），相同字母者表示差异不显著（$P>0.05$）。

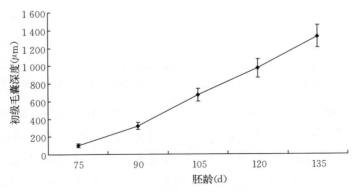

图3-4　不同胚龄辽宁绒山羊胎儿初级毛囊深度的变化趋势

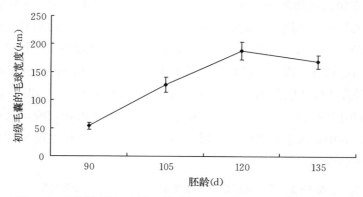

图 3-5　不同胚龄辽宁绒山羊胎儿初级毛囊毛球宽度的变化趋势

3. 辽宁绒山羊胎儿期皮肤毛囊密度及 S/P 变化规律　不同胚龄辽宁绒山羊胎儿皮肤的初级毛囊密度（P）、次级毛囊密度（S）及次级毛囊密度与初级毛囊密度的比（S/P）见表 3-3、图 3-6。随着辽宁绒山羊胎儿的发育，其初级毛囊密度不断显著降低（$P<0.05$），而次级毛囊和 S/P 都显著升高（$P<0.05$），其中 S/P 在 135 d 胚龄时，已经接近成年辽宁绒山羊的水平。

表 3-3　不同胚龄辽宁绒山羊胎儿毛囊密度及其 S/P

胚龄（d）	初级毛囊密度（个/mm²）	次级毛囊密度（个/mm²）	S/P
45	—	—	—
60	—	—	—
75	—	—	—
90	54.75±3.69[a]	—	—
105	35.59±3.21[b]	38.59±2.41[a]	1.084±0.031[a]
120	13.39±1.13[c]	50.64±2.19[b]	3.782±0.138[b]
135	7.775±1.71[d]	74.49±13.36[c]	9.581±1.183[c]

注：同列数据不同字母者表示差异显著（$P<0.05$），相同字母者表示差异不显著（$P>0.05$）。

4. 辽宁绒山羊胎儿期皮肤毛囊活性变化规律　不同胚龄辽宁绒山羊胎儿的皮肤初级毛囊和次级毛囊的活性（表 3-4 和彩图 3-8，彩图中有红色内根鞘的毛囊即有活性的毛囊，PF 代表初级毛囊，SF 代表次级毛囊）。结果表明，自毛纤维开始出现以后，初级毛囊和次级毛囊都维持着一个很高的活性状态。

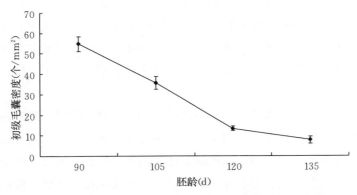

图3-6 不同胚龄辽宁绒山羊胎儿初级毛囊密度的变化趋势

表3-4 辽宁绒山羊不同胚龄胎儿毛囊活性率

胚龄（d）	初级毛囊活性率（%）	次级毛囊活性率（%）
45	—	—
60	—	—
75	—	—
90	—	—
105	98.54±1.36[a]	—
120	97.97±2.29[a]	97.64±2.39[a]
135	95.59±5.59[a]	98.49±1.26[a]

注：同列数据不同字母者表示差异显著（$P<0.05$），相同字母者表示差异不显著（$P>0.05$）。

　　辽宁绒山羊胎儿皮肤的初级毛囊，在75 d胚龄时即有清晰可见的形态，因此从75 d胚龄开始对初级毛囊的深度变化进行测量和分析，发现随着胎儿的生长发育，初级毛囊的深度是不断增加的，与此同时，真皮层的厚度也在不断增加，经Pearson相关性分析（$R=0.961$，$P=0.004$），结果表明二者之间存在着极强正相关。然而初级毛囊的毛球宽度却并不是一直在增加的，135 d胚龄的毛球宽度与120 d胚龄的相比反而减小了，关于这一点，一种解释是在120 d胚龄以后，部分初级毛囊发育完成并开始进入毛囊周期循环，到135 d胚龄时，较早成熟的部分初级毛囊进入退化期，因此毛球宽度减小。有研究表明，毛囊在成熟后，经过较短的生长期后就会进入退化期。而次级毛囊由于成熟的较晚，很少进入退化期，因此变化差异不显著。在胚胎发育过程中，表皮层缓慢增加，真皮层快速增加，造成真皮厚度/表皮厚度在120 d胎龄前快速增大，在120 d胎龄时达到成年的水平并稳定不变，而初级毛囊在120 d胎龄之后开始快速生长，次级毛囊则是在120 d胎龄才开始大量发生发育，根据这些关系，推测真皮层对毛囊的发生发育以及生长起着重要作用，这些作用应该包括营养和激素等方面。

对毛囊密度的研究发现，随着胎龄的增加，初级毛囊密度是在不断减少的，而次级毛囊密度是在不断增加的。初级毛囊形成较早，且发生几乎是同步的，形成后数量则是固定的，因此随着体表面积的增加，初级毛囊密度就会逐渐减小；相反，次级毛囊密度却在不断增加，再次证明了次级毛囊的发生是不同步的，且时间上较初级毛囊晚。

对毛囊活性的研究发现，初级毛囊在105 d胎龄时开始生产毛纤维，此时其内根鞘为红色，即有活性；而次级毛囊在120 d胎龄时开始生产绒纤维，具有红色的内根鞘；所有的初级、次级毛囊直到135 d胎龄时仍处于活性状态，表明这一时期为毛、绒纤维快速生长的时期，且大多数发育成熟的毛囊也尚未进入毛囊的退行期。

辽宁绒山羊胎儿期皮肤毛囊与内蒙古阿尔巴斯白绒山羊胎儿皮肤毛囊发育过程相比，具有以下相同之处：①初级毛囊的长度和深度在75～135 d胎龄不断增加；②表皮厚度变化基本不明显，而真皮层厚度在75～135 d胎龄逐渐增加；③次级毛囊的发生晚于初级毛囊，次级毛囊的发育成熟比初级毛囊晚；④次级毛囊的发生与初级毛囊的发生方式相同，也是由表皮内陷并不断向皮肤深处延伸并最终成熟的，次级毛囊发生的部位为初级毛囊周围的表皮。

二、辽宁绒山羊出生后的毛囊群结构特点

（一）辽宁绒山羊的毛囊群结构

辽宁绒山羊皮肤中的毛囊与其他山羊皮肤毛囊一样均为成群分布，每一个毛囊群均是由几个初级毛囊和若干次级毛囊组成的。通过组织切片技术观察发现，辽宁绒山羊皮肤中的毛囊群主要是三个初级毛囊和若干个次级毛囊组成的三毛囊群。也有含有一、二、四、五个初级毛囊的毛囊群。辽宁绒山羊皮肤三毛囊群比例和每个毛囊群中的初级毛囊、次级毛囊数目见表3-5。

表3-5 辽宁绒山羊皮肤三毛囊群比例和每个毛囊群中的毛囊数量

项目	6月龄	18月龄	37月龄
三毛囊群比例（%）	79.62±3.67a	74.03±4.68b	72.12±5.26c
每个毛囊群中初级毛囊数量（个）	3.28±0.57a	3.04±0.47a	2.41±0.61b
每个毛囊群中次级毛囊数量（个）	42.08±7.11a	38.25±5.45b	30.12±8.14c

注：同行数据不同字母者表示差异显著（$P<0.05$）。

　　由表3-5可见，辽宁绒山羊皮肤三毛囊群比例随月龄的增加呈下降趋势，由6月龄的79.62%下降到37月龄的72.12%。其中，6月龄三毛囊群比例与18月龄间、37月龄间均差异显著（$P<0.05$），18月龄三毛囊群比例与37月龄间三毛囊群比例差异显著（$P<0.05$）。每个毛囊群中初级毛囊数目和次级毛囊数目随月龄的增加也呈下降趋势，每个毛囊群中初级毛囊数由6月龄的3.28个下降到37月龄的2.41个，6月龄初级毛囊数与18月龄间差异不显著（$P>0.05$），但二者均与37月龄间差异显著（$P<0.05$）。次级毛囊数由6月龄的42.08个下降到37月龄的30.12个，并且其月龄间的差异显著情况与三毛囊群比例的月龄间差异情况相同。

（二）辽宁绒山羊羔羊毛囊密度发育特点

　　辽宁绒山羊羔羊毛囊密度发育特点见表3-6。

表3-6 辽宁绒山羊不同月龄的毛囊密度和 S/P 值

性别	性状	出生	3月龄	6月龄	10月龄	18月龄
公羔	次级毛囊（个/mm²）	56.24±2.20b	44.65±2.32b	42.14±2.32b	30.15±1.92b	34.64±2.02b
	初级毛囊（个/mm²）	6.24±0.25c	3.75±0.34c	3.14±0.25c	3.11±0.25c	2.94±0.21c
	S/P	9.01±1.10a	11.91±1.32a	13.42±1.57a	9.69±0.96a	11.78±1.84a
母羔	次级毛囊（个/mm²）	64.54±2.43ab	47.78±2.48ab	45.36±1.94ab	33.4±2.47ab	38.0±1.52ab
	初级毛囊（个/mm²）	6.04±0.32c	3.74±0.23c	3.34±0.21c	3.21±0.42c	3.05±0.14c
	S/P	10.68±0.99a	12.78±1.18a	13.58±1.86	10.41±0.98a	12.7±0.62a

注：同列数据不同字母者表示差异显著（$P<0.05$）。

　　由表3-6可见，辽宁绒山羊公羔、母羔的初级毛囊密度从出生至18月龄均呈下降趋势；而辽宁绒山羊公羔、母羔的次级毛囊密度在10月龄前一直呈下降趋势，但从18月龄起开始略有增加；辽宁绒山羊公羔、母羔的 S/P 在6

月龄前呈上升趋势，10月龄略有下降，18月龄略有增加。辽宁绒山羊公羔的次级毛囊密度（$P<0.05$）和S/P（$P>0.05$）一直低于同龄母羔。

辽宁绒山羊成年羊不同季节（30~37月龄）的毛囊密度和S/P见表3-7。

表3-7　不同季节的辽宁绒山羊毛囊密度和S/P的变化规律

性别	性状	月份（月龄）			
		4（30）	7（33）	9（35）	11（37）
公羊	次级毛囊（个/mm²）	21.62 ± 2.25^a	30.06 ± 2.64^a	33.09 ± 2.34^a	31.07 ± 2.63^a
	初级毛囊（个/mm²）	2.54 ± 0.19^{ab}	2.87 ± 0.36^{ab}	2.92 ± 0.31^{ab}	2.91 ± 0.31^{ab}
	S/P	8.51 ± 1.21^c	10.47 ± 1.41^c	11.33 ± 1.23^c	10.68 ± 1.37^c
母羊	次级毛囊（个/mm²）	19.05 ± 1.27^b	33.41 ± 2.72^b	35.18 ± 2.63^b	33.02 ± 2.74^b
	初级毛囊（个/mm²）	2.87 ± 0.37^{ab}	2.96 ± 0.31^{ab}	3.01 ± 0.24^{ab}	2.94 ± 0.32^{ab}
	S/P	6.64 ± 0.81^{bc}	11.29 ± 1.02^c	11.69 ± 1.25^c	11.68 ± 1.22^c

注：同列数据不同字母者表示差异显著（$P<0.05$）。

由表3-7可见，辽宁绒山羊的公羊和母羊在一年不同季节（春季、夏季、秋季和冬季）间，其初级毛囊密度变化不明显（$P>0.05$），这说明绒山羊成年后初级毛囊已经成为固定性状，不随年龄和季节的变化而发生较大的改变；而次级毛囊密度和S/P具有明显的季节变化，呈现出从每年的7月开始增加，到9月达到最高，而后又开始下降，到第二年4月则降到最低值的周期性变化规律。同时在每年的7、9、11月公羊次级毛囊密度明显低于母羊的次级毛囊密度（$P<0.05$），但4月却相反，公、母羊初级毛囊密度值接近，而次级毛囊密度和S/P则是公羊明显高于母羊（$P<0.05$）。

第二节　成年辽宁绒山羊皮肤毛囊形态及活性率的年周期变化

辽宁绒山羊绒毛生长呈现年周期循环，而其生长的物质基础——皮肤及毛囊也发生相应的变化。因此，利用Sacpic染色观测全年12个月辽宁绒山羊成年母羊皮肤的变化规律，包括皮肤毛囊的组织学变化过程、毛囊活性的变化过程。其目的在于为深入研究辽宁绒山羊皮肤周期性变化的分子调控机制研究提供理论基础。

一、辽宁绒山羊皮肤毛囊形态学变化规律

（一）辽宁绒山羊的毛囊深度、毛球宽度及皮肤厚度变化规律

辽宁绒山羊成年母羊在一个生物年内不同月份初级毛囊、次级毛囊的深度和毛球宽度变化见表 3-8、图 3-7 至图 3-10。初级毛囊深度各月均在不断变化，但是各个相邻月份其变化都不显著（$P>0.05$），只有 2 月份相对于 4、8、9 月份为差异显著（$P<0.05$）；初级毛囊最浅时为 2 月份，最深为 8 月份；次级毛囊的深度也是各个相邻月份其变化都不显著（$P>0.05$），只有 5 月份相对于 8 月份为差异显著（$P<0.05$），且该指标的极值分别是 5 月份的最小值和 8 月份的最大值。

初级毛囊的毛球宽度仍然是相邻月份的变化不显著（$P>0.05$），唯有 10—11 月份的变化是例外的，达到差异显著的水平（$P<0.05$）；初级毛囊的毛球宽度在 1 月份和 10 月份几乎相同，且为全年的最大值，而 11 月份的为最小值，1 月份和 10 月份与 11 月份和 12 月份相比，差异显著（$P<0.05$）。次级毛囊的毛球宽度变化仅在 4、5 月份之间是差异显著的（$P<0.05$），其他各月间变化都不显著（$P>0.05$），5 月份的次级毛囊的毛球宽度最大，2 月份最小，其中多个月份与 2 月份相比差异不显著（$P>0.05$）。

表 3-8　辽宁绒山羊成年母羊在全年不同月份的毛囊深度、毛球宽度

月份	毛囊深度（μm）		毛球宽度（μm）	
	初级毛囊	次级毛囊	初级毛囊	次级毛囊
1	1 566.77±85.57[ab]	1 225.84±153.66[ab]	214.54±27.09[a]	73.43±9.04[a]
2	1 336.82±123.19[a]	1 117.43±188.17[ab]	192.33±12.62[abc]	69.81±12.91[a]
3	1 696.03±349.33[ab]	1 158.64±200.77[ab]	189.00±27.50[abc]	73.29±6.22[a]
4	1 844.33±42.01[b]	1 174.50±234.83[ab]	195.80±23.05[abc]	73.40±8.79[a]
5	1 582.69±100.13[ab]	1 020.41±183.62[a]	202.28±11.44[ab]	96.37±12.56[b]
6	1 662.51±156.61[ab]	1 205.19±177.29[ab]	207.97±52.02[ab]	84.16±1.56[ab]
7	1 791.14±298.26[ab]	1 270.78±183.15[ab]	205.30±36.58[ab]	87.39±7.22[ab]
8	1 867.19±246.64[b]	1 382.84±104.83[b]	176.17±23.02[abc]	72.60±12.90[a]
9	1 854.69±221.22[b]	1 308.093±41.63[ab]	171.75±10.37[abc]	75.70±8.17[a]
10	1 757.51±448.58[ab]	1 125.56±172.14[ab]	215.68±34.54[a]	72.35±7.19[a]
11	1 653.62±298.03[ab]	1 122.31±260.91[ab]	143.93±22.31[c]	78.22±12.55[ab]
12	1 645.25±41.46[ab]	1 166.66±45.60[ab]	152.85±43.15[bc]	72.77±15.40[a]

注：同列数据不同字母者表示差异显著（$P<0.05$），相同字母者表示差异不显著（$P>0.05$）。

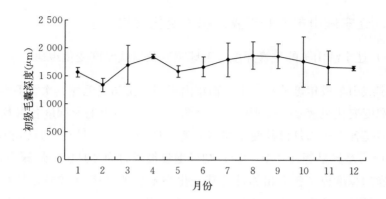

图 3-7　辽宁绒山羊成年母羊不同月份初级毛囊深度的变化趋势

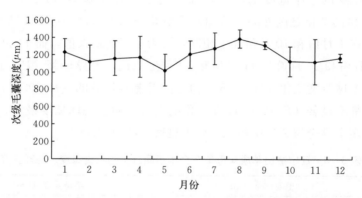

图 3-8　辽宁绒山羊成年母羊不同月份次级毛囊深度的变化趋势

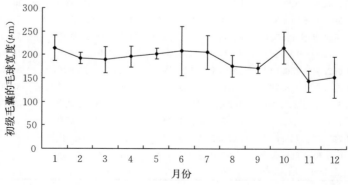

图 3-9　辽宁绒山羊成年母羊不同月份初级毛囊毛球宽度的变化趋势

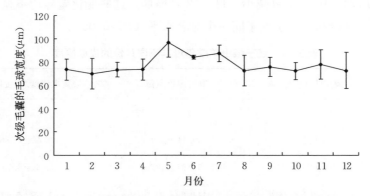

图 3-10　辽宁绒山羊成年母羊不同月份次级毛囊毛球宽度的变化趋势

（二）辽宁绒山羊的毛囊深度、毛球宽度及皮肤厚度变化规律

辽宁绒山羊成年母羊在一个生物年内的不同月份皮肤的表皮和真皮的厚度及真皮厚度/表皮厚度见表 3-9、图 3-11 至图 3-13。辽宁绒山羊成年母羊的表皮在 1—4 月之间一直很薄，变化差异不显著（$P>0.05$），4 月份有所增厚，但不明显（$P>0.05$），5 月份大幅增加，5 月份较 1—3 月差异显著（$P<0.05$），5—6 月变化不明显（$P>0.05$），经历 7—8 月表皮厚度的减小后（$P>0.05$），9 月份时该指标达到全年的最大值（$P>0.05$），之后的各月份之间表皮厚度发生大幅波动，分别为 9—10 月减小、10—11 月增加、11—12 月减小，这些变化差异均显著（$P<0.05$），到 12 月份时处于较薄的状态，并和 1 月份处于同一个显著水平（$P>0.05$）。而辽宁绒山羊成年母羊的真皮厚度在 1—4 月维持着一个增加的趋势，但变化不显著（$P>0.05$），但 5 月份时突然显著减小（$P<0.05$），并达到全年的最低点，之后到 6 月份又突然显著增加（$P<0.05$），并在以后的时间内维持在一个相同的显著水平上（$P>0.05$），且都较大，并在 8 月达到最大值，之后慢慢减小至 12 月份时接近 1 月份时的数值。

辽宁绒山羊母羊的真皮厚度/表皮厚度在 1—4 月波动变化但差异不显著（$P>0.05$），但 5 月份突然显著减小（$P<0.05$），并达到全年的最低点，之后到 6 月份突然显著增加（$P<0.05$），到 7 月份仍继续增加，但是增加幅度不明显（$P>0.05$），在 7 月份达到最大值，到 8 月份时该比值减少不显著（$P>0.05$），之后的各月之间表皮厚度发生小幅的波动变化，分别为 8—9 月减小、

9—10月增加、10—11月减小、11—12月增加，这些变化差异均不显著（$P>0.05$），12月份和1月份处于同一个显著水平（$P>0.05$）。

表3-9　辽宁绒山羊成年母羊不同月份的皮肤厚度

月份	表皮厚度（μm）	真皮厚度（μm）	真皮厚度/表皮厚度
1	31.19±3.35[a]	1 249.19±60.17[a]	41.35±6.37[a]
2	30.14±2.52[a]	1 230.11±224.82[ab]	40.43±4.86[a]
3	31.11±2.93[a]	1 357.84±132.85[ac]	45.25±8.73[ab]
4	34.23±2.94[ab]	1 411.69±81.39[bcd]	41.65±3.11[a]
5	40.03±3.36[b]	1 147.88±42.89[b]	28.98±2.10[c]
6	39.56±4.55[b]	1 322.08±134.33[ad]	33.97±4.04[a]
7	34.98±5.01[ab]	1 531.08±258.13[ade]	48.13±5.59[ab]
8	36.60±7.84[ab]	1 596.29±131.44[bce]	47.15±9.85[ab]
9	45.28±6.71[b]	1 581.20±158.86[bce]	36.19±5.00[a]
10	32.38±1.44[a]	1 424.99±124.59[ade]	44.54±6.03[ab]
11	39.54±2.62[b]	1 335.64±163.12[ad]	34.28±5.15[ac]
12	32.23±2.04[a]	1 328.72±160.40[ad]	41.87±6.59[a]

注：同列数据不同字母者表示差异显著（$P<0.05$），相同字母者表示差异不显著（$P>0.05$）。

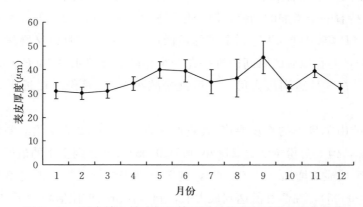

图3-11　辽宁绒山羊成年母羊不同月份表皮厚度的变化趋势

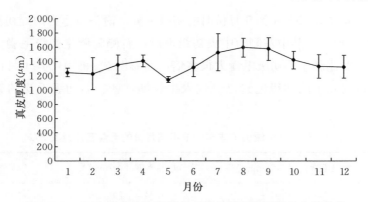

图 3-12　辽宁绒山羊成年母羊不同月份真皮厚度的变化趋势

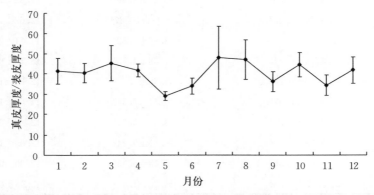

图 3-13　辽宁绒山羊成年母羊不同月份真皮厚度/表皮厚度的变化趋势

二、辽宁绒山羊毛囊密度及 S/P 变化规律

辽宁绒山羊成年母羊在一个生物年不同月份的初级毛囊、次级毛囊密度及次级毛囊与初级毛囊数的比值（S/P）见表 3-10。可以看出，尽管不同月份辽宁绒山羊成年母羊皮肤的初级毛囊密度、次级毛囊密度、S/P 呈波浪形变化，但各个月份间的差异均不显著（$P>0.05$），说明辽宁绒山羊在成年后初级毛囊和次级毛囊的密度是稳定的。

辽宁绒山羊的初级毛囊存在的"新旧并存"现象，即初级毛囊在经历一个毛囊周期以后，旧的毛囊不消失，而是萎缩变小，并残留在初级毛囊的近表皮处，还与旁边新生的初级毛囊包围在同一结缔组织鞘内并同时存在。这种现象在全年 12 个月的各个月份均存在。不同的月份，新、旧毛囊的直径之比也在发生变化。彩图 3-9-A 为 5 月份时的初级毛囊，箭头所示为两处初级毛囊的"新旧并存"现象，其中左侧为中央初级毛囊，右侧为侧生初级毛囊，旧的初级毛囊直径要比新生的初级毛囊大很多倍；而彩图 3-9-B 为 11 月份时的初级毛囊，此时新生的初级毛囊已经进入生长期，新、旧初级毛囊的直径几乎相等。

表 3-10　辽宁绒山羊成年母羊不同月份的毛囊密度及其 S/P

月份	初级毛囊密度（个/mm²）	次级毛囊密度（个/mm²）	S/P
1	3.01±0.45ᵃ	41.63±7.15ᵃ	13.83±2.37ᵃ
2	3.11±0.31ᵃ	34.36±3.39ᵃ	11.42±1.12ᵃ
3	3.26±0.33ᵃ	38.12±1.89ᵃ	11.82±1.53ᵃ
4	3.29±0.29ᵃ	41.13±10.27ᵃ	12.62±1.46ᵃ
5	2.91±0.22ᵃ	33.86±7.82ᵃ	11.71±2.30ᵃ
6	3.05±0.41ᵃ	41.38±4.75ᵃ	13.75±0.25ᵃ
7	3.13±0.24ᵃ	39.38±7.53ᵃ	12.51±1.76ᵃ
8	3.08±0.47ᵃ	35.11±3.39ᵃ	11.67±1.12ᵃ
9	2.97±0.29ᵃ	38.37±3.91ᵃ	13.28±0.37ᵃ
10	3.09±0.21ᵃ	36.11±9.24ᵃ	12.05±1.16ᵃ
11	3.04±0.36ᵃ	36.18±6.33ᵃ	12.00±0.25ᵃ
12	2.89±0.38ᵃ	40.38±4.41ᵃ	13.98±0.53ᵃ

注：同列数据不同字母者表示差异显著（$P<0.05$），相同字母者表示差异不显著（$P>0.05$）。

而辽宁绒山羊的次级毛囊则存在"合并"现象，即 2 个及以上的次级毛囊，随其不断地向表皮层延伸，这些毛囊依次发生结缔组织鞘、外根鞘（ORS）、内根鞘（IRS）的合并，最终在表皮开口处，2 个及以上绒纤维被一个直径较大的囊形物包裹，这个囊形物也由三层结构构成，分别是结缔组织鞘、外根鞘、内根鞘。彩图 3-9-C 中所显示的即次级毛囊"合并"现象，均为 3 个次级毛囊发生合并；彩图 3-9-D 则为 10 个以上的次级毛囊发生合并的罕见"合并"现象。

三、辽宁绒山羊毛囊活性变化规律

辽宁绒山羊成年母羊在 1 个生物年内的 12 个月中的皮肤初级毛囊和次级毛囊的活性见表 3-11、图 3-14、图 3-15、彩图 3-10。初级毛囊活性变化曲线呈 V 形，1 月份初级毛囊活性最高，随后连续两次显著降低（$P<0.05$），到 3 月份、4 月份时活性率仅 20％左右，之后到 5 月份时再次显著降低（$P<0.05$），达到全年的最低点，仅 13.56％的毛囊处于活性状态，其后的 6 月份、7 月份、8 月份时初级毛囊活性连续三次明显升高（$P<0.05$），然后几个月内该活性率均维持在一个较高的水平（$P>0.05$），12 月份时与 1 月份的初级毛囊活性率差异不显著（$P>0.05$），随后进入下一年的动态变化过程中。次级毛囊活性在 1 月份、2 月份之间变化不明显（$P>0.05$），2—4 月份间次级毛囊活性率连续两次显著降低（$P<0.05$）在 4 月份时达到最低点，然后在两个月中缓慢明显回升（$P>0.05$），到 6 月份和 7 月份时达到 3 月份的活性水平，7—8 月份间再次显著增加（$P<0.05$），达到很高的活性水平，并一直维持在高活性水平，进入下一年的次级毛囊活性变化周期中。

表 3-11　辽宁绒山羊成年母羊不同月份的毛囊活性率

月份	初级毛囊活性率（％）	次级毛囊活性率（％）
1	93.21 ± 2.43^{a}	96.44 ± 6.63^{a}
2	72.88 ± 5.57^{b}	93.19 ± 4.29^{a}
3	24.28 ± 3.39^{c}	58.35 ± 5.52^{b}
4	20.09 ± 1.98^{c}	23.47 ± 3.44^{c}
5	13.56 ± 2.22^{d}	32.59 ± 1.09^{cd}
6	49.72 ± 3.57^{e}	50.37 ± 4.99^{b}
7	62.33 ± 6.49^{f}	63.68 ± 3.93^{b}
8	75.10 ± 4.09^{b}	88.09 ± 5.33^{a}
9	72.83 ± 2.47^{b}	84.62 ± 6.61^{a}
10	79.99 ± 5.83^{ab}	93.92 ± 7.32^{a}
11	82.19 ± 5.44^{a}	92.73 ± 8.47^{a}
12	85.83 ± 6.26^{a}	90.90 ± 10.38^{a}

注：同列数据不同字母者表示差异显著（$P<0.05$），相同字母者表示差异不显著（$P>0.05$）。

　　休眠期的初级毛囊（彩图 3-10-A）可见橙色的刷状末端，其周围的内根鞘红色变浅，外根鞘与内根鞘界线不明显，且形状不规则；休眠期的次级毛囊（彩图 3-10-B），其特征与初级毛囊相同。兴盛期的初级毛囊（彩图 3-10-C）、次级毛囊（彩图 3-10-D）则是增厚的内根鞘中开始分布有点状、片状的红色结构，毛干的皮质部分也呈红色，但是初级毛囊的毛干髓质部分未被染成红色，分布着大量有活性的初级毛囊和次级毛囊（彩图 3 - 10 - E 和彩图 3 - 10 - F 中，图中粗箭头所示为初级毛囊，细箭头所示为次级毛囊），均可以观察到红色的内根鞘。无活性的初级毛囊（彩图 3 - 10 - G 中粗箭头所示）和有活性的次级毛囊（彩图 3 - 10 - H 中细箭头所示）中初级毛囊为无活性（粗箭头），其周围散布着很多次级毛囊（细箭头），其中有的为无活性的，特点是内根鞘非红色，还分布着许多处于休眠期的次级毛囊。

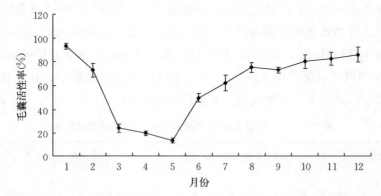

图 3 - 14　辽宁绒山羊成年母羊不同月份初级毛囊活性率的变化趋势

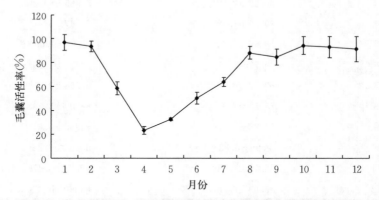

图 3 - 15　辽宁绒山羊成年母羊不同月份次级毛囊活性率的变化趋势

　　上述研究结果表明，成年后辽宁绒山羊的毛囊具有周期性发育规律，辽宁绒山羊的初级毛囊和次级毛囊活性最高的时期在 8—10 月，次级毛囊 8 月份活性达到顶峰。辽宁绒山羊的毛囊在一个生物年内呈现出兴盛期—退行期—休止期交替进行的周期性发育过程，进而控制着绒毛呈现出生长—停止—脱落的周期性变化。辽宁绒山羊次级毛囊兴盛期为每年的 5—11 月（其中 5—7 月为兴盛前期)、12 月至翌年 1 月为退行期，2—4 月为休止期，5—7 月的兴盛前期为毛囊开始重建时期，至 8 月毛囊重建完成再次进入兴盛期。

第三节　辽宁绒山羊皮肤毛囊的细胞凋亡特点

一、成年辽宁绒山羊皮肤毛囊的细胞凋亡特点

细胞凋亡（apoptosis）是细胞衰老、死亡的一种主动过程，是机体维持自身稳定的一种基本生理机制，细胞凋亡是机体各种器官几乎都存在的一种生理现象。Persons（1983）首次在鼠的皮肤中发现毛囊细胞凋亡现象，Seiberg（1995）发现毛囊退化、萎缩的实质就是细胞凋亡。国外学者对毛囊细胞凋亡的研究做了大量的研究工作，其研究主要集中于鼠和人的皮肤毛囊方面。

自辽宁省辽宁绒山羊育种中心选取 2.5 岁常年长绒和季节长绒的辽宁绒山羊各 4 只，分别于 2、4、6、8、10、12 月份共 6 次从体侧部采取 2.0 cm² 左右的皮肤样。获取皮肤样后立即用 10% 中性福尔马林溶液固定 24 h，−70 ℃冰箱保存后，按照常规法制作皮肤石蜡切片。采用原位末端标记法（TUNEL法）检测辽宁绒山羊皮肤毛囊的细胞凋亡特点，为揭示辽宁绒山羊的生绒机制与选育提供理论依据。

（一）皮肤毛囊横切片中细胞凋亡的组织学观察

利用 TUNEL 标记的凋亡细胞核呈现棕色，通过染色发现初、次级毛囊凋亡部位一般都集中在外根鞘、内根鞘、皮脂腺上，而且各月都有阳性凋亡细胞，但是差异显著，说明细胞凋亡是毛囊生长过程中的一个普遍现象，是毛囊自身生长的一个生理调节机制。毛囊是一个不断自我重建的结构。由于两个类型辽宁绒山羊的皮肤毛囊变化规律一致，所以在这里不做分别阐述。横切切片上可以看出初级毛囊在检测的各月中凋亡现象没有显著的差异，凋亡期的初级毛囊呈现闭锁状，形状不一，有的呈长圆形，有的为两条闭合的曲线，有的则仅能看到闭合的一条曲线，可能是一些处于休止期的毛囊，同时凋亡细胞大多集中在初级毛囊的内、外根鞘上，其他部位只是零星分布。次级毛囊在 2 月，内根鞘、外根鞘、结缔组织鞘上可见到大量的凋亡细胞聚集（彩图 3 - 11 -A）。4 月凋亡阳性细胞基本与 2 月相同（彩图 3 - 11 - B）。6 月次级毛囊的凋亡细胞范围减少，次级毛囊有的开始具有活性，在活性的毛囊上仍有凋亡细胞

的存在，只是数量少，零星分布。皮脂腺也出现凋亡现象（彩图 3 - 11 - C）。8 月凋亡现象显著降低，仅在个别的内根鞘和毛干的部位出现了阳性凋亡细胞（彩图 3 - 11 - D）。10 月凋亡细胞和 8 月相当（彩图 3 - 11 - E），12 月凋亡细胞增多，内、外根鞘阳性凋亡细胞增多（彩图 3 - 11 - F）。

（二）皮肤毛囊纵切片细胞凋亡的组织学观察

通过纵切片观察组织形态，发现从 6 月开始凋亡范围有所减小，毛乳头附近的细胞凋亡有所减少，8 月虽然也有阳性凋亡细胞，但是数量少（彩图 3 - 12 - A）10 月凋亡阳性细胞增多，但是并不显著，基本维持 8 月的凋亡水平（彩图 3 - 12 - B），毛发生长期也包含细胞凋亡（TUNEL 阳性），即便是很少的数量，这样的阳性细胞分布在髓质、内根鞘（鞘小皮、赫氏层、亨氏层）、毛球、环绕毛发管道的狭部近端，毛膜角化的皮脂腺管入口的细胞，以及皮脂腺的中心。12 月开始凋亡开始增多，凋亡细胞主要分布在毛乳头周围的上皮源性细胞（彩图 3 - 12 - C）。2 月开始凋亡范围进一步扩大，凋亡范围显著扩大，不仅在毛球、外根鞘、内根鞘中有大量凋亡细胞，在毛囊远端的峡部、膨大部、皮脂腺中也有发现。4 月维持 2 月的水平，大体无明显差异（彩图 3 - 12 - D）。

（三）细胞凋亡与毛囊周期性生长的关系

通过对辽宁绒山羊皮肤毛囊 TUNEL 检测结果的组织形态观察发现，细胞凋亡与毛囊的周期性生长存在一定的关系，在毛囊的兴盛期 8—10 月，随着毛囊活性的增强，细胞凋亡数量少，只是零星分布，在毛囊的退行期 12 月至翌年 2 月，随着毛囊的萎缩衰退，细胞凋亡的数量显著增多，面积扩大，在休止期的 2—4 月，由于毛囊停止生长，凋亡数量和范围几乎维持在退行期的水平，变化不显著。在毛囊的兴盛前期 4—6 月，随着毛囊的重建，凋亡的数量和范围都减少。

根据细胞凋亡的机制，TUNEL 法主要用于检测细胞凋亡晚期的情况，因为只有在晚期才会产生被核酸内切酶切割的 DNA 片段，对于早期的凋亡现象不能检测出来，所以检测的细胞凋亡结果具有滞后性。这说明在检测出阳性细胞之前细胞就开始凋亡了，通过分析发现毛囊的细胞凋亡与其周期性生长变化呈现一定的相关性，随着毛囊进入兴盛期，细胞凋亡减少，进入退行期、休止期显著增多。至于调控毛囊凋亡的机制还有待进一步的研究。试验发现，两种类型绒山羊的这种周期性变化基本一致，只是在毛囊兴盛前期，常年长绒型的凋亡显著低于季节长绒型。

利用 TUNEL 方法检测发现，在皮肤毛囊中 TUNEL 阳性细胞分为两类：一类是与毛囊周期性变化有关的，它们成簇分布；另一类是与毛囊周期性无关的，经常散在分布。在毛囊的退行期，阳性的凋亡细胞是聚集在一起的。在毛囊退行期，首先在毛乳头周围的上皮源性细胞出现 TUNEL 阳性，之后内根鞘随着时间的推移退化上移，至皮脂腺以上的结构也出现阳性。凋亡细胞的位置显示了细胞凋亡对毛囊自身退化起到的重要作用。毛囊是恒定不变的观点不成立，整个毛囊其实是一个动态的、不断重造的结构，对照毛囊上皮，发现毛乳头的成纤维细胞即使在退行期也没有 TUNEL 阳性细胞出现。Narisawa 等（1997）通过对人头皮毛囊的观察，发现在生长期毛囊外根鞘可呈现"口袋状结构"的凋亡现象。Soma 等（1998）通过对生长期游离毛囊的原位凋亡染色发现，内根鞘中存在大量的凋亡细胞，相邻的角质化区域也呈阳性染色，毛乳头和真皮鞘则很少出现阳性细胞。在退行期毛囊、外根鞘的外层、上皮条索、毛乳头周围的上皮源性细胞都可见阳性细胞，而且发现 TUNEL 阳性细胞的增长是在从不发生终末改变的地方发生的。这与笔者的研究结果基本一致。

毛囊 TUNEL 阳性细胞凋亡的变化与其活性变化呈现出一定的相关性。毛囊进入退行期，诱导细胞凋亡机制，引起细胞死亡。至于是什么物质或刺激引起细胞凋亡还有待进一步的研究。

二、调控辽宁绒山羊皮肤毛囊细胞凋亡基因 *Bcl-2/Bax* 的表达规律

细胞凋亡是由凋亡相关基因编码的蛋白调节控制。*Bcl-2* 家族中 *Bax* 和 *Bcl-2* 是两种代表性的控制细胞凋亡的基因，*Bax* 是促进细胞凋亡的基因，而 *Bcl-2* 则是抑制细胞凋亡基因。两者的比例决定着细胞受到刺激后是凋亡还是存活，*Bcl-2* 占优势，细胞存活，*Bax* 占优势则细胞凋亡，*Bcl-2/Bax* 变化则提示着能否细胞凋亡。因此，*Bcl-2* 和 *Bax* 基因表达的变化对细胞凋亡起着十分重要的调节作用。

（一）胎儿期的辽宁绒山羊皮肤中 *Bcl-2/Bax* 基因表达变化的研究

胎儿期是绒山羊皮肤及毛囊形成的重要时期。Persons（1983）首次在鼠

的皮肤中发现细胞凋亡现象，其后国内外学者对哺乳动物皮肤尤其是毛囊的细胞凋亡的研究做了大量的研究工作，并发现 $Bcl-2/Bax$ 基因在其中发挥着重要的调控作用，陈伟等（2005）对人不同胎龄胎儿皮肤中 $Bax/Bcl-2$ 基因表达进行了研究，发现 $Bcl-2$ 基因表达量随着胎儿的生长发育而逐渐降低，而 Bax 则变化不显著。任秀娟（2007）、乌日罕（2008）、李蔷（2008）、赵艳丽（2011）等先后对蒙古羊、内蒙古绒山羊、辽宁绒山羊的皮肤细胞凋亡进行了研究，但其研究主要集中于成年羊皮肤毛囊细胞凋亡方面，而在羊的胎儿期皮肤毛囊细胞凋亡特点及 $Bax/Bcl-2$ 基因表达特点研究则未见相关研究报道。因此，Bax 与 $Bcl-2$ 基因在胎儿期的辽宁绒山羊皮肤及毛囊中正确表达与否，与皮肤及毛囊的发育及成熟密切相关。为此，采用免疫组织化学的方法，采集辽宁绒山羊胎儿期第 45、60、75、90、105、120 和 135 天的皮肤，对胎儿皮肤和毛囊中 Bax 和 Bcl-2 蛋白的表达进行检测。

1. 辽宁绒山羊胚胎皮肤中 Bax 和 Bcl-2 的表达部位 通过免疫组化染色，发现 Bax 和 Bcl-2 蛋白在胎儿的各个发育时期的皮肤上均有表达。但在 105 日龄后的辽宁绒山羊胚胎皮肤上表达更为明显。105 d 胚龄和 135 d 胚龄的辽宁绒山羊皮肤上 Bax 和 Bcl-2 的表达部位见彩图 3-13。经过观察可知，Bax 和 Bcl-2 主要表达在表皮（E）、皮脂腺（SG）、汗腺（BG）、初级毛囊（PF）、次级毛囊（SF）等部位，而在毛囊上也有一定的表达规律，二者在毛母质细胞（hmc）和内根鞘（irs）上表达量较高，而在真皮乳头（dp）内表达量较少。

2. 辽宁绒山羊胚胎毛囊上 Bax 和 Bcl-2 表达量的变化规律 对不同胚龄辽宁绒山羊胚胎皮肤进行免疫组化染色，通过测量以及数据分析，获得了辽宁绒山羊胚胎不同时期初级毛囊和次级毛囊上的 Bax 和 Bcl-2 阳性区域的平均光密度，并据此计算二者的比值（以下简称 Bax/Bcl-2），见表 3-12。

由表 3-12 可以得出以下结果：初级毛囊上的 Bax 平均光密度在 60～75 d 胚龄明显增加（$P<0.05$），之后一直到 135 d 胚龄都未发生明显的变化（$P>0.05$）；与此同时，Bcl-2 的平均光密度则是不断显著增加的（$P<0.05$），但仅在 120～135 d 胚龄发生明显降低（$P<0.05$）。Bax/Bcl-2 比值的变化是呈逐渐下降趋势，但是在 60～105 d 胚龄的降低不显著（$P>0.05$），105 d 胚龄之后显著降低（$P<0.05$）并一直维持在一个低水平上。次级毛囊上这两种抗原的平均光密度及二者比值的变化趋势与初级毛囊是相同的，均为 Bax 平均光密度降低，Bcl-2 升高，Bax/Bcl-2 也降低。

表 3-12　辽宁绒山羊不同胚龄胎儿各时期毛囊 Bax 和 Bcl-2 平均光密度及其比值

胚龄 (d)	Bax 阳性区域的平均光密度		Bcl-2 阳性区域的平均光密度		Bax/Bcl-2	
	初级毛囊	次级毛囊	初级毛囊	次级毛囊	初级毛囊	次级毛囊
45	—	—	—	—	—	—
60	0.251 ± 0.013^a	—	0.218 ± 0.029^a	—	1.152 ± 0.054^a	—
75	0.273 ± 0.026^b	—	0.265 ± 0.036^b	—	1.028 ± 0.041^a	—
90	0.296 ± 0.018^b	—	0.288 ± 0.015^{bd}	—	1.028 ± 0.077^a	—
105	0.276 ± 0.032^b	0.249 ± 0.033^a	0.261 ± 0.029^b	0.209 ± 0.036^a	1.062 ± 0.032^a	1.191 ± 0.018^a
120	0.309 ± 0.041^b	0.233 ± 0.011^a	0.361 ± 0.025^c	0.279 ± 0.071^b	0.856 ± 0.036^b	0.835 ± 0.009^b
135	0.272 ± 0.039^b	0.171 ± 0.092^b	0.309 ± 0.021^d	0.268 ± 0.047^b	0.882 ± 0.012^b	0.638 ± 0.051^c

注 1：同列数据不同字母者表示差异显著（$P<0.05$），相同字母者表示差异不显著（$P>0.05$）。

注 2：①45 d 胚龄时，皮肤结构还尚未成形，更无法辨认出初级毛囊的结构，所以无法测量其 Bax 和 Bcl-2 阳性区域的平均光密度；②在 60～90 d 胚龄时，初级毛囊也尚未发育成型，用不同发育阶段的桩形物或球根桩形物的测量数据代替；③在 105 d 胚龄前，还无法观察明显的次级毛囊，因此其测量数据从 105 d 胚龄开始。

经 Pearson 相关性分析，初级毛囊 Bax 的表达与 Bax/Bcl-2 的相关性为 $R=-0.665$（$P=0.050$），为强负相关；而初级毛囊 Bcl-2 的表达与 Bax/Bcl-2 的相关性为 $R=-0.948$（$P=0.004$），达到极强负相关。可以推测在决定初级毛囊细胞是否发生凋亡这一过程中，Bcl-2 扮演着比 Bax 更重要的角色。

辽宁绒山羊胎儿自从 60 d 胚龄起，在初级毛囊前体发生并逐步发育为初级毛囊的过程中，其上均同时表达 Bax 和 Bcl-2，但是 Bax 和 Bcl-2 的表达量处于不断变化之中。75 d 胚龄以后，Bax 的表达量基本无变化，但是随着胚龄的增加，Bcl-2 的表达量也在增加，说明初级毛囊处于形成时期，细胞凋亡占的比例较小，而 135 d 胚龄的时 Bcl-2 表达量比 120 d 胚龄显著减少，则说明这个时期初级毛囊已经形成完毕，细胞凋亡则占优势。次级毛囊 Bax/Bcl-2 更加明显地体现出这种规律，其 Bax/Bcl-2 变化明显呈递减趋势。尤其是 Bax/Bcl-2 随着胚龄的增加呈逐渐降低的趋势，正好验证了辽宁绒山羊胎儿初级、次级毛囊随着胎龄增加而发育逐步成熟，细胞凋亡现象也逐渐减弱。而且可以推测部分初级毛囊在 120 d 胚龄之后开始进入毛囊周期循环的退行期。

（二）辽宁绒山羊成年羊皮肤中 $Bcl-2/Bax$ 基因表达的年度周期性变化

辽宁绒山羊的皮肤毛囊具有在一个生物年内呈周期性发育的特性，已有研究表明，在绒山羊毛囊周期性发育的各时期均存在细胞凋亡现象。而作为调控细胞凋亡的 $Bax/Bcl-2$ 基因，明确其在绒山羊皮肤毛囊的表达是否与其各个发育时期相关，尤其是二者在毛囊发育哪个时期为优势基因，将对阐明绒山羊毛囊发育过程中细胞凋亡所发挥的生物机制具有重要意义。因此，采用免疫组化方法，检测了一个生物年内 12 个月份的成年辽宁绒山羊母羊皮肤中 Bax 和 Bcl-2 蛋白表达部位及表达量年周期变化情况。

1. Bax/Bcl-2 在成年辽宁绒山羊皮肤次级毛囊上的表达部位　通过免疫组化染色发现，Bax、Bcl-2 分别表达于成年辽宁绒山羊一个生物年 12 个不同月份的次级毛囊的毛球、毛乳头、内根鞘、外根鞘、汗腺、皮脂腺及表皮上。Bcl-2 在毛乳头上表达少于 Bax（彩图 3-14）。

2. 不同月份成年辽宁绒山羊 Bax/Bcl-2 表达量变化规律　成年辽宁绒山羊不同月份皮肤次级毛囊 Bax、Bcl-2 平均光密度及比值见表 3-13 和图 3-16、图 3-17。

表 3-13　成年辽宁绒山羊不同月份皮肤次级毛囊 Bax、Bcl-2 平均光密度及比值

季节	月份	Bax 平均光密度	Bcl-2 平均光密度	Bax/Bcl-2
春季	3	0.050 ± 0.021^a	0.062 ± 0.016^{bc}	0.91 ± 0.24^a
	4	0.064 ± 0.030^a	0.038 ± 0.020^a	1.76 ± 0.31^b
	5	0.093 ± 0.007^b	0.111 ± 0.014^d	0.85 ± 0.08^a
夏季	6	0.057 ± 0.017^a	0.066 ± 0.012^{bc}	0.86 ± 0.18^a
	7	0.075 ± 0.021^{ab}	0.050 ± 0.011^{ab}	1.50 ± 0.16^b
	8	0.060 ± 0.009^a	0.052 ± 0.016^{ab}	1.22 ± 0.37^{ab}
秋季	9	0.096 ± 0.025^b	0.079 ± 0.015^{bc}	1.30 ± 0.30^b
	10	0.074 ± 0.002^{ab}	0.089 ± 0.010^{cd}	0.84 ± 0.11^a
	11	0.080 ± 0.010^{ab}	0.074 ± 0.021^{bc}	1.16 ± 0.43^{ab}
冬季	12	0.064 ± 0.014^{ab}	0.040 ± 0.005^{ab}	1.62 ± 0.44^{ab}
	1	0.074 ± 0.032^{ab}	0.054 ± 0.021^b	1.38 ± 0.37^{ab}
	2	0.068 ± 0.029^{ab}	0.047 ± 0.029^{ab}	1.55 ± 0.38^{ab}

注：同列数据不同字母者表示差异显著（$P<0.05$），相同字母者表示差异不显著（$P>0.05$）。

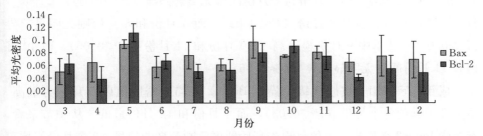

图 3-16 辽宁绒山羊成年母羊不同月份的次级毛囊 Bax 和 Bcl-2 阳性区域平均光密度的变化

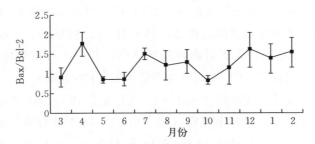

图 3-17 辽宁绒山羊成年母羊不同月份次级毛囊
Bax/Bcl-2 的变化趋势

由表 3-13、图 3-16 可见，成年辽宁绒山羊次级毛囊上的 Bax 平均光密度值在每年 1—4 月的各个月份间变化不显著（$P > 0.05$），但 3 月偏低，而到 5 月则显著增加（$P < 0.05$），到 6 月再突然显著减小（$P < 0.05$），之后至 8 月维持相同表达水平（$P > 0.05$），到 9 月时再次突然显著增加（$P < 0.05$），并达到与 5 月相同的显著水平（$P > 0.05$），之后显著减少（$P < 0.05$）到低水平，并一直维持到翌年的 1 月份（$P > 0.05$）；次级毛囊上的 Bcl-2 在 1—3 月份变化不显著（$P > 0.05$），到 4 月份显著降低（$P < 0.05$），之后到 5 月份显著升高（$P < 0.05$），并维持在同一个较高的水平（$P > 0.05$），直至进入翌年的周期性变化。

成年辽宁绒山羊皮肤次级毛囊上 Bax 平均光密度值在全年的各个月份并不均衡，5 月份和 9 月份出现 2 个峰值，虽然这二者之间差异不显著（$P > 0.05$），但均显著高于其他月份（$P < 0.05$）。而从不同季节来看，夏季与冬季均呈现先低后高再降低的趋势；春季则是呈逐渐升高的趋势；秋季是先高后低再升高的趋势。而从各个季节来看，春季中 5 月份 Bax 平均光密度值显著高于 3 月份和

4月份（$P<0.05$），而3月份与4月份间则无显著差异（$P>0.05$）；夏季的7月份显著高于6月份和8月份（$P<0.05$），而6月份和8月份则无明显差异（$P>0.05$）；秋季中9月份显著高于10月份和11月份（$P<0.05$），而10月份和11月份间则无明显差异（$P>0.05$）。

　　成年辽宁绒山羊皮肤次级毛囊上Bcl-2平均光密度值以5月份为最高，显著高于其他各个月份（$P<0.05$），而4月份和12月份最低。从季节来看，春季中Bcl-2平均光密度值呈现先高后低再急剧升高的趋势，3个月份间均存在明显的差异（$P<0.05$）；夏季的Bcl-2平均光密度值则呈现先高后低再升高的状态，6月份显著高于7月份和8月份（$P<0.05$），而7、8月份则无明显差异；秋季则呈现低高再降低状态，其中10月份明显高于9月份和11月份（$P<0.05$）；冬季则呈现先低后高再降低状态，其中1月份明显高于12月份和2月份，而12月份与2月份间则无明显差异（$P>0.05$）。

　　由图3-17可见，成年辽宁绒山羊次级毛囊上Bax/Bcl-2以4月份为全年最高点，显著高于其他各个月份（$P<0.05$），而全年的波谷则有3个，分别为5、6和10月份，尤其是10月份为全年最低点，并且这3个月份间几乎无明显差异（$P>0.05$）。从不同季节来看，春夏两季的变化趋势一致，均呈先低后高再降低变化的状态；而秋季和冬季也有相同的变化趋势，即呈现先高后低再升高的变化状态。从季节内来看，春季中的4月份Bax/Bcl-2显著高于3、5月份（$P<0.05$），而3、5月份间则无明显差异（$P>0.05$）；夏季和秋季的3个月份之间均存在明显的差异（$P<0.05$）；而冬季的3个月份之间则无明显差异（$P>0.05$）。

　　Bax和Bcl-2分别是Bcl-2家族中的2个亚家族中的代表性成员，Bcl-2属抗凋亡蛋白亚家族，其主要功能是抑制细胞凋亡，而Bax则属于促凋亡蛋白家族，其主要功能是促进细胞凋亡，一般Bcl-2与Bax以异源二聚体形式发挥作用。对不同月份辽宁绒山羊成年母羊皮肤样品中Bax和Bcl-2的表达定位研究发现，这两种蛋白同时表达于次级毛囊、皮脂腺、汗腺和表皮等部位，而其他部位则都不表达，暗示Bax和Bcl-2是共同参与细胞凋亡的控制，而不是各自单独发挥作用的，符合Bax和Bcl-2在细胞内是以同源或异源二聚体的形式存在的结论；研究同时发现，在毛乳头中Bax和Bcl-2并不是在所有细胞中都表达的，即毛乳头中一部分细胞是阴性染色的，而另一部分是阳性染色的，而且其表达量显著低于包裹在其外面的毛球基质。

绒山羊毛囊在其整个生命过程中是一个能自我更新和周期性生长的再生组织，不断经历生长期、退行期和休止期 3 个时期。Lindner 等及 Paus 等研究发现，退行期是由细胞凋亡驱动的，而休止期其实就是毛囊细胞凋亡时期。本研究发现，辽宁绒山羊次级毛囊上 Bcl－2 表达量变化规律呈双峰型，两个高峰值分别出现在 5 月份和 9 月份，Bcl－2 表达量 5 月份最高，Bax/Bcl－2 在 4 月份时为全年的最高点，提示次级毛囊上细胞凋亡程度大；8—9 月份，Bax/Bcl－2 差异不显著（$P > 0.05$），维持平稳的较低水平；10 月份 Bax/Bcl－2 达到全年最低水平，提示次级毛囊上细胞凋亡程度小，以上研究结果与辽宁绒山羊毛囊周期性变化规律相符；而在 7 月份毛囊活性较高的时候，Bax/Bcl－2 处于较高水平，提示次级毛囊细胞凋亡程度突然增加，分析原因可能是尽管此时次级毛囊活性高，但是次毛囊刚刚从上一个毛囊循环的静止期恢复到生长期，其结构和功能都需要发生变化，以便进入新的生长期，开始新一轮的毛囊周期循环，在这种变化的过程中，因为细胞增殖活跃时期往往凋亡也活跃，因此势必要发生剧烈的细胞凋亡。

第四节　辽宁绒山羊皮肤毛囊发育与血管新生的关系

血管内皮生长因子（vascular endothelial growth factor，VEGF），又称为促血管因子（vasculotropin，VAS）或血管通透因子（vascular permeability factor，VPF），是由各种正常细胞和肿瘤细胞合成和分泌的分泌型二聚体糖蛋白。VEGF 通过选择性地与内皮细胞上的受体结合而发挥以下生物学效应：促进内皮细胞分裂增殖，促进血管生长作用，提高血管通透性。

毛囊是一个由 20 多种细胞构成的形态和结构较为复杂的皮肤附属器官，具有自我更新和周期性生长的特性，毛囊的发育受多种生长因子和细胞因子的综合调控。Mecklenburg 等（2000）发现皮肤毛囊周期性的变化过程中存在血管新生和退化的生理现象。Ozeki 等发现缓释 VEGF 可有效诱导毛囊生长期活动，从而进一步促进毛囊生长。对于这种促生长作用的机制可能有两种：一种因为毛囊生长是极其活跃的再生活动，需要大量的营养物质以及充足的氧气，而 VEGF 介导的血管变化正好可以满足其生长条件；另一种是 VEGF 作为一种组织特异性生长因子，可直接促进毛囊生长。Yano 等通过研究发现，

VEGF 在毛囊的生长期表达量上升。而生长早期的毛囊以及毛囊间上皮角质形成细胞中 VEGF mRNA 的表达量很少，生长中期毛囊角质细胞中 VEGF mRNA 表达量较高，但是在真皮、皮下组织和毛乳头细胞中却未检测到 VEGF mRNA 的表达。将 VEGF mRNA 表达水平与毛囊周围周期性的血管变化进行比较，结果发现，毛囊周围血管变化比 VEGF mRNA 的表达变化要晚 3 d 左右。因此，推测 VEGF 促进毛发生长是通过诱导毛囊周围血管变化来实现的。Yano 等为了进一步研究毛囊表达的 VEGF 能否直接诱导毛囊周围血管形成，以小鼠为实验动物，结果证实，VEGF 在毛囊中的表达能够直接诱导毛囊周围血管的形成。

一、辽宁绒山羊胎儿期皮肤毛囊发育与血管新生的关系

（一）VEGF 蛋白在辽宁绒山羊胎儿期皮肤毛囊发育中的表达及其与微血管密度的关系

选择年龄相同、体况相近的辽宁绒山羊成年母羊 20 只，经同期发情处理后，进行人工授精，分别于妊娠后第 45、60、75、90、105、120、135 天，在无菌条件下剖宫产，取出胎儿。在其体侧肩胛骨后缘处采集皮肤样本，立即浸入 4% 多聚甲醛固定后，常规法制作组织切片。采用免疫组化方法，对 VEGF 辽宁绒山羊胎儿期不同阶段的表达及微血管密度（MVD）进行了检测。

1. VEGF 在不同日龄辽宁绒山羊胎儿皮肤毛囊的表达 VEGF 在辽宁绒山羊胎儿期不同日龄的皮肤毛囊上表达，与皮肤毛囊的发育和形成是密切相关的，75 d 胚龄前由于皮肤的初级毛囊和次级毛囊尚未形成，未检测到 VEGF 在皮肤毛囊上的表达；75～90 d 胚龄时则在皮肤的表皮层和初级毛囊原始体上检测到 VEGF 的阳性表达；105 d 胚龄时，由于初级毛囊已经成形，则在初级毛囊的毛球内根鞘（irs）上检测到有明显的 VEGF 阳性表达；120、135 d 胚龄时，由于次级毛囊已经完全形成，在该时期的初级毛囊、次级毛囊的毛球、内根鞘（irs）均检测到 VEGF 强阳性表达，但其真皮乳头上 VEGF 的阳性表达较弱；皮肤中 MVD 则出现在 105 d 胚龄之后。具体结果见彩图 3-15 和彩图 3-16（彩图 3-15 中 PF 为初级毛囊，SF 为次级毛囊；彩图 3-16 中箭头所示为 CD34 标记显色的微血管）。

2. 辽宁绒山羊胎儿期不同时期皮肤毛囊中 VEGF 平均光密度和微血管密度 免疫组化染色发现，VEGF 在辽宁绒山羊胎儿期不同时期的初级毛囊、

次级毛囊上阳性区域的平均光密度及微血管密度（MVD）见表 3 - 14 和图 3 -
18、图 3 - 19。

表 3 - 14　辽宁绒山羊不同胚龄胎儿 VEGF 阳性区域的平均光密度及真皮内的微血管密度

胚龄（d）	VEGF 阳性区域平均光密度		微血管密度
	初级毛囊	次级毛囊	
45	—	—	—
60	—	—	—
75	0.161±0.028[b]	—	4.98±0.11[a]
90	0.178±0.015[a]	—	5.17±0.32[a]
105	0.211±0.017[c]	0.128±0.051[a]	8.82±0.37[b]
120	0.229±0.031[c]	0.143±0.026[b]	9.18±1.15[b]
135	0.256±0.026[d]	0.154±0.019[b]	10.23±0.94[c]

注：同列数据不同字母者表示差异显著（$P<0.05$），相同字母者表示差异不显著（$P>0.05$）。

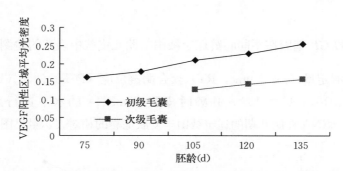

图 3 - 18　辽宁绒山羊不同胚龄胎儿的初级毛囊 VEGF 阳性区域平均光密度

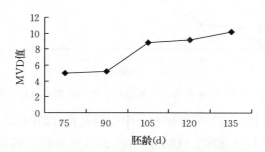

图 3 - 19　辽宁绒山羊胎儿期不同胚龄皮肤的真皮内微血管密度

在胎儿期的 75～105 d 胚龄，辽宁绒山羊的初级毛囊上的 VEGF 阳性区域平均光密度呈线性增加趋势（$P < 0.05$），但在 105～120 d 胚龄增加不明显（$P > 0.05$），120 d 胚龄后又显著增加（$P < 0.05$）；次级毛囊上 VEGF 阳性区域平均光密度自 105 d 胚龄后，随胚胎生长而逐渐呈增加趋势（$P < 0.05$）。皮肤真皮层的微血管密度的变化过程与之相对应，其中 75～90 d 胚龄内变化不显著（$P > 0.05$），90～105 d 胚龄显著增加（$P < 0.05$），105～120 d 胚龄也无明显变化（$P > 0.05$），之后再次显著增加（$P < 0.05$）。

经 Pearson 相关性分析，得出毛囊上的 VEGF 平均光密度与 MVD 呈极强正相关（$R = 0.966$，$P = 0.007$）。

上述研究结果说明，胎儿期辽宁绒山羊皮肤毛囊（初级毛囊、次级毛囊）上 VEGF 蛋白表达是随着毛囊的发育而逐渐增加，表明 VEGF 对毛囊的发育具有促进作用；而辽宁绒山羊皮肤上微血管密度随着胎儿期日龄的增加而增加，并与 VEGF 呈强的正相关，表明 VEGF 在绒山羊的胎儿期除了直接作用于毛囊细胞增殖外，还可以通过促进皮肤微血管密度的增加而促进毛囊和皮肤的发育。

（二）VEGF 基因在不同胚龄辽宁绒山羊胎儿皮肤中表达的检测

采用实时定量（real-time，RT）聚合酶链反应（PCR）法对 VEGF 在 45、60、75、90、105、120、135 d 胚龄时皮肤中 mRNA 的水平进行测定分析。VEGF 基因 mRNA 在胎儿期的辽宁绒山羊皮肤毛囊的相对表达量见图 3-20。

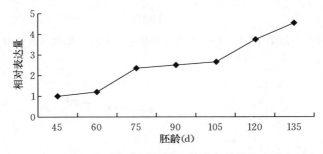

图 3-20　VEGF 基因在不同胚龄辽宁绒山羊胎儿皮肤中的表达

由图 3-20 可见，VEGF 基因在各个不同发育时期的辽宁绒山羊胚胎的皮肤上均有表达，而且呈逐渐上升趋势，在 135 d 胚龄时达到最高峰。表达量在 45 d 胚龄和 60 d 胚龄差异不显著（$P > 0.05$），在其他胚龄均极显著（$P <$

0.01）。而且表达量在各个胚龄之间表达差异各不同，其中在 45 d 胚龄与 60 d
胚龄差异不显著（$P>0.05$）；在 60 d 胚龄和 75 d 胚龄差异极显著（$P<$
0.01）；在75 d胚龄和90 d胚龄差异不显著（$P>0.05$）；在 90 d 胚龄和 105 d
胚龄差异不显著（$P>0.05$）；在 105 d 胚龄和 120 d 胚龄差异极显著（$P<$
0.01）；在120 d胚龄和135 d胚龄差异显著（$P<0.05$）。说明胎儿期的辽宁绒
山羊皮肤毛囊周围的血管新生随着胚龄的增加而逐渐上升，进一步证实了
VEGF 基因可通过对调控血管新生进而调控毛囊的发生与发育。

二、辽宁绒山羊毛囊血管内皮生长因子表达及微血管密度的年周期变化

皮肤中的血管为皮肤提供氧和营养物质，是维持其正常生理功能及动态平
衡的基本要素之一。由生产实践及相关研究得知，辽宁绒山羊绒毛生长呈现年
周期循环，相应地，推测其皮肤毛囊也经历着类似的年周期变化，其中，血管
尤其是微血管的年周期变化规律对皮肤毛囊的年周期变化起着重要作用。而
VEGF 的表达水平对维持一个血管网络起着至关重要的作用。目前国内外对
皮肤内 VEGF 表达的相关研究仅限于皮肤疾病动物模型的研究，对绒毛用经
济动物皮肤内的 VEGF 表达以及微血管密度（MVD）的变化还未见报道。因
此，以辽宁绒山羊毛囊 VEGF 表达及 MVD 的年周期变化为切入点，试图研
究并总结其全年 12 个月的变化规律，可以对 VEGF 及其促血管功能进行探
讨，为随后的辽宁绒山羊皮肤周期性变化的分子调控机制研究提供理论基础。

2009 年 11 月至 2010 年 10 月，于每个月的 4 日左右对 3 只试验羊进行采
样，采样部位为体侧肩胛骨后角后 3 cm 处，左右两侧交替采集 1 cm² 的皮肤
样品，立即浸入 4％多聚甲醛固定，24 h 后制作石蜡切片，片厚 4 μm。运用免
疫组织化学染色方法检测 VEGF 的表达量、表达部位以及微血管分布情况。

（一）VEGF 在全年各个月份的辽宁绒山羊皮肤毛囊的表达

VEGF 在全年各个月份的辽宁绒山羊皮肤毛囊的表达状况，见彩图 3-17、
图 3-21 和图 3-22。

由图 3-21 可以看出，不同月份辽宁绒山羊成年母羊皮肤初级毛囊中，
VEGF 阳性区域平均光密度的变化呈双峰型，其中 3—5 月份为第一个高峰期，
8 月份为第二个高峰期，两个时期显著水平相同（$P>0.05$），期间的 6 月份、

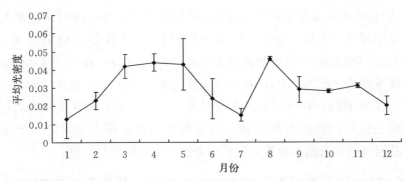

图 3-21 辽宁绒山羊成年母羊不同月份的初级毛囊 VEGF 阳性区域平均光密度的变化趋势

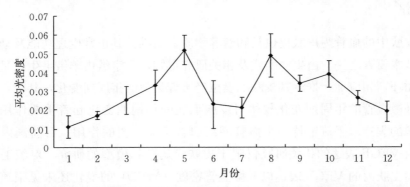

图 3-22 辽宁绒山羊成年母羊不同月份的次级毛囊 VEGF 阳性区域平均光密度的变化趋势

7 月份呈连续显著减少（$P<0.05$），然后又显著增加（$P<0.05$），第二个高峰期仅维持一个月的时间，到 9 月份时 VEGF 阳性区域平均光密度显著减小（$P<0.05$），之后维持在同一个显著水平（$P>0.05$），直至进入下一年的周期性变化中。结合图 3-22 可以看出，不同月份次级毛囊中 VEGF 阳性区域平均光密度的变化趋势与初级毛囊大致相同，也呈双峰型，1—4 月份平均光密度缓慢增加，但变化不显著（$P>0.05$），之后到 5 月份突然显著增加（$P<0.05$），达到第一个峰值，到 6 月份时又显著减小（$P<0.05$），到 7 月份时继续减小但不显著（$P>0.05$），然后突然增加达到 8 月份的第二个峰值，之后以相同的显著水平维持到 10 月份（$P>0.05$），显著降低至低水平（$P<0.05$），进入下一年的周期性变化过程。

（二）全年各个月份的辽宁绒山羊皮肤毛囊上 MVD 的动态变化规律

全年各个月份的辽宁绒山羊皮肤毛囊上 MVD 的动态变化规律，见表 3-15

和彩图 3-18 (图中箭头所示为以 CD_{34} 阳性表达为标记的微血管)、图 3-23。

表 3-15 辽宁绒山羊成年母羊不同月份真皮内微血管密度

月份	微血管密度相对值
1	3.43 ± 0.75^a
2	4.05 ± 0.50^{ab}
3	6.01 ± 0.80^d
4	4.84 ± 0.66^{bc}
5	7.57 ± 0.73^e
6	4.52 ± 0.59^{abc}
7	4.66 ± 0.73^{bc}
8	7.43 ± 0.34^e
9	5.38 ± 0.54^{cd}
10	5.86 ± 0.63^d
11	4.86 ± 0.80^{bcd}
12	3.85 ± 0.26^{ab}

注：同列数据不同字母者表示差异显著 ($P < 0.05$)，相同字母者表示差异不显著 ($P > 0.05$)。

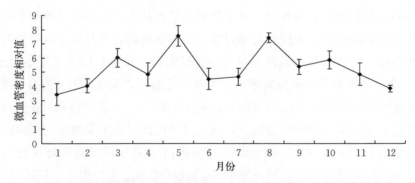

图 3-23 辽宁绒山羊成年母羊不同月份的真皮内微血管密度相对值的变化趋势

不同月份辽宁绒山羊成年母羊真皮层中的微血管密度（MVD）变化趋势也呈双峰形，与初级、次级毛囊中 VEGF 表达的变化趋势相似，其两个峰值出现在 5 月和 8 月，其他月份大都位于相同的显著水平 ($P > 0.05$)，仅在 3 月出现了一个小的峰值，与其前后相比都差异显著 ($P < 0.05$)，在 8 月之后，MVD 维持在一个相同的显著水平 ($P > 0.05$)，并进入翌年的周期变化中。

经 Pearson 相关性分析可知，辽宁绒山羊初级毛囊上的 VEGF 平均光密度与 MVD 呈中等程度正相关（$R=0.564$，$P=0.000$），而次级毛囊上的 VEGF 平均光密度与 MVD 呈强正相关（$R=0.703$，$P=0.000$）。

上述研究结果表明，辽宁绒山羊的初级毛囊和次级毛囊 VEGF 表达量均在 8 月份达到高峰，而在 5 月份，次级毛囊 VEGF 表达量为全年最高，相比于初级毛囊 VEGF 表达量却和 3、4 月份处于同一水平，说明初级毛囊和次级毛囊的 VEGF 表达趋势是相近的，并间接暗示微血管密度是受初级、次级毛囊 VEGF 表达共同影响的。辽宁绒山羊毛囊 VEGF 表达量与 MVD 变化有相似的变化趋势，且二者之间呈正相关，而次级毛囊 VEGF 表达量对 MVD 变化有显著影响。相比较而言，次级毛囊的 VEGF 表达对真皮内微血管密度起着更加重要的作用。

第五节　调控辽宁绒山羊皮肤毛囊发育的相关基因

辽宁绒山羊与其他哺乳动物一样，其毛囊的形成及周期性发育是一个分子调控的过程，需要由不同信号通路组成的复杂网络来控制，这个网络中促进毛囊发育因子与抑制毛囊发育因子处于严格的平衡状态，进而将最终信息传递到毛囊及毛囊周围组织，实现对毛囊发育、毛囊活动的启动与休止及毛囊有丝分裂速率的调节。Wnt 信号通路是参与毛囊形态发生及生长期的主要信号通路，在 Wnt 众多信号通路中研究最多的，也是对毛囊形态发生及毛囊发育及相关细胞分化起调节作用的是 Wnt/β-连环蛋白信号通路。β-连环蛋白（β-catenin）主要表达于上皮细胞和间质细胞上，其主要功能是促进毛囊细胞的形成；而成纤维细胞生长因子（FGF）家族和骨形成蛋白（BMP）家族则是参与毛囊发育休止期的相关信号通路，FGF 家族中的成纤维细胞生长因子（FGF5）是一个较强的生长抑制因子，主要分布于毛囊的外根鞘上，在毛囊生长期结束前，外根鞘上旁分泌的 FGF5 终止毛囊细胞分裂引起生长期停止。BMP 家族成员在毛囊形态发生过程中主要起抑制性作用，BMP2 和 BMP4 主要抑制毛囊基板的形成；而在毛囊的休止期，BMP 家族成员占绝对优势，是毛囊生长期启动的抑制剂，阻止毛囊细胞增殖，进而阻止毛囊的发育。与此同时，毛囊作为一种可再生的活器官，在其周期性生长发育的过程中，与周围血管的新生与退化有着密切的关系，即毛囊的周期性变化是与血管新生和退化的过程相伴随的，VEGF 作为促进血管新生的细胞因子，不仅能够促进毛囊周围血管新生，而且还可以直接促进毛囊细胞的增殖与分裂。

一、BMP2 基因与辽宁绒山羊皮肤毛囊周期性发育的关系

BMP 家族的成员在毛囊形态发生的过程中主要起抑制性作用，BMP2 基因是毛囊发育所涉及的重要信号分子之一，BMP2 被其颉颃物 Noggin 抑制活性后将刺激毛囊发育的开始（Park，2002）。BMP2 在毛囊发育的众多调控信号分子中发挥相对重要的作用，特别是 BMP2 基因和它的颉颃剂 Noggin 相互抑制的平衡状态在很大程度上决定着毛囊发育的状态（Angie 等，2003）。Stenn 等（2003）发现在毛囊生长期、休止期表达 BMP2 及其受体的种类、量、位置是不相同的。Andrei 等（2003）的研究证实，在鸡胚中异常表达 BMP2 会抑制毛囊胚芽的形成；在缺失 BMP2 的颉颃物 Noggin 的小鼠胚胎中，可观察到次级毛囊形成的诱导完全终止，而初级毛囊形态发生的启动未受影响，说明在诱导小鼠胚胎次级毛囊形成的过程中 Noggin 是一个关键性因子，而这种作用可能是通过调节 BMP2 来介导的。Selina 等（1998）在转基因小鼠中，当 BMP2 异常表达于毛囊外根鞘时，会抑制毛母质细胞的增殖并激活角蛋白基因在外根鞘的表达。Han－Sung 等（1998）则发现 BMP2 表达于成熟毛囊的毛干前体细胞中，说明 BMP2 参与了毛干的分化过程。

选择 365 日龄、体况相近的辽宁绒山羊 20 只，分别于 3—5 月（休止期，时期 1）、6—8 月（兴盛前期，时期 2）、9—11 月（兴盛期，时期 3）、12 月至翌年 2 月（退行期，时期 4），于羊体侧采集取大小 1 cm² 的皮肤样品，于液氮中保存。提取总 RNA 后，利用 RT－PCR 方法研究 BMP2 mRNA在不同时期成年辽宁绒山羊皮肤毛囊中的表达规律。其结果见表 3－16。

表 3－16   BMP2 荧光定量 PCR 定量结果

毛囊发育时期	休止期	兴盛前期	兴盛期	退行期
表达量	1.00 ± 0.202^{Aa}	0.08 ± 0.027^{Ab}	0.12 ± 0.089^{ABb}	0.04 ± 0.013^{AB}

注：同行数据不同大写字母者表示差异极显著（$P<0.01$），不同小写字母者表示差异显著（$P<0.05$）。由于荧光定量解析方法的原因，休止时期 1 的表达量数值为 1。

BMP2 基因 mRNA 在不同时期的辽宁绒山羊皮肤组织中均有表达，在休

止期表达量达到最高，呈逐渐下降趋势，但在兴盛期有一个小的上升趋势，且相邻时期之间（兴盛前期和兴盛期、兴盛期和退行期）表达量几乎没有差异（$P>0.05$），但休止期和兴盛前期、休止期和兴盛期之间表达量差异显著（$P<0.05$）。其中休止期和退行期表达量差异极显著（$P<0.01$），而兴盛期和退行期之间表达量几乎没有差异（$P>0.05$）。BMP2 基因在绒山羊皮肤次级毛囊休止期高表达，而在兴盛期低表达，说明 BMP2 基因是调节山羊绒周期性生长的重要成员之一。

二、FGF5 基因与辽宁绒山羊皮肤毛囊周期性发育的关系

成纤维细胞生长因子 5（FGF5）是成纤维细胞生长因子（fibroblast growth factor，FGF）家族的第 5 个成员，是已知的成纤维因子中最强有力的控制毛囊从兴盛期向休眠期转换的因子。研究表明，FGF5 与毛囊发育有着密切关系，是毛囊周期性活动以及被毛生长的一个极其重要的生长因子，通过影响毛囊生长期的长短从而影响被毛的长度。Pamela 等（1984）在对安哥拉鼠的研究中发现：突变鼠不同部位的被毛长于野生鼠不同部位的被毛，增加的长度为 40%～50%，突变鼠被毛增长一方面的原因是毛发生周期得以延长，另一方面的原因是毛发生强度的增加。为了进一步清楚原因所在，进行了进一步的研究试验，研究了生长期的持续时间，结果显示，突变鼠的生长Ⅵ期比野生型鼠长了将近 3 d（野生型鼠毛囊生长期为 15 d 左右），整个毛囊周期有所延长。由此可以看出，被毛的长短取决于整个毛囊生长周期中生长期的长短。Jean M. Herbert 等（1994）利用基因打靶技术证明，突变鼠（安哥拉鼠）的被毛增长是由 FGF5 基因突变引起的，与此同时还利用原位杂交等技术证明了 go 基因就是 FGF5 基因的突变等位基因。

Herbert 等采用原位杂交的方法，研究 0～24 日龄野生型鼠的背部皮肤毛囊 FGF5 mRNA 的表达情况。结果表明，在 0～6 日龄小鼠的皮肤毛囊中（此时毛囊正处于生长Ⅵ期初）未检测到 FGF5 mRNA 的表达，到了 9 日龄 mRNA 的表达被检测出来，而且表达一直持续到 12 日龄（此时毛囊处于生长Ⅵ期），其表达部位在毛囊外根鞘，并且仅限于外根鞘下部 1/3 处的位置，而在毛囊基部的一小部分细胞中也检测到 FGF5 mRNA 的表达，但在毛囊的其他部位并没有发现 FGF5 mRNA 的表达；14～16 日龄 FGF5 mRNA 的表达完全消失，此时的毛囊从生长期向衰退期过渡，而后，17～24 日龄毛囊从退行

期直到休止期，也没有检测出 *FGF5* mRNA 的表达。Suzuki 等（2000）将磷酸盐缓冲液（buffer saline，PBS）、FGF5 和 FGF5s 分别注射入不同生长时期的皮肤毛囊中，结果表明，注射了 FGF5 蛋白的皮肤中毛发生长减弱，毛囊短而细，FGF5 诱导了成熟毛囊的退行。高爱琴等（2008）、韩萨茹拉（2009）研究发现 *FGF5* 在绒山羊皮肤毛囊的兴盛期和退行期均能表达，而且主要表达于毛囊的内根鞘上，推测 *FGF5* 可能是通过抑制毛囊细胞的生长和分化来影响毛囊生长期的长短，进而影响绒山羊被毛的长度。

选择 365 日龄、体况相近的辽宁绒山羊 20 只，分别于 3—5 月（休止期，时期 1）、6—8 月（兴盛前期，时期 2）、9—11 月（兴盛期，时期 3）、12 月至翌年 2 月（退行期，时期 4），于羊体侧采集取大小 1 cm² 的皮肤样品，置于液氮中保存。提取总 RNA 后，利用 RT－PCR 方法研究 *FGF5* mRNA 在不同时期成年辽宁绒山羊皮肤毛囊中的表达规律，其结果见表 3－17。

表 3－17 *FGF5* 荧光定量 PCR 定量结果

毛囊发育时期	休止期	兴盛前期	兴盛期	退行期
表达量	1.00 ± 0.165^a	0.38 ± 0.283^a	0.72 ± 0.217^a	0.64 ± 0.337^a

注：同行数据大写字母不同者表示 *FGF5* 基因 mRNA 的表达量差异极显著（$P < 0.01$），小写字母不同者表示差异显著（$P < 0.05$）。由于荧光定量解析方法的原因，休止时期 1 的表达量数值为 1。

通过实时荧光定量 PCR 发现，*FGF5* 基因 mRNA 在不同时期的辽宁绒山羊皮肤组织中均有表达，且呈逐渐上升趋势，在兴盛期表达量达到最高峰，但在退行期呈现下降趋势。各个相邻时期之间（休止期和兴盛前期，兴盛前期和兴盛期，兴盛期和退行期）表达量没有差异（$P > 0.05$），兴盛前期和兴盛期、兴盛期和退行期、休止期和退行期表达量均没有差异（$P > 0.05$）。大量的相关研究证实 *FGF5* 与毛囊发育有密切关系，是调控毛囊周期性活动以及被毛生长的一个极其重要的生长因子，是已知的调控毛囊发育的各种因子中控制毛囊从兴盛期向休眠期转换最强有力的因子，进而通过影响毛囊生长期的长短来影响被毛的长度。*FGF5* 基因 mRNA 可以在不同时期的辽宁绒山羊皮肤组织中表达，且在兴盛期为最高，这说明 *FGF5* 主要控制着辽宁绒山羊的毛囊从兴盛期向退行期转换。

三、*β-catenin* 基因与辽宁绒山羊皮肤毛囊发育的关系

β-catenin 是 Wnt 信号途径中一个下游元件，是一种胞内信号分子，其基

因定位于染色体 3p21，全长 23.2 kb，有 16 个外显子，含 2 362 个氨基酸，是 Wnt 信号途径的中心环节。国内外的研究表明，高表达的 $\beta-catenin$ 能够诱导毛囊干细胞分化形成毛囊，而 $\beta-catenin$ 基因突变或表达降低则阻断毛囊发育，进而促进毛囊干细胞向皮脂腺分化，因此 $\beta-catenin$ 参与毛囊的发生与分化过程。因此，$\beta-catenin$ 对毛囊细胞的生长、分化、运动、凋亡的调节都具有重要的意义。张艺等（2004）研究发现，$\beta-catenin$ mRNA 在大鼠毛囊损伤后的表达量显著高于损伤前，并随着损伤时间的延长而有明显的降低，说明 $\beta-catenin$ 对皮肤毛囊损伤具有修复作用，即具有促进毛囊生长的作用。张艺等（2004）在不同胚龄和成年期的正常人皮肤上发现，$\beta-catenin$ 基因表达与毛囊发育的不同阶段具有相关性，早期形成的毛芽中未见 $\beta-catenin$ 表达，而在发育后期的外根鞘及膨突区中出现 $\beta-catenin$ 表达，在成人发育成熟的毛囊中，$\beta-catenin$ 表达明显增强，阳性细胞集中于毛囊外根鞘内侧，说明 $\beta-catenin$ 不仅在毛囊不同发育阶段表达与分布存在差异，而且其在毛囊发生到成熟过程中发挥重要作用。仇文颖等（2006）则发现 $\beta-catenin$ 还具有促进毛囊干细胞增殖的作用。任志丹（2011）在对牦牛和藏山羊胚胎下颌毛囊的研究中发现，$\beta-catenin$ 具有促进毛囊发生的功能。

选取 45 日龄、365 日龄和 730 日龄的母羊各 5 只。于羊体侧采集取大小 1 cm² 的皮肤样品，于液氮中保存。提取总 RNA 后，利用 RT-PCR 方法研究 $\beta-catenin$ 基因 mRNA 在不同年龄成年辽宁绒山羊皮肤毛囊中的表达规律。研究结果见表 3-18。

表 3-18 $\beta-catenin$ 在不同年龄辽宁绒山羊皮肤表达

时期	45 d	365 d	730 d
表达量	1.00 ± 0.86^{A}	0.12 ± 0.019^{Ba}	0.07 ± 0.014^{Bb}

注：同行数据大写字母不同者表示 $\beta-catenin$ 基因 mRNA 的表达量差异极显著（$P<0.01$），小写字母不同者表示差异显著（$P<0.05$）。由于荧光定量解析方法的原因，45 d 的表达量数值为 1。

$\beta-catenin$ mRNA 在不同年龄阶段的辽宁绒山羊皮肤毛囊中均有表达，且呈现出逐渐下降的趋势。45 日龄的 $\beta-catenin$ 基因 mRNA 表达量极显著（$P<0.01$）高于 365 日龄（周岁）和 730 日龄（2 周岁）的表达量，而 365 日龄（周岁）与 730 日龄（2 周岁）间 $\beta-catenin$ 基因 mRNA 表达量则差异不显著（$P>0.05$）。Huelsken（2001）的研究表明，$\beta-catenin$ 对皮肤毛囊的生长发育起着至关重要的作用，β-catenin 对毛囊周期性的形态变化及毛囊干细胞的增殖分化起着重要的作用。上述研究结果说明，β-catenin 在辽宁绒山羊的毛囊发育过程中发挥了促进作用。

四、NGF 基因与辽宁绒山羊毛囊周期性发育的关系

神经生长因子（neurotropic growth factor，NGF）是第一个被发现的神经营养素，是神经系统最重要的生物活性分子之一。近年来的研究发现，NGF 除了在神经系统中发挥作用以外，还在生殖和免疫等一些非神经系统中发挥着重要功能。Botchkareva 等首次发现 NGF 可以影响小鼠毛囊形态学变化；Peters 等在小鼠毛囊发育的不同阶段均发现了 NGF、proNGF 及它们受体的存在，并认为 NGF 可能参与小鼠毛囊的发育过程。细胞表面的酪氨酸激酶 A（tyrosine kinase A，TrkA）是 NGF 的高亲和力受体，NGF 通过与其相结合引起细胞内的一系列级联反应，进而发挥其生物学功能。但是绒山羊的毛囊中是否存在 NGF 及其受体 TrkA、是否发挥功能，均未见报道。

（一）NGF 及其受体 TrkA 在辽宁绒山羊毛囊中的表达规律

于 5 月、9 月、翌年 1 月（分别代表三个毛囊发育阶段：生长期、退行期和休止期）采集成年辽宁绒山羊皮肤组织，利用常规分子生物学技术研究 NGF 及其受体 TrkA 的表达规律。

1. NGF 及其受体 TrkA 基因 mRNA 在辽宁绒山羊不同毛囊发育时期的表达结果见图 3-24。

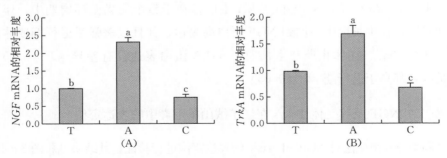

图 3-24　辽宁绒山羊皮肤中 NGF 和 TrkA mRNA 的实时荧光定量

T. 休止期；A. 生长期；C. 退行期；不同字母（a、b、c）表示差异显著（$P < 0.05$）

由图 3-24 可见，生长期中 NGF 和 TrkA mRNA 的表达水平显著高于休

止期（$P<0.05$），也显著高于退行期（$P<0.05$）。

2. NGF 及其受体 TrkA 蛋白在辽宁绒山羊不同毛囊发育时期的表达 利用 Western 印迹分析法对 NGF 及其受体 TrkA 蛋白在辽宁绒山羊不同毛囊发育时期的表达进行检测（图 3-25）。

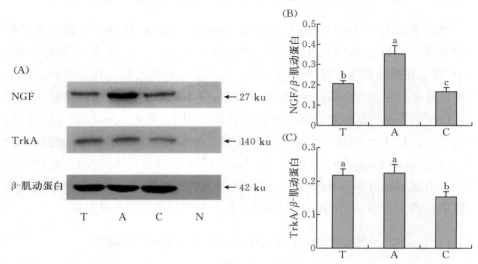

图 3-25　绒山羊皮肤中 NGF 和 TrkA 蛋白水平的 Western 印迹分析

（A）. NGF 和 TrkA 蛋白的 Western 印迹；

（B）、（C）. NGF 和 TtkA 相比于 β-肌动蛋白表达量的相对值；

T. 休止期；A. 生长期；C. 退行期；N. 阴性对照；

不同字母（a、b、c）表示差异显著（$P<0.05$）

由图 3-25 可见，NGF 和 TrkA 蛋白存在于整个毛囊循环周期中。作为阳性对照，在生长期中检测到 NGF 蛋白高表达，并且显著强于退行期或休止期（$P<0.05$）。在休止期和生长期中 TrkA 蛋白表达没有差异（$P>0.05$），但是两者都高于退行期（$P<0.05$）。

（二）NGF 及其受体 TrkA 在辽宁绒山羊毛囊中的表达定位

利用免疫组化法对 NGF 和 TrkA 的表达定位进行验证，其结果见彩图 3-19。结果表明，在 PF 和 SF 的毛囊生长周期（休止期、生长期、退行期）的所有阶段都检测到 NGF 和 TrkA。同时，在生长期中，在 ORS 和 IRS 细胞中检测到 NGF 的高表达，并且在 ORS 细胞中检测到 TrkA。所有表达信号在休止期比在生长期弱，但比在退行期更强。此外，在每个生长阶段的表皮中均观察到 NGF 和 TrkA 免疫反应性。NGF 和 TrkA 在表皮中的信号强度与 ORS 中的一致。

（三）NGF 及其受体 TrkA 在体外培养辽宁绒山羊次级毛囊 ORS 细胞中的表达

采集 1.5 岁健康辽宁绒山羊肩胛部皮肤，采用酶消化法分离毛囊，并对毛囊细胞进行体外原代培养和传代培养。细胞传代至第三代时，通过免疫荧光进行 NGF 及其受体 TrkA 的检测。

彩图 3-20 结果显示，在 ORS 细胞中检测到 NGF（彩图 3-20-A3、A4），且细胞核、细胞膜、细胞浆中均存在 NGF 的信号，细胞核中的强度高于 ORS 细胞的血浆和膜的信号强度。TrkA 也在 ORS 细胞中检测到，但是在细胞核中没有检测到 TrkA 免疫反应性（彩图 3-20-B3、B4）。在用 PBS 代替一抗的阴性对照中没有可见的信号（彩图 3-20-C3、C4）。

（四）体外培养的辽宁绒山羊 ORS 细胞中 NGF 水平的检测

体外培养 ORS 细胞，分 0~24 h、24~48 h、48~72 h 三个阶段收集细胞培养液，用 ELISA 方法检测了培养液中的 NGF 水平。结果表明：三个阶段的 NGF 水平分别为（0.59±0.05）、（0.36±0.07）和（0.22±0.03）ng/mL，经差异显著性检验，3 个阶段的 NGF 水平存在显著性差异（$P<0.05$）。变化趋势为 0~24 h ＞ 24~48 h ＞ 48~72 h，说明 ORS 可以在体外条件下持续的分泌 NGF，但分泌量呈显著下降，但随着时间的延长，分泌量显著下降（图 3-26）。

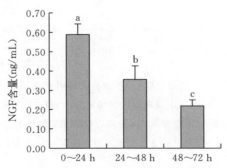

图 3-26　辽宁绒山羊次级毛囊分泌 NGF 的 ELISA 结果

不同字母（a、b、c）表示差异显著（$P<0.05$）

（五）NGF 对辽宁绒山羊次级毛囊 ORS 细胞增殖的影响

在体外培养 ORS 细胞的基础上，采用外源性添加 NGF 及其受体阻断剂处理细胞，通过细胞计数（CCK‐8）试剂盒（碧云天生物技术有限公司）检测 ORS 细胞的增殖情况，采用碱性磷酸酶报告系统检测可能参与 NGF‐TrkA 调控毛囊生长发育的信号通路的转录因子 CREB（cAMP‐response element binding protein，细胞核内 cAMP 结合蛋白）的活性，为研究 NGF 参与毛囊生长发育的作用机制提供依据。

1. NGF 对辽宁绒山羊次级毛囊 ORS 细胞增殖的影响 将第二次传代的细胞以 2×10^3 个/孔的密度接种到 96 孔板中。细胞贴壁后，用含有重组人 NGF（0、2、20、100 ng/ mL）及 K252α（0、20 ng/mL）的新鲜培养基培养 24 h。在用 NGF 或 K252α 处理后，使用 CCK‐8 试剂盒检测细胞增殖。结果显示，4 个 NGF 浓度（0、2、20、100 ng/mL）的吸光值分别为 0.894 ± 0.006、0.919 ± 0.017、1.070 ± 0.060、1.138 ± 0.057（图 3‐27）。经差异显著性检验，4 个 NGF 之间：添加 20、100 ng/mL 时的吸光值显著高于 0、2 ng/mL（$P < 0.05$）。添加 K252α 阻断增殖之后，添加 20 ng/mL K252α 之后的吸光值均显著低于对照组（$P < 0.05$）。

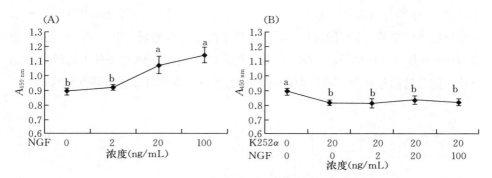

图 3‐27 次级毛囊 ORS 细胞的体外细胞增殖测定

（A）. 外源 NGF 处理后 ORS 细胞的吸光度（450 nm）；

（B）. NGF 联合 K252α 处理后 ORS 细胞的吸光度；

不同字母（a、b、c）表示差异显著（$P < 0.05$）

2. ORS 细胞中 CREB 的免疫荧光定位 分离来自绒山羊生长期皮肤的次级毛囊 ORS 细胞。当细胞传代至第三代时，通过免疫荧光进行 CREB 的检测

（彩图 3-21）。结果显示，在 ORS 细胞的细胞核和细胞质均存在 CREB 的免疫阳性信号，其中细胞核中的信号要强于细胞质中的信号。

3. 辽宁绒山羊次级毛囊 ORS 细胞的 CREB 活性检测 为确定 CREB 是否参与 NGF 促进次级毛囊 ORS 细胞的增殖过程，利用分泌型碱性磷酸酶报告系统分析了 NGF 及其受体阻断剂处理细胞后 CREB 的活性变化，其结果见图 3-28。

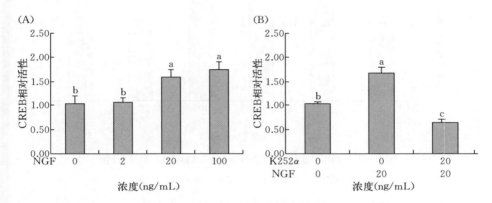

图 3-28　NGF 及其受体阻断剂对次级毛囊 ORSC 中 CREB 活性的影响

（A）. 外源性添加不同浓度 NGF 对次级毛囊 ORS 细胞中 CREB 活性的影响；

（B）. NGF＋K252α 处理后对次级毛囊 ORS 细胞中 CREB 活性的影响；

不同字母（a、b、c）表示差异显著（$P<0.05$）

由图 3-28 可见，4 个 NGF 浓度（0、2、20、100 ng/mL）下的 CREB 相对活性值分别为 1.02 ± 0.18、1.06 ± 0.11、1.61 ± 0.12、1.76 ± 0.15，经差异显著性检验，添加 20 ng/mL 和 100 ng/mL NGF 时 CREB 活性显著高于 0 和 2 ng/mL（$P<0.05$）；当 20 ng/mL NGF 组添加 20 ng/mL K252α 后，CREB 的相对活性值分别为 0.99 ± 0.07、1.68 ± 0.12、0.64 ± 0.07，经差异显著性检验，20 ng/mL NGF 组添加 20 ng/mL K252α 后，CREB 的活性均显著低于对照组和只添加 20 ng/mL NGF 组。这说明外源性添加 NGF 能显著提高细胞中 CREB 的活性，且 NGF 提高细胞内 CREB 的活性依赖于 NGF/TrkA。

4. NGF 对绒山羊次级毛囊 ORS 细胞中 *PCNA* 表达的影响 增殖细胞核抗原（proliferating cell nuclear antigen，PCNA）主要在各类组织增殖细胞以及癌细胞中表达。PCNA 主要存在于细胞核中，作为 DNA 合成酶的辅基参与 DNA 的合成，在细胞增殖过程中担任重要角色，可以用来评价细胞增殖状态。

因此，采用实时荧光定量 PCR（qRT-PCR）的方法研究 NGF 对 ORS 细胞中 *PCNA* 基因表达的影响，为阐明 NGF 促进 ORS 细胞增殖的机制提供理论依据。其检测结果见图 3-29。

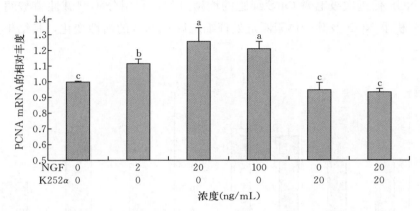

图 3-29　ORS 细胞中 *PCNA* mRNA 的 qRT-PCR 分析

不同字母（a、b、c）表示差异显著（$P<0.05$）

图 3-29 表明，当外源性添加 20 ng/mL 和 100 ng/mL NGF 处理细胞时，*PCNA* 基因的 mRNA 表达量显著提高（$P<0.05$）；当外源性 NGF（分别为 20 ng/mL 和 100 ng/mL）联合 K252α（20 ng/mL）处理细胞时，*PCNA* 基因的 mRNA 表达量则显著降低（$P<0.05$）。说明外源性添加 NGF 可使 *PCNA* 基因的 mRNA 表达量显著提高；外源性添加 NGF 联合 K252α 可使 *PCNA* 基因的 mRNA 表达量则显著降低；NGF/TrkA 系统在维持和促进 *PCNA* 表达过程中发挥着重要作用。

第六节　辽宁绒山羊皮肤毛囊 miRNA 筛选及靶基因验证

miRNA 是一类 19～25 nt 的单链非编码小分子 RNA，是大量细胞进程的必需调节分子。毛囊是皮肤重要的附属可再生器官，控制着毛发的生长，而且具有自我更新和周期性生长变化的特点。为了明确 miRNA 对辽宁绒山羊皮肤毛囊发育的调节作用并探究可能的作用机制，采集辽宁绒山羊次级毛囊生长期（9 月份）、退行期（1 月份）及休止期（3 月份）的肩胛部体侧皮肤样品。利用高通量测序技术筛选了辽宁绒山羊皮肤毛囊不同发育时期的小 RNA，并构建了小 RNA 文库，同时筛选了皮肤毛囊不同发育时期差异表达的 miRNA；利用生物信息学方法分析预测了差异表达 miRNA（miR-1298-5p，miR-1-3p）的靶基因，并结合相关文献确定候选靶基因；利用荧光定量 PCR 技术从核酸水平揭示 miRNA 及候选靶基因对皮肤毛囊发育作用的影响；利用 Western blot 技术揭示候选靶基因对皮肤毛囊发育作用的影响，从而进一步揭示 miRNA 及候选靶基因对皮肤毛囊周期性发育的作用调节机制。为了进一步揭示 miRNA 对其候选靶基因的调控作用，在细胞转染试验中利用双荧光素酶活性的变化明确 miRNA 对其靶基因的靶向调控作用，为进一步揭示毛囊周期性发育作用机制提供重要的依据。

一、辽宁绒山羊皮肤毛囊不同发育时期小 RNA 文库构建及分析

分别将生长期、退行期和休止期的皮肤毛囊组织总 RNA 等量混合，质量检测合格后构建小 RNA 文库，共构建 3 个小 RNA 文库，并进行高通量测序。

1. 总 RNA 样品质量检测 利用安捷伦（Agilent）2100 生物分析仪、Nanodrop 2000 分光光度计及琼脂糖凝胶电泳对总 RNA 样品进行检测，结果见表 3-19。

RNA 有三条带：28S、18S 及 5S，完整性良好，峰值都为单一峰，且 OD_{260}/OD_{280} 为 1.7～2.0，OD_{260}/OD_{230} 为 2.0 以下，28S/18S 为 1.5～1.8，Agilent 2100 分析 RIN 结果都在 8.0 以上，浓度都在 1 500 ng/μL 以上，结果表明总 RNA 纯度高、质量好，可以用于后续试验研究。

表 3-19　不同发育时期的辽宁绒山羊皮肤毛囊总 RNA 分析结果

编号	时期	浓度 (ng/μL)	OD_{260}/OD_{280}	OD_{230}/OD_{260}	28S/18S	RNA 完整性值 (RIN)
S01	生长期	1 593	1.89	1.98	1.8	8.9
S02	退行期	2 266	1.92	1.97	1.6	8.3
S03	休止期	2 633	1.93	2.01	1.5	8.5

注：S01 为辽宁绒山羊毛囊生长期，S02 为退行期，S03 为休止期。

2. 高通量测序获得的 5 个 miRNA 相对表达量 高通量测序获得的 5 个 miRNA 的相对表达趋势具有一定的特异性（图 3-30）。如 L-miR-133a-3p

从生长期、退行期到休止期呈现逐渐上升趋势。miRNA 在羊皮肤毛囊不同发育时期的差异表达为筛选 miRNA 提供了很好的依据，后续验证试验最终选择了两个 miRNA——miR-1298-5p、miR-1-3p，其在生长期、退行期和休止期差异表达倍数都"≥2 倍"，并且将"≥2 倍"作为筛选的参考依据。

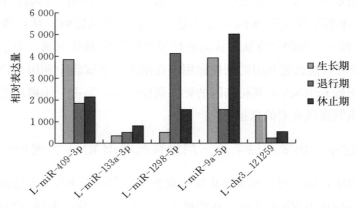

图 3-30　辽宁绒山羊 5 个 miRNA 相对表达量

3. **荧光定量 PCR 检测辽宁绒山羊的 5 个 miRNA 相对表达量**　采用荧光定量 PCR 法检测辽宁绒山羊的 5 个 miRNA 相对表达量，结果见图 3-30。基于图 3-30 中 miRNA 的相对表达趋势分析，发现辽宁绒山羊 miR-9a-5p 仅有一个毛囊发育时期荧光定量检测结果与高通量测序结果不一致，表达趋势一致的时期达到了 93.3%，因此说明高通量测序结果可靠。

4. **小 RNA 的生物信息学分析**　原始测序反应获得的序列读长（reads）经过过滤低质量 reads、除去接头及过长序列和过短序列，最终得到的就是纯净序列（原始数据过滤后用于后续分析的序列）读长（clean reads），统计分析结果见表 3-20。

表 3-20　小 RNA reads 数量统计

编号	时期	总 reads 数	低质量 reads 数	含 N 的 reads 数	长度<18	长度>30	clean reads
S01	生长期	10 725 212	0	4 852	1 088 176	1 036 130	8 596 054
S02	退行期	13 271 364	0	5 791	536 842	1 689 423	11 039 308
S03	休止期	12 911 842	0	5 740	961 737	1 465 744	10 478 621

注：长度<18，经处理并去除 3′接头后长度小于 18 nt 的 reads 数；长度>30，经处理并去除 3′接头后长度大于 30 nt 的 reads 数；clean reads，经处理过滤保留的 reads 数，用于继续分析的 reads。

5. 辽宁绒山羊和细毛羊的毛囊不同发育时期共有及特有的 **miRNA** 数量维恩图见彩图 3-22。可以看出大多数 miRNA 为辽宁绒山羊和细毛羊两个种属羊每个毛囊发育时期共有的 miRNA，其中共有的 miRNA 数达到了 888 个，属于一个种属羊一个皮肤毛囊发育时期特有的 miRNA 数量较少（最多不超过 30 个）。辽宁绒山羊皮肤毛囊生长期、退行期和休止期特有的 miRNA 数分别为 21 个、23 个和 26 个。

6. **18～30 nt 小 RNA 长度统计**　不同长度小 RNA 统计见表 3-21。

表 3-21　18～30 nt 小 RNA 长度统计结果

reads 长度（nt）	clean（#）	genome（#）	genome（%）	*Mrd*（#）	*Mrd*（%）	miRNA（#）	miRNA（%）
18	306 851	37 714	12.29	25 328	8.25	14 504	4.73
19	353 020	82 788	23.45	36 757	10.41	32 221	9.13
20	622 778	267 272	42.92	221 622	35.59	217 799	34.97
21	1 629 474	1 209 959	74.25	1 032 678	63.3	1 029 443	63.18
22	2 931 560	2 056 544	70.15	2 057 524	70.19	2 055 010	70.10
23	1 267 182	877 646	69.26	797 979	62.97	795 228	62.76
24	516 625	272 606	52.77	220 853	42.75	219 242	42.44
25	226 879	39 962	17.61	9 262	4.08	7 818	3.45
26	181 612	28 136	15.49	1 486	0.82	1 351	0.74
27	171 734	24 430	14.23	230	0.13	166	0.10
28	139 962	22 147	15.82	95	0.07	41	0.03
29	118 612	22 049	18.59	75	0.06	16	0.01
30	129 765	16 086	12.40	45	0.03	11	0.01
总体	8 596 054	4 957 339	57.67	4 403 934	51.23	4 372 850	50.87

注：clean（#）为用于分析的 reads 数；genome（#）为比对到参考基因组的 reads 数；genome（%）为比对到参考基因组的 reads 百分比；*Mrd*（#）为可能成为 miRNA 的 reads 数；*Mrd*（%）为可能成为 miR-NA 的 reads 百分比；miRNA（#）为极可能成为 miRNA 的 reads 数；miRNA（%）为极可能成为 miRNA 的 reads 百分比（极可能与可能是根据 *Mrd* 值来区分的，*Mrd*>-10 为可能，*Mrd*>0 为极可能）。

从表 3-21 中可以看出无论是从极可能成为 miRNA 的 reads 数，还是极可能成为 miRNA 的 reads 百分比来看，都主要集中在长度为 20～24 nt 的小 RNA，尤其是 22 nt 最多，其次是 21 nt 和 23 nt，再次是 24 nt 和 20 nt。

7. 保守 miRNA 鉴定 保守以及非保守 miRNA 数量见表 3-22。

表 3-22　保守以及非保守 miRNA 数量

类型	保守的（个）	非保守的（个）	合计（个）
miRNA	1 397	219	1 616

将有效小 RNA 序列用 Soap 软件与 NCBI 中羊的基因组进行比对注释，分析小 RNA 在基因组上的表达与分布情况。与 GenBank 和 Rfam12.0 数据库（优先级为 GenBank＞Rfam12.0）进行比对，注释测序后的小 RNA 序列。利用 miRDeep2 软件与 miRBase21.0 中已知的绵羊与山羊 miRNA 的成熟序列或前体序列进行比对并注释，得到物种内保守的 miRNA。

8. 极可能成为 miRNA 的 reads 数 见图 3-31。各个样品中极可能成为 miRNA 的 reads 集中分布在长度为 20～24 nt 的小 RNA，尤其是长度 22 nt 的数量在各个小 RNA 库中都达到了峰值。

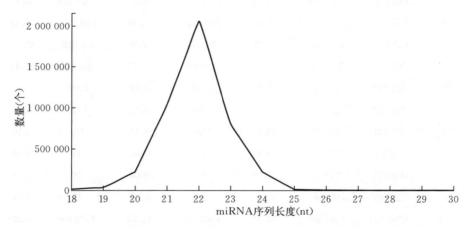

图 3-31　极可能成为 miRNA 的 reads 数

9. 不同长度 miRNA 的首位点碱基分布 miRNA 首位点碱基分布具有一定的偏好性。从彩图 3-23 中可以看出极可能成为 miRNA 的小 RNA（20～24 nt 的小 RNA）首位点碱基更倾向于"U"，长度为 22 nt 的 miRNA 首位点碱基为"U"的最高百分比甚至超过了 80%。

10. miRNA 各个位点碱基分布 从彩图 3-24 中的 miRNA 各个位点碱基分布倾向可以看出，首位点碱基倾向于"U"，第三个位点、第四及第十五个位点碱基倾向于不是"U"，第十五个位点更倾向于碱基"G"。

11. 差异表达 miRNA 统计结果　差异表达 miRNA 统计结果见表 3-23。

表 3-23　辽宁绒山羊毛囊发育两两时期差异表达 miRNA 统计

类型	数量（个）	上调（个）	下调（个）
S01/S02	104	10	94
S01/S03	63	13	50
S02/S03	49	44	5

注：两两比较，"/"前面为对照组，"/"后面为试验组。

利用 IDEG6 进行 miRNA 差异表达分析。以错误发现率 FDR（false discovery rate）<0.01，且差异表达倍数 FC（fold change）$\geqslant 2$ 作为差异表达标准进行筛选，通过对 p 值进行校正，最终采用 FDR 和 $\log_2 FC$ 作为差异基因筛选的关键指标。

因此，选择在辽宁绒山羊毛囊生长期、退行期和休止期均呈现差异表达的两个 miRNA，即 miR-1298-5p，并利用 Targetscan v7.0、RNA22 v2.0 和 MiRanda（2010）三个在线靶基因预测软件对 miR-1298-5p 与 miR-1-3p 的靶基因进行了预测分析、筛选，并最终确定 *TGFBR1*、*TGFBR2* 和 *FGF2* 为 miR-1298-5p 的候选靶基因，并在后续试验中进行了验证。

二、miR-1298-5p 靶基因预测及功能研究

蛋白质是构成细胞和生物体的基本物质，是行使生物学功能的基础。miRNA 正是通过调控其靶基因的表达来行使生物学功能，而 miRNA 的生物学功能，一种是对靶基因在转录水平发挥调控作用，另一种是对靶基因在翻译水平发挥调控作用。基于 miRNA 对候选靶基因调控作用的特征，采用荧光定量 PCR 技术对 miR-1298-5p 及其候选靶基因 mRNA 的相对表达量进行了检测，同时采用 Western blot 技术对靶基因蛋白相对表达量进行检测，从而进一步明确 miRNA 与其候选靶基因在核酸水平和蛋白水平的表达规律，为后续双荧光素酶报告基因检测系统试验奠定基础。

（一）miR-1298-5p 与 miR-1-3p 前体序列、茎环序列及成熟序列

miR-1298-5p 前体序列、茎环序列及成熟序列见表 3-24。

81

表 3 - 24　miRNA 前体序列、茎环序列及成熟序列

名称	类型	序列（5′→3′）
miR - 1298 - 5p	前体序列	gaaagaugaaaaguuaagaguucauucggcuguccagauguauccaaguacccugauauuu ggcaauaaauacaucugggcaacugauugaacuuuucgcuuuucagacu
	茎环序列	5′ ----agac gaggagu u aagag uuca u c uguccagauguau ------ ccaagua ccc | ||||||| ||||| |||| | |||||||||||| |||||| u 3′ acucagua cuuuuca c uuucaagu aguc a acgggcucacaua aauaac gguuuau ugu
	成熟序列	uucauucggcuguccagauguau
miR - 1 - 3p	前体序列	agcuaacaacuuaguaauaccuacucagaguacauacuucuuuauguacccauaugaacaua caaugcuauggaaugugaaagaaguaugauauuuuuggguaggcaauaa
	茎环序列	5′ a ccuacu c agaguacauacuucuuuaugu ac c aaua ugaaca u c cuuacu | |||||| ||||||||||||||||||| | ||| u 3′ g ggaugg uuuuauguaugaagaaaugua -a gguau cguaac
	成熟序列	uggaauguaaagaaguaugugu

（二）miR - 1298 - 5p 与 miR - 1 - 3p 靶基因在线预测

利用 Targetscan v7.0、RNA22 v2.0、MiRanda（2010）等在线预测软件进行靶基因预测，由于靶基因预测数据库内没有羊源 mRNA 相关信息，因此利用人源和牛源的 mRNA 信息，分别对 miR - 1298 - 5p 和 miR - 1 - 3p 的靶基因进行预测，并对预测结果进行归类总结，结合文献调控皮肤毛囊发育相关基因及通路（*Wnt*、*TGF - β*、*Notch*、*SHH*、*MAPK* 基因和 Jak - STAT、TNF 通路），将 *TGFBR1*、*TGFBR2* 和 *FGF2* 作为 miR - 1298 - 5p 的候选靶基因，*IGF1R*、*FGF14* 作为 miR - 1 - 3p 的候选靶基因。来自不同在线预测软件的预测结果见表 3 - 25。

表 3 - 25　不同软件预测的候选靶基因情况

miRNA	候选靶基因	在线预测软件		
		Targetscan v7.0	RNA22 2.0	MiRanda（2010）
miR - 1298 - 5P	*TGFBR1*	√	√	√
	TGFBR2	√	√	
	FGF2	√	√	√
miR - 1 - 3P	*IGF1R*	√		
	FGF14			√

注：√表示该基因被软件预测到。

从软件预测的输出结果来看，Targetscan 软件给出了 miRNA 种子区与候选靶基因 UTR 的结合位置以及互补匹配情况；RNA22 与 MiRanda 能确定候选靶基因 NCBI 登录号及候选靶基因的名称，而没有明确 miRNA 种子区与候选靶基因的互补配对结合情况。本研究综合多种因素最后确定上述基因为 miRNA 的候选靶基因。

（三）miR-1298-5p 与 miR-1-3p 相对表达量

1. miR-1298-5p 在辽宁绒山羊皮肤毛囊不同发育时期的相对表达　利用荧光定量 PCR 检测到 miR-1298-5p 在辽宁绒山羊皮肤毛囊不同发育时期的相对表达量，见图 3-32。

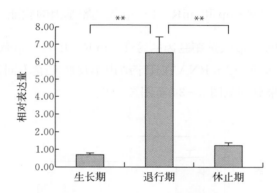

图 3-32　miR-1298-5p 的相对表达量

误差线代表平均值±标准差；＊＊代表差异极显著（$P<0.01$）；

miRNA 相对表达内参为 U_6；以下同

从图 3-32 可以看出，miR-1298-5p 在辽宁绒山羊的皮肤毛囊发育的退行期高表达，退行期与生长期和休止期之间差异极显著（$P<0.01$），生长期和休止期相对表达量差异不显著（$P>0.05$）。

2. miR-1-3p 在辽宁绒山羊皮肤毛囊不同发育时期的相对表达　利用荧光定量 PCR 检测到 miR-1-3p 在辽宁绒山羊皮肤毛囊不同发育时期的相对表达量，见图 3-33。

从图 3-33 可以看出，miR-1-3p 在辽宁绒山羊各时期皮肤毛囊相对表达量值虽然不同，但从生长期、退行期到休止期相对表达量均呈上升趋势。辽宁绒山羊 miR-1-3p 在三个毛囊发育时期两两达到了显著差异（$P<0.05$）。

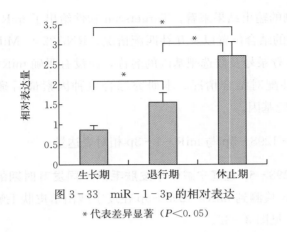

图 3-33   miR-1-3p 的相对表达

＊代表差异显著（$P<0.05$）

（四）miR-1298-5p 和 miR-1-3p 候选靶基因的验证

1. miR-1298-5p 候选靶基因的验证　miR-1298-5p 候选靶基因 *TGF-BR1*、*TGFBR2* 和 *FGF2* mRNA 在辽宁绒山羊皮肤毛囊不同发育时期的相对表达量的检测结果分别见图 3-34 至图 3-36。

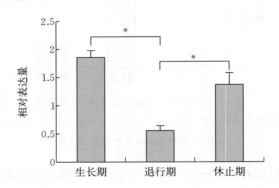

图 3-34   候选靶基因 *TGFBR1* mRNA 相对表达量

误差线代表平均值±标准差；＊代表差异显著（$P<0.05$）；＊＊代表差异极显著（$P<0.01$）；

候选靶基因 mRNA 及蛋白相对表达的内参为 β-肌动蛋白；以下同

由图 3-34 可见，*TGFBR1* mRNA 在毛囊生长期高表达，在退行期低表达；而 *TGFBR1* mRNA 相对表达量，退行期与生长期之间、退行期与休止期之间均差异显著（$P<0.05$），生长期相对表达量高于休止期，但差异不显著。从荧光定量结果来看，miR-1298-5p 与候选靶基因 *TGFBR1* 呈现负调控趋势。

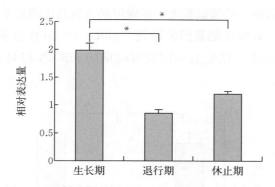

图 3-35 候选靶基因 *TGFBR2* mRNA 相对表达量

从图 3-35 中可以看出 *TGFBR2* 在毛囊生长期高表达，在退行期低表达；*TGFBR2* mRNA 相对表达量，生长期与退行期之间、生长期与休止期均差异显著（$P<0.05$），休止期相对表达量高于退行期，但差异不显著。从荧光定量结果来看，miR-1298-5p 与候选靶基因 *TGFBR2* 呈现负调控趋势。

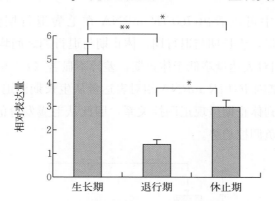

图 3-36 候选靶基因 *FGF2* mRNA 相对表达量

从图 3-36 中可以看出 *FGF2* mRNA 在毛囊生长期高表达，在退行期低表达；*FGF2* mRNA 相对表达量，生长期和退行期差异极显著（$P<0.01$），休止期与生长期、休止期与退行期之间差异显著（$P<0.05$）；从荧光定量结果来看，miR-1298-5p 与候选靶基因 *TGFBR1* 呈现负调控趋势。

综上结果显示：3 个候选靶基因 *TGFBR1*、*TGFBR2* 与 *FGF2* 在辽宁绒山羊皮肤毛囊组织中均有表达，三个候选靶基因的 mRNA 相对表达量从生长期、退行期到休止期均呈现明显的先下降再上升的趋势，与 miR-1298-5p 表达趋势相反，进一步说明 *TGFBR1*、*TGFBR2* 与 *FGF2* 可能为 miR-1298-5p

的潜在靶基因，有待于后续试验进一步确定是否为真正的靶基因。

2. miR-1-3p 候选靶基因的验证 miR-1-3p 候选靶基因 IGF1R 和 FGF14 在辽宁绒山羊皮肤毛囊不同发育时期的 mRNA 相对表达量分别见图 3-37和图 3-38。

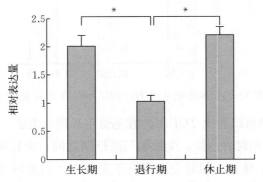

图 3-37　候选靶基因 *IGF1R* mRNA 相对表达量

从图 3-37 中可以看出 *IGF1R* mRNA 在毛囊退行期低表达；*IGF1R* mRNA相对表达量，生长期与退行期、休止期与退行期之间均差异显著（$P<0.05$）；生长期相对表达量略低于休止期，差异不显著（$P>0.05$）；L-miR-1-3p 与候选靶基因 *IGF1R* mRNA 相对表达量从生长期到退行期呈现负调控关系，从退行期到休止期呈现正调控关系，因此从毛囊发育的三个时期来看，并未呈现完全的负调控趋势。

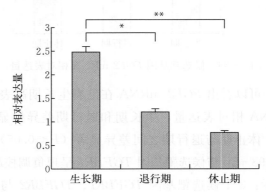

图 3-38　候选基因 *FGF14* mRNA 相对表达量

从图 3-38 中可以看出 *FGF14* mRNA 在生长期高表达，在休止期低表达；*FGF14* mRNA 相对表达量，生长期与退行期之间差异显著（$P<0.05$），

与休止期之间差异极显著（$P<0.01$）；退行期相对表达量高于休止期但并未达到显著性差异（$P>0.05$）；L－miR－1－3p与候选靶基因FGF14在毛囊发育的三个时期呈现负调控趋势。

综上结果显示：候选靶基因IGF1R与FGF14在辽宁绒山羊皮肤毛囊组织中均有表达；候选靶基因FGF14 mRNA相对表达量从生长期、退行期到休止期一直呈现下降趋势，与L－miR－1－3p呈现负调控趋势，进一步说明FGF14可能为L－miR－1－3p的潜在靶基因；而L－miR－1－3p与候选靶基因IGF1R从生长期到退行期呈现负调控关系，从退行期到休止期呈现正调控关系，miRNA与其靶基因的调控关系有待于后续试验进一步进行验证。

（五）miR－1298－5p和miR－1－3p候选靶基因蛋白的表达

利用Western印迹法检测miR－1298－5p的靶基因TGFBR1、TGFBR2和FGF2在辽宁绒山羊皮肤毛囊不同发育时期的蛋白相对表达量。

1. miR－1298－5p候选靶基因蛋白的表达　miR－1298－5p候选靶基因TGFBR1、TGFBR2和FGF2在辽宁绒山羊皮肤毛囊不同发育时期的蛋白相对表达量见图3－39至图3－41。

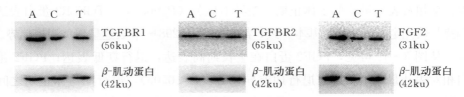

图3－39　内参及目的蛋白条带

A. 生长期；C. 退行期；T. 休止期

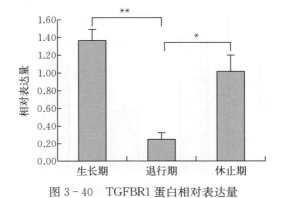

图3－40　TGFBR1蛋白相对表达量

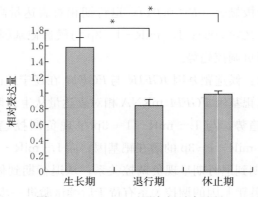

图 3 - 41　TGFBR2 蛋白相对表达量

　　从图 3 - 40 可见，TGFBR1 蛋白在生长期高表达，在退行期低表达；TGFBR1 蛋白相对表达量，生长期与退行期差异极显著（$P<0.01$），生长期与休止期差异不显著；休止期与退行期达到了显著性差异（$P<0.05$）；TGFBR1 蛋白表达趋势与荧光定量表达趋势基本一致，而与 miR - 1298 - 5p 呈现负调控趋势。

　　从图 3 - 41 可见，TGFBR2 蛋白在生长期高表达，在退行期低表达；TGFBR2蛋白相对表达量，生长期与退行期和休止期均差异显著（$P<0.05$），退行期相对表达量略低于休止期，差异不显著（$P>0.05$）；TGFBR2 蛋白表达趋势与荧光定量表达趋势基本一致，都与 miR - 1298 - 5p 表达呈现负调控趋势。

　　从图 3 - 42 可见，FGF2 蛋白在生长期高表达，退行期低表达；FGF2 蛋白相对表达量，生长期与退行期差异显著（$P<0.05$），退行期与休止期之间差异显著（$P<0.05$）；FGF2 蛋白表达趋势与荧光定量表达趋势基本一致，都与 miR - 1298 - 5p 表达呈现负调控趋势。

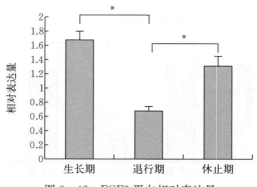

图 3 - 42　FGF2 蛋白相对表达量

综上结果显示：三个候选靶基因 TGFBR1、TGFBR2 与 FGF2 蛋白在辽宁绒山羊皮肤毛囊组织中均有表达，三个候选靶基因蛋白的相对表达量从生长期、退行期到休止期均呈现明显的先下降再上升的趋势，与三个候选靶基因 mRNA 的相对表达趋势基本一致，而与 L－miR－1298－5p 表达趋势相反，进一步说明 *TGFBR1*、*TGFBR2* 与 *FGF2* 可能为 L－miR－1298－5p 的潜在靶基因。

2. miR－1－3p 候选靶基因蛋白的表达　miR－1－3p 候选靶基因 IGF1R 和 FGF14 在辽宁绒山羊皮肤毛囊不同发育时期的蛋白相对表达量见图 3－43 至图 3－45。

从图 3－44 中可以看出 IGF1R 蛋白生长期高表达，退行期低表达；IGF1R 蛋白相对表达量，生长期与退行期和休止期之间均差异显著（$P < 0.05$），退行期略低于休止期，差异不显著（$P > 0.05$）。FGF2 蛋白相对表达量趋势与荧光定量表达趋势基本一致，miR－1－3p 与 IGF1R 蛋白从生长期到退行期呈现负调控趋势，从退行期到休止期呈现正调控趋势。

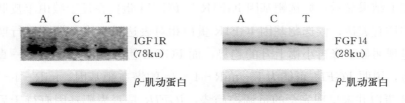

图 3－43　内参及目的蛋白条带

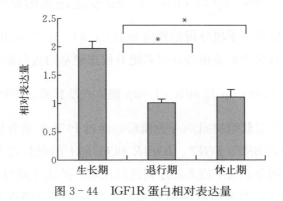

图 3－44　IGF1R 蛋白相对表达量

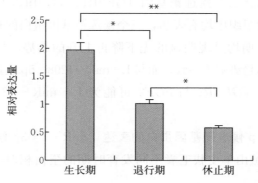

图 3 - 45　FGF14 蛋白相对表达量

从图 3 - 45 可见，FGF14 蛋白从生长期、退行期到休止期相对表达量呈现下降趋势；FGF14 蛋白相对表达量，生长期与退行期之间差异显著（$P<0.05$），与休止期之间差异极显著（$P<0.01$），退行期与休止期之间也达到了显著性差异（$P<0.05$）；FGF14 蛋白表达趋势与荧光定量表达趋势基本一致，与 miR - 1 - 3p 呈现负调控趋势。

综上结果显示：候选靶基因 IGF1R 与 FGF14 蛋白在辽宁绒山羊皮肤毛囊组织中均有表达，候选靶基因 IGF1R 蛋白相对表达量从生长期、退行期到休止期呈现明显下降再小幅上升的趋势，而 FGF14 蛋白相对表达量则一直呈下降趋势，说明 *FGF14* 可能为 L - miR - 1 - 3p 的潜在靶基因；miR - 1 - 3p 与 IGF1R 蛋白并未呈现完全的负调控趋势，*IGF1R* 是否为靶基因有待于后续试验进一步验证。

三、miR - 1298 - 5p 与 miR - 1 - 3p 候选靶基因靶位点鉴定

在采用生物信息学手段分析预测出 miR - 1298 - 5p 与 miR - 1 - 3p 的靶基因基础上，利用双荧光素酶报告基因系统对候选靶基因进行验证。

（一）miR - 1298 - 5p 与 miR - 1 - 3p 靶位点及其两端序列的扩增

以辽宁绒山羊皮肤组织 cDNA 为模板，通过 PCR 扩增分别得到辽宁绒山羊 *TGFBR1*、*TGFBR2*、*FGF2*、*IGF1R* 和 *FGF14* 的靶位点及其两端部分序列。将获得的序列分别与牛或人的序列进行比对，扩增序列与参考基因序列同源性达到 80% 以上，且靶位点序列并未发生改变，因而仍将上述 5 个基因作

为候选靶基因，继续进行下一步试验验证。

1. miR - 1298 - 5p 的候选靶基因 *TGFBR1*、*TGFBR2* 与 *FGF2* 的靶位点及其两端序列与参考基因序列比对结果　分别见图 3 - 46 至图 3 - 48。

图 3 - 46　*TGFBR1 - L* 与参考基因序列比对

图 3 - 47　*TGFBR2 - L* 与参考基因序列比对

图 3 - 48　*FGF2 - L* 与参考基因序列比对

利用 NCBI 数据库 BLAST 程序分析扩增序列片段同源性。miR - 1298 - 5p 的靶位点对应序列为 5′- CGAATGA - 3′，或为其反向互补序列 5′- TCAT-TCG - 3′，或者 miR - 1298 - 5p 的靶位点对应序列为 5′- GAATGA - 3′，或为其反向互补序列 5′- TCATTC - 3′。

2. miR - 1 - 3p 的候选靶基因 *IGF1R* 与 *FGF14* 的靶位点及其两端序列与参考基因序列比对结果　分别见图 3 - 49、图 3 - 50。

图 3 - 49　*IGF1R - L* 与参考基因序列比对

图 3 - 50　*FGF14 - L* 与参考基因序列比对

miR - 1 - 3p 对应靶序列为 5′- ACATTCC - 3′或为其反向互补序列 5′-GGAATGT - 3′；或者靶序列为 5′- CATTCC - 3′或为其反向互补序列 5′-GGAATG - 3′，从图中可以看出目的片段靶位点序列仍然存在，因此可以继续进行后续的验证试验。

（二）miR-1298-5p 与 miR-1-3p 靶基因 3′UTR 突变后的目的片段

miR-1298-5p 靶基因 3′UTR 突变突变后的目的片段检测，分别见图 3-51 至图 3-55。

图 3-51　*TGFBR1* 3′UTR 突变后片段　　　图 3-52　*TGFBR2* 3′UTR 突变后片段

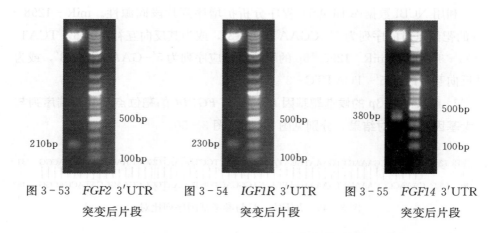

图 3-53　*FGF2* 3′UTR　　图 3-54　*IGF1R* 3′UTR　　图 3-55　*FGF14* 3′UTR

突变后片段　　　　　　突变后片段　　　　　　突变后片段

（三）miR-1298-5p 与 miR-1-3p 候选靶基因靶位点及其两端
　　部分序列突变前后对比

1. miR-1298-5p 候选靶基因靶位点及其两端部分序列突变前后对比　　对比结果见彩图 3-25 至彩图 3-27。

当 miR-1298-5p 种子区序列为 3′-GCUUACU-5′，对应靶序列为 5′-CGAATGA-3′，或为其反向互补序列 5′-TCATTCG-3′，匹配类型为 7mer-m8；当 miR-1298-5p 种子区序列为 3′-CUUACU-5′，对应靶序列为 5′-

GAATGA-3′，或为其反向互补序列 5′-TCATTC-3′，匹配类型为 7mer-A1。从图谱中突变前后碱基序列比对结果可以看出，靶位点序列突变成功。

2. miR-1-3p 候选靶基因靶位点及其两端部分序列突变前后对比 对比结果分别见彩图 3-28 和彩图 3-29。

当 miR-1-3p 种子区序列为 3′-UGUAAGG-5′，对应靶序列为 5′-ACATTCC-3′或为其反向互补序列 5′-GGAATGT-3′，匹配类型为 7mer-m8；当 miR-1-3p 种子区序列为 3′-GUAAGG-5′，对应靶序列为 5′-CATTCC-3′或为其反向互补序列 5′-GGAATG-3′，匹配类型为 7mer-A1；从图谱中突变前后的碱基序列比对结果可以看出，靶位点序列突变成功。通过重叠（overlap）PCR 方法成功完成了靶位点序列改变，最终成功构建了候选靶基因的野生型和突变型表达载体。

四、双荧光素酶报告基因检测

利用多功能酶标仪进行双荧光素酶报告基因萤火虫荧光素酶和海肾荧光素酶活性检测，二者比值即荧光素酶相对活性。双荧光素酶报告基因检测结果分别见图 3-56 至图 3-60。

将双荧光素酶报告基因检测结果表明：与对照组相比，miR-1298-5p 类似物都能够抑制野生型 *TGFBR1* 和 *FGF2* 的靶位点报告载体的荧光素酶活性；miR-1-3p 类似物都能抑制野生型 *FGF14* 和 *IGF1R* 的靶位点报告载体的荧光

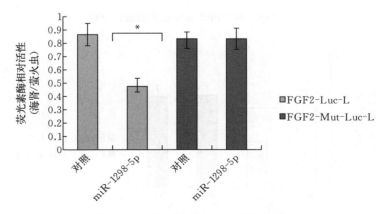

图 3-56 *FGF2* 双荧光素酶报告分析

Luc 代表野生型表达载体；Mut-Luc 代表突变型载体；以下同

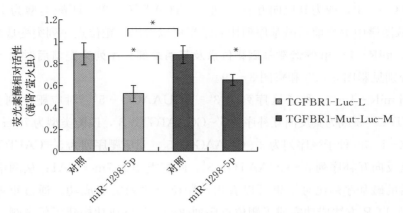

图 3-57 *TGFBR1* 双荧光素酶报告分析

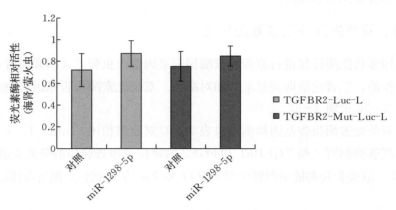

图 3-58 *TGFBR2* 双荧光素酶报告分析

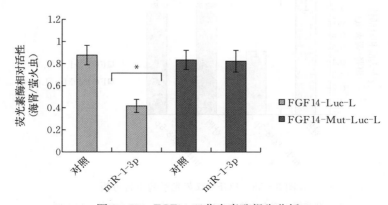

图 3-59 *FGF14* 双荧光素酶报告分析

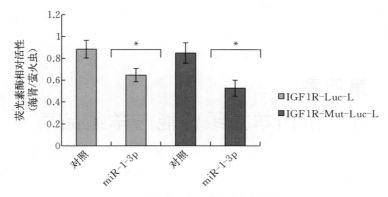

图 3 - 60　*IGF1R* 双荧光素酶报告分析

素酶活性。但当靶基因结合位点突变后，只有 *FGF2* 和 *FGF14* 被抑制的荧光
素酶活性能够得到恢复，而 *TGFBR1* 和 *IGF1R* 的荧光素酶活性仍然保持抑制
作用；此外，miR - 1298 - 5p mimics 不作用于预测的 *TGFBR2* 基因的靶位
点。综上，FGF2 基因是 miR - 1298 - 5p 的靶基因，*FGF14* 是 miR - 1 - 3p 的
靶基因。

第四章

辽宁绒山羊产绒性能与羊绒品质

辽宁绒山羊是典型的开士米型绒山羊，即其被毛为毛长绒短的双层被毛，外层为较长的粗毛，底层为较短的绒毛，有明显的季节型脱毛现象。产绒是辽宁绒山羊的主要生产方向，经过多年的系统选育，辽宁绒山羊的产绒性能和山羊绒品质得到了极大的改善。

第一节　辽宁绒山羊的产绒性能

一、辽宁绒山羊育种核心群的产绒性能

辽宁绒山羊育种核心群种公羊、成年母羊、2周岁公羊、2周岁母羊、周岁公羊和周岁母羊的产绒性能见表4-1。

表4-1　辽宁绒山羊育种核心群的产绒性能

(引自张世伟，2009)

羊别	产绒量（g）	绒长度（cm）	毛长度（cm）	抓绒体重（kg）
成年公羊	1 647.06	8.60	16.50	91.60
成年母羊	1 094.82	7.20	15.20	43.82
育成公羊	1 452.01	7.52	12.40	44.07
育成母羊	1 112.36	6.85	12.83	32.53
后备公羊	1 018.01	8.76	14.30	81.63
后备母羊	809.70	7.32	14.77	39.84

注：各类别羊均是100只羊的测定数据。

二、辽宁省主产区辽宁绒山羊的产绒性能

1. 辽宁省主产区各县（市）的辽宁绒山羊产绒量 2012 年和 2013 年辽宁省的辽东、辽南各绒山羊主产区饲养的辽宁绒山羊成年公羊和母羊的产绒量见表 4 - 2。

表 4 - 2　辽宁绒山羊主产区各县（市）羊产绒量

（引自姜雪梅，2013）

地区	公羊				母羊			
	2012 年		2013 年		2012 年		2013 年	
	数量（只）	产绒量（g）	数量（只）	产绒量（g）	数量（只）	产绒量（g）	数量（只）	产绒量（g）
新宾	27	1 265±202	19	1 276±201	112	585±198	137	602±199
清原	29	1 260±198	6	1 262±199	151	590±187	140	589±182
宽甸	32	1 320±187	27	1 321±207	112	650±197	57	655±192
辽阳	23	1 272±192	19	1 270±213	72	630±102	69	643±108
岫岩	25	1 167±212	14	1 265±222	115	510±198	78	515±197
瓦房店	15	1 270±222	11	1 295±223	31	650±186	57	670±184
盖州	29	1 490±198	21	1 493±202	130	710±187	36	713±197
桓仁	26	1 236±203	11	1 238±202	30	569±199	130	572±196
凤城	34	1 310±211	18	1 315±222	68	670±172	128	679±170
本溪	28	1 225±192	19	1 226±202	110	555±150	137	568±142
平均		1 272±201		1 294±202		602±153		611±162

辽东、辽南各主产区饲养的辽宁绒山羊 2013 年平均羊产绒量，公羊为 1 294 g，母羊为 611 g。盖州市绒山羊平均产绒量最高，公羊达 1 493 g，母羊达到 713 g。岫岩产绒量最低；凤城、宽甸、辽阳、新宾、清原较高；本溪、桓仁较低。

2. 辽宁省主产区各县（市）的辽宁绒山羊羊绒自然长度 辽东、辽南地区各县（市）2012 年和 2013 年辽宁绒山羊羊绒自然长度测定值见表 4 - 3。

辽东、辽南各主产区饲养的辽宁绒山羊成年公羊羊绒自然长度平均为 8.25 cm，成年母羊羊绒自然长度平均为 7.22 cm。成年公羊绒自然长度最长者为盖州，最短者为瓦房店，相差 1.41 cm；成年母羊最长者为盖州，最短者为原种场，相差 2.30 cm，各地区山羊羊绒均可作为精梳加工的原料。

表4-3　辽东、辽南地区辽宁绒山羊的羊绒自然长度

(引自姜雪梅，2013)

地区	公羊				母羊			
	2012 年		2013 年		2012 年		2013 年	
	数量 (只)	自然长度 (cm)	数量 (只)	自然长度 (cm)	数量 (只)	自然长度 (cm)	数量 (只)	自然长度 (cm)
新宾	27	7.62±1.52	19	8.68±1.51	112	7.12±1.62	137	7.93±1.63
清原	29	9.22±1.48	6	8.75±1.49	151	6.72±1.70	140	6.27±1.71
宽甸	31	7.65±1.46	27	7.78±1.47	132	6.28±1.67	57	6.39±1.66
辽阳	29	9.30±1.49	19	7.79±1.48	72	7.67±1.64	69	7.16±1.65
岫岩	31	8.28±1.61	14	8.1±1.58	97	7.35±1.69	78	7.55±1.65
瓦房店	15	8.49±1.53	11	7.59±1.57	31	6.69±1.72	57	7.73±1.70
盖州	19	8.44±1.61	21	8.86±1.57	130	9.04±1.72	36	8.57±1.70
桓仁	32	7.68±1.52	11	7.73±1.51	30	6.90±1.82	130	6.56±1.80
凤城	34	8.00±1.42	18	8.68±1.50	68	7.12±1.66	128	7.93±1.67
本溪	28	7.62±1.42	19	8.75±1.52	110	6.72±1.67	137	6.27±1.68
平均		8.23±1.49		8.26±1.50		7.16±1.71		7.24±1.78

3. 辽宁省主产区各县（市）的辽宁绒山羊羊绒细度　辽东、辽南地区各县（市）2012 年和 2013 年辽宁绒山羊羊绒细度测定值见表4-4。

表4-4　辽东、辽南地区辽宁绒山羊的羊绒细度

(引自姜雪梅，2013)

地区	公羊				母羊			
	2012 年		2013 年		2012 年		2013 年	
	数量 (只)	细度 (μm)	数量 (只)	细度 (μm)	数量 (只)	细度 (μm)	数量 (只)	细度 (μm)
新宾	27	17.76±1.22	19	18.12±1.23	112	16.06±1.32	137	16.01±1.42
清原	29	17.56±1.31	6	17.48±1.01	151	15.63±1.42	140	15.56±1.32
宽甸	31	17.37±1.22	27	17.15±1.22	132	16.12±1.31	57	16.09±1.34
辽阳	29	18.09±1.24	19	18.12±1.32	72	16.34±1.33	69	17.72±1.35
岫岩	31	17.43±1.13	14	17.38±1.16	97	16.15±1.41	78	16.23±1.32
瓦房店	15	17.64±1.32	11	17.49±1.12	31	17.84±1.42	57	17.09±1.42
盖州	19	17.29±1.24	21	18.09±1.13	130	17.59±1.26	36	17.44±1.46

（续）

地区	公羊				母羊			
	2012 年		2013 年		2012 年		2013 年	
	数量（只）	细度（µm）	数量（只）	细度（µm）	数量（只）	细度（µm）	数量（只）	细度（µm）
桓 仁	32	17.12±1.21	11	17.27±1.15	30	15.45±1.43	130	15.41±1.56
凤 城	34	17.83±1.12	18	18.08±1.22	68	17.12±1.42	128	17.93±1.23
本 溪	28	17.03±1.16	19	17.01±1.12	110	15.76±1.38	137	15.56±1.43
平 均		17.23±1.53		8.26±1.50		16.26±1.39		17.24±1.41

　　辽宁绒山羊主产区的公羊羊绒细度平均为 17.33 µm，母羊羊绒细度平均为 16.25 µm。从 2 个年度辽宁绒山羊羊绒细度检测结果来看，瓦房店市的成年公羊羊绒最粗，桓仁县的最细，二者相差 1.93 µm（$P<0.05$）；本溪县的成年母羊最细，盖州市的最粗，两者相差 2.15 µm（$P<0.05$）。

　　4. 辽宁省主产区各县（市）的辽宁绒山羊羊绒强度　辽东、辽南地区各县（市）辽宁绒山羊的羊绒强度和伸度测定值见表 4-5。

表 4-5　辽东、辽南地区辽宁绒山羊的羊绒强度和伸度

（引自姜雪梅，2013）

地区	公羊				母羊			
	数量（只）	断裂强力（cN）	断裂强度（N/tex*）	断裂伸长率（%）	数量（只）	断裂强力（cN）	断裂强度（N/tex）	断裂伸长率（%）
新 宾	28	5.44±1.02	0.15±0.03	43.59±3.83	112	4.44±1.02	0.17±0.13	41.51±3.83
清 原	26	5.01±1.01	0.14±0.02	42.51±3.80	151	4.31±1.01	0.16±0.02	40.51±3.81
宽 甸	23	5.47±1.03	0.16±0.02	44.59±3.96	132	4.47±1.03	0.18±0.01	41.59±3.90
辽 阳	18	5.91±1.01	0.17±0.02	48.53±4.33	72	5.03±1.01	0.19±0.02	42.53±4.33
岫 岩	31	4.82±1.01	0.15±0.02	39.59±2.99	97	4.32±1.01	0.17±0.01	40.59±2.99
瓦房店	15	5.54±1.03	0.14±0.02	46.50±3.93	31	4.74±1.02	0.16±0.02	41.50±3.93
盖 州	19	6.23±1.02	0.18±0.04	49.58±4.13	130	5.93±1.02	0.19±0.04	43.58±4.13
桓 仁	21	5.25±1.02	0.15±0.02	43.59±3.12	30	5.05±1.01	0.17±0.01	40.59±3.12
凤 城	34	5.45±1.03	0.15±0.02	46.39±4.02	68	5.15±1.01	0.17±0.01	42.39±4.02
本 溪	28	5.24±1.02	0.14±0.01	43.59±3.81	110	4.64±1.02	0.16±0.01	41.59±3.81
平 均		5.51±1.02	0.16±0.02	46.58±3.81		4.63±1.02	0.18±0.03	41.58±3.82

　　*　tex 是毛纱细度的指标，称为特克斯数（简称特数），指 1 000 m 长的毛纱线在公定回潮率下的质量 [以克（g）计]。

羊绒的强力是检验羊绒质量的重要指标，决定羊绒在加工、纺织过程中的耐拉程度和加工出产品的质量，因此，羊绒不但要有好的长度、细度，还要有较大的断裂强力。从各个主产区来看，盖州市辽宁绒山羊公、母羊的羊绒强度和伸度最大，岫岩县的公、母羊强度和伸度最小。

第二节　辽宁绒山羊的被毛性状与羊绒理化特性

一、辽宁绒山羊的被毛特性

（一）辽宁绒山羊的被毛纤维类型

辽宁绒山羊的被毛是由次级毛囊生长的羊绒和初级毛囊生长的羊毛共同组成。山羊绒和山羊毛的特性必然互相联系和互相影响。山羊绒有明显的弯曲且比较纤细。而山羊毛根据形态特征和组织学构造可以分为三种类型：有髓毛、两型毛和无髓毛。有髓毛粗，髓质发达而苍白；两型毛比有髓毛细，无弯曲，含有点状髓或断续髓；无髓毛直径最小，横截面呈扁圆形，光泽悦目，上半部细而有弯曲，下半部粗而无弯曲，有时下半部略有点状髓。常年长绒型辽宁绒山羊被毛纤维类型的分析结果见表4-6。

表4-6　辽宁绒山羊被毛纤维类型根数占比

项目	数量	羊毛（%）			羊绒（%）	S/P
		有髓毛	两型毛	无髓毛		
成年公羊	20	5.03	1.07	0.28	93.62	9.75
成年母羊	20	5.54	1.89	0.71	91.86	9.19
周岁公羊	20	3.84	1.02	1.21	93.93	11.51
周岁母羊	20	3.95	1.26	0.56	94.23	12.79
平均值	20	4.59	1.31	0.69	93.41	10.81

从表4-6中可以看出，成年公羊有髓毛、两型毛和无髓毛的百分比低于成年母羊（$P<0.01$），山羊绒的百分比高于成年母羊（$P<0.01$），而估计的 S/P 略高于母羊（$P>0.05$）。周岁公羊的有髓毛、两型毛比例与周岁母羊接近（$P>0.05$），无髓毛比例高于周岁母羊（$P<0.05$），无髓毛比例在周岁公羊和成年公羊间无差别，周岁羊的羊绒比例和 S/P 高于成年羊。

（二）辽宁绒山羊被毛纤维直径分布

辽宁绒山羊被毛纤维直径的分布情况见表4－7。

表4－7　辽宁绒山羊被毛纤维细度的分布

纤维类型	平均细度 （μm）	25 μm 以下纤维比例 （%）	最大细度 （μm）	最小细度 （μm）
山羊绒	14.85±1.37	（>15.2 μm）22.13	20.84	9.79
有髓毛	46.25±6.31	1.52	69.88	32.26
两型毛	29.89±6.52	28.52	63.751	15.15
无髓毛	25.28±5.46	66.84	34.60	14.98

从表4－7中可以看出山羊绒纤维细度为 9.79～20.84 μm 平均细度为 14.85 μm。25 μm 以下的有髓毛、两型毛、无髓毛的比例分别为 1.52%、28.52% 和 66.84%，最细的无髓毛直径为 14.98 μm，几乎与山羊绒相接近，可以认定为所谓的变异山羊绒。有髓毛直径与山羊绒直径之比为 3.15:1。

（三）辽宁绒山羊被毛性状间的相关关系

辽宁绒山羊被毛性状间的相关关系见表4－8。

表4－8　辽宁绒山羊绒毛性状的平均值及相关系数

性状	平均值	相关系数					
		毛层高度	绒毛比	绒直径	毛直径	绒长度	毛长度
绒层高度	(5.53±0.97)cm	0.534 9**	0.114 0	0.057	−0.125	−0.043 2	0.457 6**
毛层高度	(12.64±2.35)cm		0.145 0	0.065	−0.204	−0.051 8	0.806 2
绒毛比	55.86%±10.09%			0.184	−0.093	−0.017 6	−0.170 2
绒直径	(14.85±1.37)μm				0.238 2**	−0.079 4	−0.017 2
毛直径	(30.47±4.58)μm					−0.019 8	−0.189 5
绒长度	(9.01±0.86)cm						−0.030 1
毛长度	(12.97±1.86)cm						

＊＊表示 $P<0.01$。

从表4－8可以看出，绒层高度与毛层高度、毛长度有较强的正相关，即毛长度长的绒层高度也大。绒直径与毛直径的相关系数为 0.238 2，表明毛直径越大，绒越粗。绒直径与其他性状相关都较低，绒长度与其他性状的相关都较弱。绒毛比与绒直径为正相关（$R=0.184\,0$），与毛直径为负相关（$R=-0.093$），与毛层高度也为弱的负相关；虽然相关较弱，但可以表明常年长绒型辽宁绒山羊的被毛中呈现出绒直径越粗绒毛比越高、毛直径越小绒毛比越高的趋势。

二、辽宁绒山羊的羊绒品质

（一）辽宁绒山羊躯体不同部位羊绒纤维直径比较

辽宁绒山羊躯体不同部位羊绒纤维直径比较见表 4-9。

表 4-9　辽宁绒山羊的羊绒品质

类别	部位	细度（μm）	长度（cm）	含绒率（%）	净绒率（%）
成年公羊	腹部	15.41±1.22	7.12±0.95	90.12±3.03	38.12±1.03
	后肢	17.03±1.15	8.11±1.03	84.27±3.07	34.27±2.07
	臀部	16.78±1.22	8.42±1.11	94.12±1.95	44.12±1.67
	体侧	16.09±1.16	8.24±1.02	92.23±2.95	40.23±2.34
成年母羊	腹部	15.25±1.07	6.92±0.85	89.22±3.13	37.62±0.93
	后肢	16.93±1.14	7.91±0.93	82.28±3.17	33.27±1.07
	臀部	16.76±1.09	8.12±1.01	91.02±2.15	42.17±1.17
	体侧	15.94±1.05	7.64±0.82	88.27±2.15	39.26±0.84
育成羊	腹部	15.01±1.11	6.82±0.95	87.34±2.13	37.42±1.03
	后肢	15.89±1.06	7.51±0.94	80.77±2.09	33.17±0.97
	臀部	15.94±1.04	7.72±1.05	86.12±1.75	41.89±1.12
	体侧	15.34±1.12	7.59±0.93	84.29±2.65	39.43±1.01
羔羊	腹部	14.13±0.98	5.12±0.86	80.12±1.03	40.15±1.02
	后肢	14.37±1.01	5.94±0.73	79.28±2.47	36.13±1.04
	臀部	14.87±1.12	6.12±1.11	84.13±1.67	46.22±1.57
	体侧	14.25±1.08	5.97±0.87	82.22±2.06	42.24±1.54

从年龄和性别来看，辽宁绒山羊躯体不同部位羊绒的细度、长度、含绒率明显表现出相同的趋势：成年公羊＞成年母羊＞育成羊＞羔羊；而在净绒率方面则是羔羊＞成年公羊＞成年母羊＞育成羊（均差异显著，$P<0.05$）。从这个结果还可以看出，体侧部位是全身山羊绒综合品质最优的部位，羔羊的羊绒

综合品质是羊群中最优的。

（二）辽宁绒山羊被毛纤维长度、强度特性

不同年龄的辽宁绒山羊被毛纤维长度测定结果见表 4 - 10，强度和伸度见表 4 - 11。

表 4 - 10 辽宁绒山羊的羊毛（绒）纤维长度

性别	年龄	数量（只）	绒伸直长度（cm）		毛伸直长度（cm）	
			平均值	标准差	平均值	标准差
公	周岁	20	8.72[a]	0.94	12.92[a]	1.76
	成年	20	10.94[b]	1.12	13.06[a]	1.82
	平均		9.83	1.03	12.99	1.79
母	周岁	20	9.01[a]	0.86	12.97[a]	1.86
	成年	20	10.63[b]	1.08	13.05[a]	1.88
	平均		9.82	0.97	13.01	1.87

注：同列数据不同字母者表示差异显著（$P<0.05$），相同字母者表示差异不显著（$P>0.05$）。

由表 4 - 10 可见，辽宁绒山羊同一性别内，羊绒的伸直长度在成年羊与周岁羊之间存在显著差异（$P<0.05$），而在同一年龄内不同性别间差异不显著（$P>0.05$）；而羊毛的伸直长度均差异不显著（$P>0.05$）。无论山羊绒还是山羊毛均是周岁的时候长度高于成年，这可能是周岁时公、母羊均未进入繁殖阶段的原因。

表 4 - 11 辽宁绒山羊羊绒纤维强度和伸度

性别	年龄	数量（只）	强度（cN）		伸度（%）	
			平均值	标准差	平均值	标准差
公	周岁	20	5.08[a]	0.97	41.62[a]	3.34
	成年	20	6.25[b]	0.84	40.36[a]	3.64
	平均		5.67[a]	0.89	40.99[a]	3.49
母	周岁	20	5.91[a]	1.01	41.97[a]	3.84
	成年	20	6.52[b]	1.05	41.83[a]	3.68
	平均		5.94[a]	0.97	41.45[a]	3.63

注：同列数据不同字母者表示差异显著（$P<0.05$），相同字母者表示差异不显著（$P>0.05$）。

辽宁绒山羊的羊绒纤维强度方面，成年羊均显著高于周岁羊（$P<0.05$），但同一性别在不同年龄间差异不显著（$P>0.05$）。而在羊绒纤维的强度方面，无论性别间还是年龄间均差异不显著（$P>0.05$）。而且均呈现周岁羊高于成年羊的趋势，这可能是周岁羊没有进入繁殖时期，且处于生理代谢旺盛阶段，营养优先供给绒毛的结果。

（三）辽宁绒山羊净绒率及原毛杂质分析

1. 辽宁绒山羊净绒率含量　山羊绒的净绒率是通过对原绒进行洗涤烘干后，在公定回潮率16%的条件下计算出平均洗净率，并与参加洗涤的绒样平均含绒率相乘而获得的。通过该方法获得常年长绒型辽宁绒山羊的原绒含绒率、洗净率和净绒率，结果见表4-12。

表4-12　辽宁绒山羊原绒净绒率

类别	数量（只）	含绒率（%）	洗净率（%）	净绒率（%）
成年公羊	20	65.14 ± 3.22^a	82.42 ± 5.21^a	53.68 ± 3.28^a
周岁公羊	20	60.22 ± 3.07^b	82.53 ± 4.92^a	47.70 ± 4.29^b
平均值		62.68 ± 3.16^a	82.66 ± 5.09^a	50.69 ± 3.72^a
成年母羊	20	59.43 ± 4.25^a	81.78 ± 5.08^a	48.60 ± 3.75^a
周岁母羊	20	55.86 ± 4.01^b	83.05 ± 4.98^a	46.40 ± 3.64^b
平均值		57.65 ± 4.15^b	82.42 ± 5.02^a	47.50 ± 3.63^b

注：同列数据不同字母者表示差异显著（$P<0.05$），相同字母者表示差异不显著（$P>0.05$）。

辽宁绒山羊的成年公羊、成年母羊的含绒率均显著高于相应的周岁公羊和周岁母羊（$P<0.05$）；而在同一年龄中，公羊也显著高于母羊（$P<0.05$）。在羊绒的洗净率方面，无论年龄间还是性别间均差异不显著（$P>0.05$）。在净绒率方面其差异结果与含绒率相同。上述研究结果表明，山羊绒的净绒率主要取决于原绒中的含绒率，即含绒率越高其净绒率亦越高。

2. 辽宁绒山羊原绒中杂质分析　辽宁绒山羊原绒杂质主要包括外来夹杂物和生理代谢物。外来夹杂物有草屑和沙土；生理代谢物有油脂和皮屑。原绒中不同类型的杂质含量见表4-13。

辽宁绒山羊原绒中杂质总量在性别间，年龄之间均无显著差异（$P>0.05$）；外来夹杂物杂质中无论沙土还是草屑在性别间，年龄之间均无显著差异（$P>0.05$）。而生理代谢物中，成年公羊的油脂含量显著高于周岁公羊（$P<0.05$），成年母羊显著高于周岁母羊（$P<0.05$），相同年龄段公羊显著高于母羊（$P<$

0.05）；成年公羊的皮屑含量显著低于周岁公羊（$P<0.05$），成年母羊的皮屑含量也显著低于周岁母羊（$P<0.05$），相同年龄段公羊的皮屑含量显著高于母羊（$P<0.05$）。从上述结果来看，由于辽宁绒山羊在相同的饲养环境下，外来夹杂物无论来源还是数量均是基本一致的，因而较容易从饲养环境上得以控制。但生理代谢物由于周岁公、母羊处于皮肤代谢旺盛时期，因而产生的皮屑较多，而成年后则以油脂占主导因素。另外，由于公羊一直处于高的营养水平，因而其油脂含量高于母羊。

表 4-13　辽宁绒山羊原绒中杂质含量

类别	数量（只）	杂质占原绒比例（%）	外来夹杂物占原绒（%）		生理代谢物占原绒（%）	
			沙土	草屑	油脂	皮屑
成年公羊	20	17.58±4.41[a]	10.63±3.42[a]	4.12.±0.21[a]	1.21±0.01[a]	1.62±0.11[a]
周岁公羊	20	17.47±4.78[a]	10.21±3.32[a]	3.98±0.23[a]	0.86±0.02[b]	2.42±0.21[b]
平均值		17.34±5.01[a]	10.42±3.37[a]	4.05±0.22[a]	1.04±0.02[a]	2.02±0.16[a]
成年母羊	20	18.22±5.12[a]	11.22±4.01[a]	4.64±0.22[a]	0.98±0.02[a]	1.38±0.11[a]
周岁母羊	20	16.95±4.89[a]	11.01±4.15[a]	3.86±0.15[a]	0.34±0.03[b]	1.74±0.14[b]
平均值		17.58±4.97[a]	11.12±4.08[a]	4.25±0.18[a]	0.66±0.02[b]	1.56±0.12[b]

注：同列数据不同字母者表示差异显著（$P<0.05$），相同字母者表示差异不显著（$P>0.05$）。

三、辽宁绒山羊羊绒纤维的化学组分

1. 辽宁绒山羊羊绒纤维常规化学组分　辽宁绒山羊羊绒纤维中粗蛋白质、粗脂肪、总灰分含量见表 4-14。

表 4-14　辽宁绒山羊羊绒纤维常规化学组分

类别	数量（只）	粗蛋白质（%）	粗脂肪（%）	总灰分（%）
成年公羊	20	79.21±3.24[a]	19.14±2.94[a]	1.65±0.32[a]
成年母羊	20	78.85±3.62[a]	19.17±3.04[a]	1.98±0.54[b]
平均值		79.03±3.48	19.16±3.01	1.82±0.42

注：同列数据不同字母者表示差异显著（$P<0.05$），相同字母者表示差异不显著（$P>0.05$）。

辽宁绒山羊羊绒纤维中粗蛋白质、粗脂肪在公母羊间无明显差异（$P>0.05$），但成年公羊的总灰分含量要显著地低于成年母羊（$P<0.05$）。这说明山羊绒纤维主要成分是蛋白质，蛋白质含量在性别间无明显差异，而灰分含量

有明显差异。

2. 辽宁绒山羊羊绒纤维中氨基酸含量 辽宁绒山羊羊绒纤维中氨基酸含量见表 4-15。

表 4-15 辽宁绒山羊羊绒纤维中氨基酸组成（mg/g）

类别	成年公羊	成年母羊
天冬氨酸（Asp）	45.34±6.25	44.21±5.24
苏氨酸（Thr）	41.06±5.95	42.35±4.82
丝氨酸（Ser）	72.35±8.24	73.61±8.42
谷氨酸（Glu）	108.62±13.21	105.34±13.12
甘氨酸（Gly）	37.18±4.22	38.68±4.29
丙氨酸（Ala）	26.01±3.09	25.94±3.45
胱氨酸（Gyl）	112.12±10.52	114.87±13.22
缬氨酸（Val）	40.17±3.97	39.85±4.02
蛋氨酸（Met）	5.14±0.35	5.97±0.29
异亮氨酸（Ile）	22.35±3.41	22.43±3.58
亮氨酸（Leu）	59.12±8.24	58.21±7.25
酪氨酸（Tyr）	37.23±6.12	38.12±5.29
苯丙氨酸（Phe）	27.81±4.12	26.14±3.98
赖氨酸（Lys）	22.25±3.24	24.15±3.43
组氨酸（His）	7.04±0.62	7.96±0.83
精氨酸（Arg）	68.12±7.45	69.03±8.14
色氨酸（Trp）	8.32±1.02	8.34±1.13
脯氨酸（Pro）	36.43±3.12	36.13±4.54
总和	789.71±53.65	791.38±55.67

辽宁绒山羊成年公羊和母羊的绒纤维中氨基酸总量是一致的，几乎没有差异。氨基酸总量与蛋白质含量相接近，说明山羊绒纤维不含或仅含微量的其他含氮物质。从山羊绒中各类氨基酸含量来看，胱氨酸、谷氨酸、丝氨酸、精氨酸、天冬氨酸、苏氨酸、亮氨酸、缬氨酸、甘氨酸、丙氨酸、脯氨酸、酪氨酸的含量较高，其中胱氨酸和谷氨酸的含量最高（均超过 100 mg/g）；蛋氨酸、组氨酸、色氨酸的含量均不足 10 mg/g。

3. 辽宁绒山羊羊绒纤维中硫元素含量 常年长绒型辽宁绒山羊羊绒纤维中硫元素含量见表 4 - 16。

表 4 - 16 辽宁绒山羊羊绒纤维中硫元素含量

类别	数量（只）	山羊绒（%）	山羊毛（%）
成年公羊	20	3.24 ± 0.12^a	4.27 ± 0.16^a
周岁公羊	20	3.87 ± 0.23^b	4.01 ± 0.21^b
平均		3.55 ± 0.17^a	4.14 ± 0.18^a
成年母羊	20	3.87 ± 0.13^a	4.15 ± 0.14^a
周岁母羊	20	4.22 ± 0.18^b	4.09 ± 0.15^b
平均		4.05 ± 0.16^b	4.12 ± 0.14^b

注：同列数据不同字母者表示差异显著（$P<0.05$），相同字母者表示差异不显著（$P>0.05$）。

辽宁绒山羊羊绒纤维中硫元素含量，成年公羊显著低于周岁公羊（$P<0.05$），成年母羊显著低于周岁母羊（$P<0.05$），同一年龄中公羊低于母羊（$P<0.05$）。而山羊毛则是成年公羊显著高于周岁公羊（$P<0.05$）、成年母羊高于周岁母羊（$P<0.05$）的趋势。由于硫元素是绒毛蛋白不同于其他蛋白质的一个显著特性，硫可以起到提高绒毛弹性和强度的作用，而且硫元素与羊绒品质密切相关，硫元素含量越高，其羊绒品质越好。从该结果来看，周岁羊的山羊绒中硫元素普遍高于成年羊，这正好与周岁羊羊绒品质尤其是细度低于成年羊的研究结果相符合。

四、辽宁绒山羊羊绒纤维的鳞片结构

常年长绒型辽宁绒山羊羊绒和羊毛纤维鳞片层形态见图 4 - 1 和图 4 - 2。可见，辽宁绒山羊羊绒纤维的鳞片为排列规则的环状鳞片，鳞片排列也十分整齐；而羊毛的鳞片为不规则的锯齿状非环状鳞片。另外电镜结果显示，常年长绒型辽宁绒山羊的鳞片层高度为 $14.40\sim21.34\ \mu m$，平均为 $19.37\ \mu m$；鳞片层密度为 $613.4\sim1\ 298.56$ 层/cm，平均为 955.98 层/cm。

山羊绒的鳞片层是其纤维表面的薄膜，具有保护山羊绒纤维抵抗外界机械、化学、生物等不良因素影响的功能，还有影响山羊绒纤维的光泽度、使山羊绒具有毡合性等作用。鳞片排列得越规整，环状鳞片越整齐，山羊绒的上述机能就越显著。而山羊绒的鳞片层高度是指暴露在外部的可见鳞片部分，鳞片密度是指绒纤维单位长度内排列的鳞片层次，鳞片的层次和高度与山羊绒纤维的缩绒性能是密切相关的。

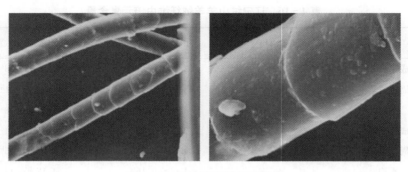

图 4-1　山羊绒纤维环形鳞片

图 4-2　山羊毛纤维非环形鳞片

第三节　辽宁绒山羊产绒性能的影响因素

一、辽宁绒山羊产绒性能与年龄的关系

辽宁绒山羊的主要产品——山羊绒，是其皮肤次级毛囊的产物。山羊绒的生长发育是个复杂的生理过程，羊绒性状是评价绒山羊生产性能的基本指标，除遗传因素外，年龄、性别、环境等因素均对其有较大的影响。国内研究人员先后对内蒙古绒山羊、辽宁绒山羊、新疆山羊、陕北白绒山羊、河西绒山羊等绒山羊产绒性能与年龄等非遗传因素关系进行系统性的研究，但结果存在的差异性受品种及环境的影响较大。为此，笔者团队在 2007—2013年对 230 只辽宁绒山羊母羊 1～7 周岁产绒性状的相关指标进行测定和分析（表 4-17），以期获得辽宁绒山羊产绒性能与年龄间的相关关系，为指导羊

群合理年龄结构的调整提供理论依据。

（一）不同年龄辽宁绒山羊母羊产绒性状表型值

表 4-17　不同年龄辽宁绒山羊母羊产绒性状表型值

年龄 （周岁）	数量 （只）	产绒量 （g）	抓绒后体重 （kg）	绒长度 （cm）	绒细度 （μm）
1	230	772.98±79.09ᵃ	27.94±4.17ᵃ	7.63±0.73ᵃ	14.10±1.25ᵃ
2	230	828.15±115.61ᵇ	35.53±6.27ᵇ	6.34±1.09ᵇ	15.73±0.87ᵇ
3	230	860.11±206.84ᶜ	37.93±5.83ᶜ	7.48±0.97ᵃ	16.81±0.83ᶜ
4	230	972.96±277.94ᵈ	44.11±11.36ᵈ	7.26±1.05ᵃ	16.93±1.13ᶜ
5	230	1 044.83±225.26ᵉ	49.65±10.76ᵉ	7.90±0.99ᵃ	16.01±0.92ᵈ
6	230	1 072.20±205.72ᶠ	57.56±7.55ᶠ	7.68±0.91ᵃ	15.08±0.88ᵉ
7	230	954.33±197.03ᵍ	56.86±8.98ᶠ	7.69±1.13ᵃ	15.44±0.76ᵇᵉ

注：同列数据不同字母者表示差异显著（$P<0.05$），相同字母者表示差异不显著（$P>0.05$）。

（二）不同年龄辽宁绒山羊母羊产绒性状的变化情况

1. 不同年龄辽宁绒山羊母羊产绒量变化情况　具体见图 4-3。

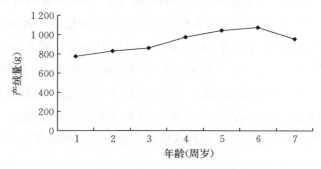

图 4-3　辽宁绒山羊母羊产绒量随年龄的变化情况

　　由表 4-17 和图 4-3 可见，1 周岁时的产绒量最低，2～6 周岁产绒量呈逐年增长趋势，6 周岁时产绒量最高，7 周岁时下降。2～3 周岁的增幅较小，4～6 周岁的增幅较大。对各年龄的产绒量进行方差分析表明，不同年龄间辽宁绒山羊母羊产绒量差异极显著（$P<0.01$）。1 周岁的产绒量为 772.98 g，极显著低于其他各年龄段（$P<0.01$）；随着年龄的增长产绒量呈增加趋势，2～6 周岁的产绒量为 828.5～1 072.20 g，相邻年龄间产绒量差异极显著（$P<0.01$）。

6周岁的产绒量为1 072.20 g，比1周岁的产绒量高292.22 g；7周岁的产绒量为954.33 g，比6周岁时低117.87 g，但比1周岁时高181.35 g，差异均极显著（$P<0.01$）。

2. 不同年龄辽宁绒山羊母羊绒细度变化情况 具体见图4-4。

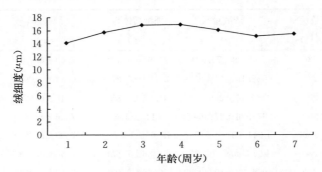

图4-4 辽宁绒山羊母羊绒细度随年龄的变化情况

1~7周岁辽宁绒山羊母羊绒细度经历了由细变粗，再由粗变细，最后趋于稳定的过程。对不同年龄的辽宁绒山羊母羊绒细度进行方差分析表明，不同年龄间辽宁绒山羊母羊的绒细度差异极显著（$P<0.01$）。1周岁母羊的绒细度最细，为14.10 μm，极显著低于其他各年龄段。1~4周岁的母羊绒细度逐渐增加（14.10~16.93 μm），4周岁时绒细度已经达到最粗，为16.93 μm；5~6周岁母羊的绒细度逐渐开始下降（16.01~15.01 μm）；到7周岁时则趋于稳定并略有上升（15.44 μm）。4周岁时的绒细度极显著高于1周岁、2周岁、5周岁、6周岁、7周岁时的绒细度，3周岁和4周岁的绒细度差异不显著（$P>0.05$）。由此可见，辽宁绒山羊母羊在3~4周岁时绒纤维最粗。

3. 不同年龄辽宁绒山羊母羊绒长度变化情况 具体见图4-5。

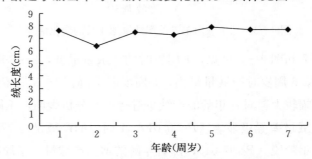

图4-5 辽宁绒山羊母羊绒长度随年龄的变化情况

绒长度呈波动变化，2 周岁和 4 周岁时绒长度分别出现 2 个波谷，3 周岁和 5 周岁绒长度出现 2 个高峰，6～7 周岁绒长度趋于平稳。通过对不同年龄的辽宁绒山羊母羊绒长度的方差分析表明：除 2 周岁外，不同年龄间的绒长度差异不显著（$P>0.05$）。1～4 周岁时的绒长度总体上是呈下降趋势的（从 7.63 cm 降到 7.26 cm），2 周岁时的绒长度最短为 6.34 cm，5 周岁时绒长度最长为 7.90 cm，两者相差 1.56 cm。虽然 5 周岁后绒长度略有下降但差异不大，6 周岁和 7 周岁的绒长度分别为 7.68 cm 和 7.69 cm。7 周岁时的绒长度比 1 周岁时的绒长度长 0.06 cm。

4. 不同年龄的辽宁绒山羊母羊抓绒后体重变化情况 具体见图 4－6。

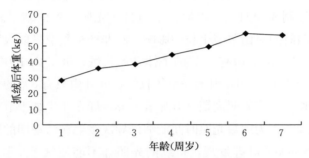

图 4－6　辽宁绒山羊母羊抓绒后体重随年龄的变化情况

1～6 周岁抓绒后体重随年龄的增长呈逐年递增趋势，7 周岁时略有下降。不同年龄辽宁绒山羊母羊抓绒后体重的方差分析结果表明，各年龄间的体重差异极显著（$P<0.01$）。1 周岁时的抓绒后体重为 27.94 kg；之后随年龄的增长抓绒后体重逐年增加（35.53～57.56 kg）；6 周岁抓绒后体重达到最大，为 57.56 kg，比 5 周岁提高 7.91 kg；7 周岁的体重稍低于 6 周岁，相差 0.7 kg。

上述研究结果表明，辽宁绒山羊母羊的产绒量、绒细度、绒长度和抓绒后体重均随年龄变化呈现出规律性变化。1 周岁时，除了绒长度外，产绒量、抓绒后体重和绒细度均最低。随年龄的增长，产绒量、绒细度和抓绒后体重快速增长，仅绒长度随年龄呈波动变化。1～4 周岁的产绒性能和绒毛品质较差，5～6 周岁的产绒性能和绒毛品质变好，6 周岁时绒毛品质最好、产绒量最高，7 周岁的产绒性能和绒毛品质都下降。可见 5～6 周岁的产绒性能和绒品质处于最佳阶段。

二、光照对辽宁绒山羊产绒性能的影响

绒山羊绒毛的生长模式由于受光照周期的影响而呈现很强的季节性。山羊绒的生长周期是由次级毛囊的发育周期决定的。随着光照时间逐渐变短，次级毛囊处于活跃期，绒毛处于生长阶段；光照时间逐渐变长，次级毛囊的发育逐渐进入过渡期和休止期，绒毛开始停止生长并脱落。每年夏季的中后期，随着皮肤毛囊的活动能力增强，山羊绒开始生长，这种生长的趋势一直延续到冬至。此后，毛囊的活动能力逐渐减弱，山羊绒生长也逐渐停止。即在每年夏至以后，当日照时间由长变短时皮肤次级毛囊开始生长，随着日照时间的缩短，绒生长加快；冬至以后，当日照时间由短变长时，绒毛生长变慢，并逐渐停止。采用人工控制光照时间，也取得了与自然光照一致的结果。Teh（1991）研究了不同光照时间对山羊绒生长的影响。在非产绒季节采取人工光照的条件下，每天光照 8 h，30 d 内有 66％的个体开始长绒；60 d 内 100％山羊开始长绒，而每天 16 h 光照，30 d 内无一个体长绒；60 d 内只有 8％的个体长绒，绒毛产量和绒毛长度不同光照周期具有显著差异，即在非生绒季节对绒山羊进行不同的光照处理，人为缩短光照时间能够诱导次级毛囊活动期的启动，并维持绒毛的生长。McDonald 等发现，持续的光照并不能使绒毛生长的节律消失，反而通过减短非生绒季节（减短 84 d）和生绒季节的光照时间，使次级毛囊活跃周期变为 2 年 3 个，从而增加绒毛生长的时间，提高产绒量。这说明，光照可能对绒毛生长速率也有影响，从而影响到绒长度。光照是影响绒山羊绒毛生长的关键因素之一。

因此，通过人工控制光照时间等关键技术，设立不同光照组别，对试验组和对照组的绒山羊的每月羊绒生长的速度、羊绒生长的总长度、绒山羊体重增长情况等进行研究，并对部分试验羊群埋植一定剂量的外源褪黑激素，研究其对非生绒季节绒毛生长速度的影响，旨在寻求适用于生产的增加绒毛产量的关键技术。

（一）控制光照试验设计

在辽宁绒山羊育种核心群 1～3 岁母羊 150 只，2010 年度采用随机区组的试验设计，随机分为 5 组，每组 30 只。Ⅰ、Ⅱ、Ⅲ、Ⅳ组为试验组，Ⅴ组为对照组。试验Ⅰ、Ⅱ、Ⅲ组每天光时间分别为 6、7、8 h；Ⅳ组试验开始时光照时间为 11.5 h，每月缩短光照 1.5 h，至 9 月底光照时间为 7 h；V组为对照组，按照常规进行管理。2011 年度仅分试验组和对照组，试验组每天光照时间为 8 h（并根据辽宁地区光周期的变化逐渐调整），对照组仍按照常规的饲养方法进行管理。舍门窗全部用棉帘封闭，舍内北墙设通风口，南墙安装引风机，定期排放。封闭的门窗帘可以上下拉动，在不避光的情况下可以打开通风换气。避光时舍内照度为 0 lx，完全达到避光条件，每只羊平均占地面积 4.4 m²。试验前称重、测绒长，同时在羊的鉴定部位将大约 3 cm×3 cm 面积的羊绒紧贴皮肤全部刮掉、清零。每月 30 d 紧贴皮肤剪下新生长的羊绒并测量其自然长度、空腹称重，试验结束时分别测羊绒总长度。

（二）不同光照时间对辽宁绒山羊羊绒生长的影响

不同光照时间对辽宁绒山羊羊绒生长的影响试验结果见表 4-18 和表 4-19。

表 4-18　2010 年试验羊各月份的羊绒长度（cm）

组别	数量（只）	5月末	6月份	7月份	8月份	9月份	累计绒长	测绒总长	平均绒长
I	30	清零	1.24±0.21Aa	1.06±0.22Aa	1.10±0.18ABa	0.89±0.15	4.30±0.51	4.02±0.53	1.08
II	30	清零	1.13±0.26ABb	1.01±0.17Aab	1.13±0.15Aa	0.93±0.15	4.20±0.44	3.94±0.50	1.05
III	30	清零	1.10±0.12BCb	0.98±0.14Bab	1.05±0.13ABab	0.94±0.12	4.06±0.34	3.82±0.49	1.02
IV	31	清零	1.09±0.10BCb	0.92±0.14Bb	1.07±0.14ABab	0.88±0.14	3.97±0.37	3.52±0.60	0.99
对照组	31	清零	0.98±0.17Cc	0.81±0.14Bb	1.03±0.14Bb	0.92±0.13	3.73±0.35	3.6±0.6	0.93

注：同列数据不同小写字母者表示差异显著（$P<0.05$），不同大写字母者表示差异极显著（$P<0.01$），没有标识的表示差异不显著（$P>0.05$），下表同。

表 4-19　2011 年试验羊各月份羊绒长度（cm）

时间	试验组（$n=30$）	对照组（$n=30$）
2月份	剪绒，绒长度计为 0 cm	剪绒，绒长度计为 0 cm
3月份	0.60±0.2	0.50±0.2
4月份	0.50±0.13	0.34±0.14
5月份	0.75±0.22	0.61±0.22
6月份	0.76±0.19	0.64±0.23

（续）

时间	试验组（$n=30$）	对照组（$n=30$）
7月份	0.56±0.17	0.58±0.17
8月份	0.82±0.19	0.80±0.20
9月份	0.61±0.18	0.68±0.14
累计绒长	3.50	3.31
实测绒长	4.07±0.8	3.14±0.95
月平均长	0.7	0.66

2010 年Ⅰ、Ⅱ、Ⅲ、Ⅳ组试验羊 4 个月累计生长羊绒分别为 4.30、4.20、4.06 和 3.97 cm，试验组比对照组分别增加 0.57、0.47、0.33 和 0.24 cm，分别提高了 15.28%、12.60%、8.85% 和 6.43%。其中，试验Ⅰ、Ⅱ组与对照组差异极显著（$P<0.01$），试验Ⅲ、Ⅳ组与对照组差异不显著（$P>0.05$），表明控制光照 6、7 h 试验组效果最好。同时在月份间各试验组生绒效果也存在明显的不同，6、7、8 月份羊绒生长效果较好，每个月试验Ⅰ、Ⅱ组与对照组或试验Ⅰ组与Ⅳ、Ⅴ组差异都极显著（$P<0.01$）。6、7 月份生绒效果好于 8 月份，而 9 月份组间差异全不显著（$P>0.05$），说明随着光周期逐渐变短，对照组羊只体内分泌的褪黑素水平在逐渐增多，表现为羊绒生长与试验组差异不显著。2011 年 3—9 月又进行 7 个重复试验，结果与 2010 年趋势基本一致。

（三）不同光照时间对羊只增重的影响

不同光照时间对辽宁绒山羊体重增长影响的试验结果见表 4-20 和表 4-21。

表 4-20　2010 年试验羊各月份体重（kg）

项目	Ⅰ（$n=30$）	Ⅱ（$n=30$）	Ⅲ（$n=30$）	Ⅳ（$n=30$）	对照组（$n=30$）
初始体重	31.7±7.0	31.4±7.1	32.2±7.4	31.3±6.6	32.1±6.5
6月30日	33.45±7.6	32.32±7.8	34.78±7.4	32.16±7.1	32.16±7.1
比上月增减	+1.75	+0.92	+2.58	+0.86	+0.06
7月30日	33.77±8.3	32.33±8.5	33.10±7.9	32.28±7.5	32.44±7.4
比上月增减	+0.32	+0.01	-1.68	+0.12	+0.28

（续）

项目	Ⅰ（n=30）	Ⅱ（n=30）	Ⅲ（n=30）	Ⅳ（n=30）	对照组（n=30）
8月30日	32.75±8.4	31.95±8.5	32.66±7.6	33.33±7.6	34.30±8.2
比上月增减	−1.2	−0.38	−0.44	+1.05	+1.86
9月30日	33.43±8.9	33.85±10.0	33.78±8.3	33.35±8.0	36.09±8.10
比上月增减	+0.68	+1.90	+1.12	+0.02	+1.79
与初始体重比较	+1.73	+2.45	+1.58	+2.05	+3.99
增减比例	5.46%	7.80%	4.91%	6.55%	12.43%

表 4-21　2011 年试验羊各月份体重（kg）

项目	试验组（n=31）	对照组（n=31）
初始体重	44.1±11.0	44.2±10.0
3 月份体重	45.35±10	46.7±9.4
4 月份体重	42.92±9.9	43.0±8.8
5 月份体重	44.4±10.5	45.7±9.0
6 月份体重	42.2±10.2	42.99±7.4
7 月份体重	42.5±10.2	42.12±7.2
8 月份体重	41.4±10.6	42.5±6.8
9 月份体重	43.6±10.5	44.2±7.2
与初始体重比较	−0.5	持平
增减比例	−1.13%	持平

　　2011 年试验结束时，Ⅰ、Ⅱ、Ⅲ、Ⅳ试验组体重分别为 33.43、33.85、33.78和 33.35 kg，试验组比对照组少增重 2.66、2.24、2.31 和 2.74 kg，分别少增加 7.37%、6.21%、6.40% 和 7.59%，试验组在 8 月份出现负增长，而对照组一直呈现稳步增长。经统计产品与服务解决方案（SPSS）软件（20.0 版）统计分析，组间和月份间差异均不显著（$P>0.05$）。

三、褪黑激素对辽宁绒山羊绒毛生长的影响

　　褪黑激素是由松果腺分泌的激素之一。光照是调节松果腺活动的主要因素，光照抑制松果腺活动，黑暗则刺激松果腺的活动。随着昼夜光照和黑暗的变换，长日照和短日照交替，褪黑激素的产生具有周期性变化的规律，黑夜分

泌量多，白天分泌量少。夏至后，随着日照由长变短，黑夜逐渐变长，褪黑激素的分泌量逐渐增加；冬至后，白天开始变长，夜间变短，褪黑激素的分泌时间相应缩短，分泌量逐渐减少。而山羊绒的生长周期与褪黑激素的产生周期变化相平行，山羊绒季节性生长可能与短日照和褪黑激素产生有关。

Kloren 等分别在非生绒期和生绒期埋植褪黑激素，结果发现埋植褪黑激素不但可促使绒山羊在非生绒期生长绒毛，而且还可延长绒毛生长的周期；常子丽等（2010）对内蒙古白绒山羊的研究表明，持续埋植褪黑激素对已经进入生长旺盛期的羊绒长度没有影响，但可提早 2 个月诱发二次生绒，羊绒提前长出体表 3～4 cm，使羊绒有变细的趋势并增加产绒量。王林枫等（2008）的研究表明，对内蒙古白绒山羊进行短光照和褪黑激素埋植处理，不仅增加了绒毛产量，提高了绒山羊的经济效益，而且对绒毛的品质没有大的影响，可以在纺织业中应用。2010 年在辽宁绒山羊育种核心群随机选取体重、年龄相近的健康 1～3 岁母羊 12 只。试验前统一用阿维菌素驱虫。本试验采用单因素完全随机设计，试验羊按体重随机分为 2 组，分别为空白组（6 只）、褪黑激素埋植组（6 只）。埋植组在春季（3 月份和 5 月份）埋植，每月采集一次绒毛样品。褪黑激素的埋植计量为 2.0 mg。

褪黑激素对辽宁绒山羊绒毛生长影响的试验结果见表 4 - 22。

表 4 - 22　褪黑激素埋植对绒毛生长速率的影响（cm）

月份	对照组	埋植组	P
4	$1.087\ 6\pm0.066^a$	1.364 ± 0.059^b	0.011
5	2.152 ± 0.033^a	2.625 ± 0.107^b	0.020
6	2.630 ± 0.092^a	3.351 ± 0.105^b	0.000
7	3.184 ± 0.190^a	4.628 ± 0.085^b	0.000

注：同行数据字母不同者表示差异显著，显著性水平 $P<0.05$。

从表 4 - 22 的结果来看，与对照组相比，在春季进行外源褪黑激素埋植显著提高了 4—7 月份绒山羊绒毛的生长速率，尤其是在 6 月份和 7 月份（$P=0.000$），褪黑激素对绒毛生长速率的影响高于 4 月份和 5 月份。这说明在春季埋植褪黑激素对促进绒毛的快速生长是有效的，可以使绒毛提前度过慢速生长期，从而提高绒毛的产量。

第五章
辽宁绒山羊繁殖生物学特性

第一节　辽宁绒山羊生殖器官形态学参数

家畜的繁殖性能与其自身生殖系统解剖学结构密切相关。辽宁绒山羊是生活在中国北部温带季风气候区域的唯一一个绒山羊品种，其繁殖生物学特性与分布在其他地区的绒山羊品种存在一定差异。笔者以辽宁绒山羊原种场所饲养的辽宁绒山羊为研究对象，采用解剖学和组织学方法，对辽宁绒山羊生殖系统主要器官的形态学参数进行系统研究，为进一步研究辽宁绒山羊繁殖特性及提高其繁殖性能提供参考依据。为此，在辽宁绒山羊育种核心群中选择辽宁绒山羊成年公羊、成年母羊（年龄均为 2.5～3.5 岁）、育成公羊和育成母羊（1.0～1.5 岁）各 30 只。取原位测定与离体测定相结合的方法分别对附睾、输精管、阴茎、子宫长度、输卵管、阴道、尿生殖前庭等器官长度，以及睾丸、副性腺、卵巢、子宫等器官的重量等指标进行测定。另外，将屠宰后的母羊子宫迅速剥离下来，将两个子宫角分开，一个在解剖镜下观察子宫阜的数目；另一个固定于 Bouin 氏液中，进行石蜡包埋，5 μm 切片，以隔 10 取 1 的方法进行贴片，采用 Delafield 氏苏木精伊红（H. E）染色法，在 400 倍光学显微镜下观察子宫腺的数目。

一、辽宁绒山羊主要生殖器官形态学参数

通过在屠宰后的辽宁绒山羊机体上直接测定和将器官剥离下来的离体测定，并进行生物统计学分析，获得辽宁绒山羊成年公羊、母羊与育成公羊、母羊的主要生殖器官的形态学参数，具体结果见表 5-1、表 5-2。

表 5 - 1　辽宁绒山羊公羊主要生殖器官的形态学参数

羊别	睾丸（g）	附睾（cm）	输精管（cm）	副性腺（g）	阴茎（cm）
成年公羊	147.12±6.34[a]	46.12±1.32[a]	17.83±1.24[a]	38.54±1.63[a]	23.64±1.82[a]
育成公羊	143.64±8.13[b]	44.06±1.41[a]	16.14±1.62[b]	32.61±2.43[b]	21.65±4.83[b]

注：①副性腺为精囊腺和前列腺，不包括尿道球腺；②同列数据标均为 a 表示差异不显著（$P>0.05$），同列数据分别为 a 和 b 的表示差异显著（$P<0.05$）。

由表 5 - 1 可见，辽宁绒山羊公羊各个主要生殖器官中，除附睾外，其他各器官在成年公羊与育成公羊存在显著差异，差异最大的器官是睾丸。它是公羊产生精子和雄激素的器官，睾丸发育的情况与精子的产量是直接相关的，而附睾、输精管、副性腺则是产生精清的器官，贮存精子或运输精子，因此生殖器官的发育状况与公羊产生的精液质量是密切相关的。从表 5 - 1 中结果看，辽宁绒山羊成年公羊的主要生殖器官均大于育成公羊相应的生殖器官，因此可以推测成年公羊的精液产量和精子质量也应高于育成公羊。这与宋宪臣等（1992）的辽宁绒山羊精液产量和精子质量在成年公羊和育成公羊中具有显著差异的试验结论相吻合。同时还可以看出育成公羊的睾丸、附睾、输精管、副性腺、阴茎的重量（或长度）分别为成年公羊相应器官的 97.27%、95.54%、90.52%、84.61%、91.58%。这说明公羊的各个生殖器官中除副性腺（不包括尿道球腺）外生长发育速度均较快，尤其是睾丸重量已经接近成年公羊。

表 5 - 2　辽宁绒山羊母羊主要生殖器官的形态学参数

羊别	卵巢（g）	输卵管（cm）	子宫重（g）	子宫角长度（cm）	子宫体长度（cm）	子宫颈长度（cm）	阴道长度（cm）	前庭长度（cm）
成年母羊	1.86±0.17[a]	16.13±1.65[a]	78.12±3.32[a]	11.63[a]±1.43	1.21±0.72[a]	3.29±0.67[a]	12.34±2.35[a]	2.46±0.32[a]
育成母羊	0.98±0.05[ab]	14.62±1.61[b]	56.61±4.65[ab]	9.19±1.31[b]	1.18±0.31[a]	2.42±0.74[b]	11.36±1.13[b]	2.32±0.46[a]

注：同列数据均为 a 表示差异不显著（$P>0.05$），同列数据分别为 a 和 b 表示差异显著（$P<0.05$），同列数据分别为 a 和 ab 表示差异极显著（$P<0.01$）。

由表 5 - 2 可见，辽宁绒山羊的成年母羊与育成母羊在卵巢重量和子宫重量差异极显著（$P<0.01$），子宫角长度、子宫颈长度和阴道长度差异显著（$P<0.05$），并且其卵巢重量与高繁殖力的湖羊相接近。卵巢主要机能是产生卵子和卵泡并分泌雌激素。辽宁绒山羊成年卵巢的重量和高繁殖力的湖羊相接近（湖羊为 1.84±0.15），说明辽宁绒山羊产生成熟卵泡并排卵的潜力很大。

育成母羊的卵巢、输卵管、子宫重量、子宫角长度、子宫颈长度、子宫体长度、阴道长度、尿生殖前庭长度分别是成年母羊相应大小的 52.69%、90.64%、72.47%、79.02%、97.52%、73.56%、92.06%、94.31%，从中可以看出卵巢在第一次配种前发育速度是较慢的，而第一次配种后迅速生长。并且各个期发育速度是不均匀的，按发育速度的快慢来看呈现出：尿生殖前庭→阴道→输卵管→子宫→卵巢，而在子宫上其顺序是子宫颈→子宫体→子宫角。

二、辽宁绒山羊母羊子宫解剖组织学特征

采用解剖镜下观测辽宁绒山羊母羊的子宫阜数目和通过组织学切片技术观察子宫内子宫腺的数目和直径，具体结果见表 5-3。

表 5-3　辽宁绒山羊母羊子宫阜和子宫腺的分布

羊别	子宫阜数目（个）	子宫腺密度（个/mm²）	子宫腺直径（μm）
成年母羊	79.13±2.34[a]	14.35±0.93[b]	20.83±1.03[a]
育成母羊	78.12±3.13[a]	14.05±0.67[b]	18.06±0.32[b]

注：同列数据均为 a 表示差异不显著（$P>0.05$），同列数据分别为 a 和 b 表示差异显著（$P<0.05$）。

从表 5-3 可以看出，辽宁绒山羊成年母羊和育成母羊在子宫阜数目和子宫腺密度差异不显著（$P>0.05$），而及子宫腺直径则存在差异显著（$P<0.05$）。虽然二者子宫阜数目和子宫腺密度差异不显著（$P>0.05$），但结合其子宫重量、子宫角长度的差异来看，分析成年母羊单位面积上子宫腺体还是要比育成母羊多出很多的，而且子宫腺直径也差异显著（$P<0.05$），说明成年母羊的子宫腺发育较好，为胚胎着床提供良好的发育条件。

第二节　辽宁绒山羊母羊繁殖性能

一、辽宁绒山羊的发情时间与发情周期

以辽宁绒山羊原种场 1982—2012 年 30 年间 1 500 只繁殖母羊的配种、分娩和育种记录等辽宁绒山羊繁殖的原始数据为依据，利用生物统计学方法对原始数据进行分析，并结合现场观测，分析测定了辽宁绒山羊母羊的发情月份、

发情日期、发情周期、妊娠期、第一情期受胎率、产羔率、双羔率、断奶成活率、发情持续时间、卵泡期、黄体期、排卵时间、排卵数、配种时间等母羊繁殖性能指标。

（一）发情季节与发情时间规律

辽宁绒山羊母羊发情季节与发情集中时间见表5-4、表5-5和图5-1、图5-2。

表5-4　辽宁绒山羊母羊秋季不同月份的发情比例

月份	8月份	9月份	10月份	11月份
发情比例（%）	10.12±3.21	25.64±7.83	62.35±9.73	1.89±0.07

表5-5　辽宁绒山羊母羊秋季出现发情高峰时间分布

日期	9月20—30日	10月1—10日	10月11—20日	10月20—31日	11月1—10日
发情比例（%）	10.82±2.63	51.23±5.17	23.61±3.64	9.12±6.43	5.22±0.07

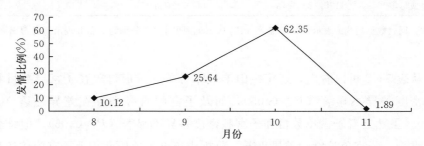

图5-1　辽宁绒山羊母羊秋季不同月份的发情比例

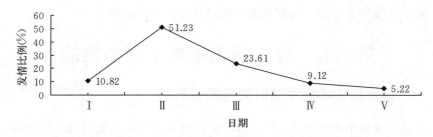

图5-2　辽宁绒山羊母羊秋季发情高峰出现的时间分布

Ⅰ.9月20—30日；Ⅱ.10月1—10日；Ⅲ.10月11—20日；Ⅳ.10月21—31日；Ⅴ.11月1—10日

辽宁绒山羊与其他山羊一样，虽然可以在全年发情，但是仍主要集中在秋季发情。从 8 月初开始到 11 月底结束，各个月份的发情比例分别为 8 月份 10.12％、9 月份 25.64％、10 月份 62.35％、11 月份 1.89％，说明辽宁绒山羊的发情时间主要集中在秋季的 9 月份和 10 月份（发情母羊比例占整个秋季发情总数的 87.99％），且以 10 月份为主。发情高峰出现的时间集中在 10 月上中旬（占整个发情高峰期的 75％以上），尤其是经产母羊更为明显。这说明辽宁绒山羊的发情具有显著的时间性。

(二) 辽宁绒山羊母羊的发情周期

辽宁绒山羊母羊的发情周期相关指标参数见表 5-6 至表 5-8，以及图 5-3、图 5-4。

表 5-6　辽宁绒山羊母羊发情周期指标

发情周期 (d)	黄体期 (d)	卵泡期 (d)	发情持续期 (h)	排卵时间 (d)	排卵数 (个)	发情后配种时间 (h)
19.23±3.46	15.21±1.46	3.02±1.07	35.62±1.45	34.06±1.34	1.82±0.13	26.32±4.18

表 5-7　辽宁绒山羊发情周期的天数分布

发情周期 (d)	15	16	17	18	19	20	21	22
发情比例 (%)	2.56±0.89	5.23±1.02	7.21±1.01	12.53±1.18	60.52±2.48	8.21±01.23	2.08±0.56	1.66±0.25

表 5-8　辽宁绒山羊发情持续期的时间分布

发情持续期 (h)	12	24	36	48	60	72
发情比例 (%)	5.71±1.01	21.42±2.34	32.93±3.01	21.61±2.45	6.89±1.12	1.44±0.12

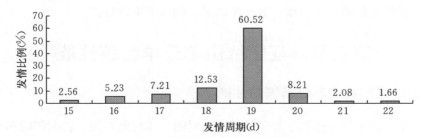

图 5-3　辽宁绒山羊发情周期的天数分布

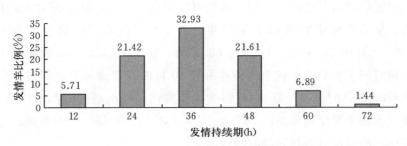

图 5-4　辽宁绒山羊发情持续期的时间分布

辽宁绒山羊母羊发情周期为 15～22 d，以 19 d 的比例最高，占 60.52%；其次为 20 d，占 8.21%。而从发情持续期来看，发情持续期为 12～72 h，主要集中在 24～48 h，占发情比例的 75.96%。说明辽宁绒山羊的母羊发情周期主要是以 19 d 为主，其次是 18 d，而且呈现正态分布规律。而从发情持续时间来看，以 36 h 为主，主要集中在 24～48 h。

辽宁绒山羊发情周期、黄体期、卵泡期、发情持续期分别为 19.23 d、15.21 d、3.02 d 和 35.62 h。黄体期占整个发情周期的 84.30%，卵泡期占 15.70%，黄体期为卵泡期的 5.37 倍。排卵时间在发情结束前的 1.56 h，即发情开始后 34.04 h 开始排卵，平均每次排卵 1.82 个，而配种时间则在排卵前的 7.74 h，即发情开始后的 26.32 h 进行配种。

二、辽宁绒山羊主要繁殖性能指标

辽宁绒山羊母羊的性成熟时间平均为 6.12 月龄，初配年龄平均为 18.12 月龄，妊娠期平均为 148.17 d。辽宁绒山羊母羊的第一情期受胎率平均为 83.61%，产羔率平均为 121.62%，双羔率平均为 21.28%，羔羊的断奶成活率平均为 98.64%，羔羊繁殖成活率平均为 96.43%。这说明辽宁绒山羊母羊的第一情期受胎率、产羔率、双羔率和羔羊的成活率均较高。

第三节　辽宁绒山羊公羊繁殖性能

一、辽宁绒山羊公羊繁殖性能

辽宁绒山羊繁殖性状主要包括性成熟时间、体成熟时间、初配年龄和平均使用年限等指标，其具体参数见表 5-9。

表 5-9　辽宁绒山羊公羊繁殖性状参数

指标	性成熟（月龄）	体成熟（月龄）	初配年龄（月龄）	平均使用年限（年）
数值	6.02±0.35	18.45±1.53	21.32±0.53	8.12±1.03

二、辽宁绒山羊公羔繁殖性能

（一）辽宁绒山羊公羔的性行为

辽宁绒山羊公羔性行为的外在表现，是从外貌上确定其是否达到初情期及性成熟的主要标志，主要表现在以下几个方面：用鼻子嗅母羊外阴部，性嗅反射（嗅发情母羊外阴部后，出现主动追逐母羊的行为），公羊鸣叫（通过嗅觉感知发情母羊后发出鸣叫），用前肢爬跨母羊后躯，阴茎出现勃起状况，爬跨母羊，爬跨母羊后插入母羊生殖道并有射精动作的行为。各种行为出现的时间和相应体重见表 5-10 和图 5-5。

表 5-10　辽宁绒山羊公羔性行为第一次出现的日龄与相应体重

项目	嗅母羊外阴部	性嗅反射	公羔鸣叫	前肢爬跨母羊后躯	阴茎勃起	爬跨母羊	插入母羊生殖道并有射精行为
日龄	75.21±2.13	77.92±2.44	78.12±2.34	88.64±2.53	75.64±2.16	76.13±2.06	81.35±2.11
体重（kg）	15.23±1.13	15.36±1.11	15.85±1.06	17.21±1.09	15.24±1.21	15.23±1.15	16.64±1.18

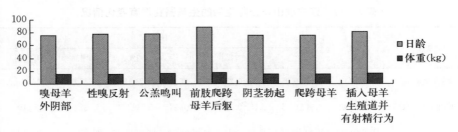

图 5-5　辽宁绒山羊公羔性行为第一次出现的日龄与体重

辽宁绒山羊的公羔的性行为发育较早，各种性行为在断奶后 15～30 d 全部出现及完善，说明辽宁绒山羊的公羔初情期和性成熟时间较早，提示在羔羊饲养和培育过程中，应在断奶后就及实施早公母分群管理，以免发生早配而影响羔羊的生长发育。

（二）辽宁绒山羊公羔的生长发育

辽宁绒山羊公羔在出生后体重的变化情况见表 5-11。

表 5-11　辽宁绒山羊公羔生后的体重变化情况

日龄	0	30	60	90	120	150	180
体重（kg）	2.85±0.07	9.01±0.17	14.95±0.25	17.36±0.34	21.23±1.11	24.37±1.31	27.01±1.24

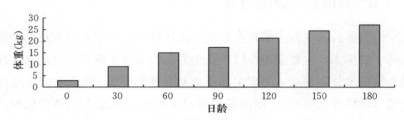

图 5-6　辽宁绒山羊公羔生后的体重变化情况

辽宁绒山羊公羔在出生后生长发育极为迅速，生后 1 月龄时的体重为出生时的 3 倍以上，而断奶后至 6 月龄体重增加了近 1 倍，提示辽宁绒山羊具有生产优质肥羔的潜质。

（三）辽宁绒山羊公羔生殖系统的发育

辽宁绒山羊公羔在出生后生殖器官的发育变化情况见表 5-12。

表 5-12　辽宁绒山羊公羔生后的生殖器官发育变化情况

项目	出生时	日龄					
		30	60	90	120	150	180
单侧睾丸重（g）	0.45±0.04	1.51±0.05	4.95±0.25	7.36±0.41	27.23±2.11	64.37±3.31	107.01±3.24
单侧附睾重（g）	0.32±0.01	1.01±0.05	2.55±0.35	3.96±0.39	6.23±0.49	12.37±0.31	17.01±0.74
阴茎长度（cm）	11.31±0.21	15.51±0.15	22.55±0.14	23.96±0.49	26.23±0.85	27.37±0.73	28.61±0.74
精细管直径（μm）	29.11±0.45	35.54±0.38	56.56±0.64	103.97±1.49	106.34±1.85	127.63±1.71	178.63±2.74

辽宁绒山羊公羔的主要生殖器官均呈现随日龄增长而迅速发育的趋势，6 月龄时单侧睾丸、单侧附睾、阴茎长度和精细管直径分别为出生时的 238 倍、53 倍、2.5 倍和 6.1 倍，以单侧睾丸的重量增加最为迅速。

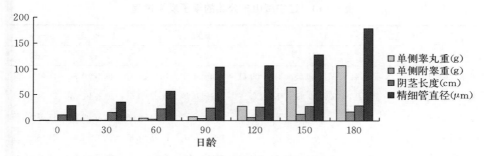

图 5-7　辽宁绒山羊公羔生后的生殖器官发育变化情况

（四）辽宁绒山羊公羔睾丸形态发育

辽宁绒山羊公羔在出生后睾丸的发育情况见表 5-13 和图 5-8。

表 5-13　辽宁绒山羊公羔出生后的睾丸发育情况

项目	出生	日龄					
		30	60	90	120	150	180
睾丸长度（cm）	1.45±0.04	2.51±0.15	5.25±0.25	5.86±0.43	9.23±0.51	11.36±0.71	12.01±0.24
睾丸厚度（cm）	1.27±0.03	2.01±0.09	2.35±0.31	2.91±0.37	3.21±0.52	4.67±0.35	5.01±0.72
睾丸宽度（cm）	0.72±0.21	1.41±0.15	2.31±0.15	2.61±0.45	3.13±0.32	4.35±0.43	4.61±0.56
睾丸体积（cm³）	1.33±0.42	7.11±0.48	28.50±0.61	44.51±0.49	92.74±0.86	230.77±0.71	277.38±0.74

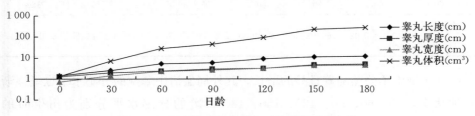

图 5-8　辽宁绒山羊公羔生后的睾丸变化规律

辽宁绒山羊公羔的睾丸形态变化中以长度和体积变化最大，30、60、90、120、150、180 日龄的睾丸长度、体积分为出生时的 1.73、3.62、4.04、6.37、7.83、8.28 倍和 5.34、21.42、33.47、69.73、173.51、208.56 倍。

（五）辽宁绒山羊公羔精子的发生过程

辽宁绒山羊公羔的精子发生时间见表 5-14。

表5-14 辽宁绒山羊公羔的精子发生过程

项目	日龄						
	0	30	60	90	120	150	180
精原细胞（个）	18.45±0.44	19.51±0.55	24.95±0.51	30.37±0.61	31.23±1.17	40.31±0.77	47.01±1.04
初级精母细胞（个）	0	0.41±0.05	1.55±0.21	13.96±0.78	14.23±0.51	26.39±2.33	21.01±0.74
次级精母细胞（个）	0	0	0.95±0.04	12.96±0.59	14.23±0.86	21.37±0.74	36.63±0.78
精细胞（个）	0	0	0	8.97±1.09	12.35±1.85	30.03±1.91	28.66±2.24
精子（个）	0	0	0	6.97±1.09	7.04±1.39	25.05±1.88	27.25±1.24

注：表中数据是将睾丸组织染色切片后选取曲细精管的横切面在200倍光学显微镜下的视野中计数获得的。

辽宁绒山羊公羔睾丸内的精原细胞数量自出生后呈逐渐增加的状态，并在30日龄时出现了初级精母细胞，60日龄时出现次级精母细胞，90日龄时出现精细胞和精子，180日龄时精细胞数量开始减少而精子开始增加。

（六）辽宁绒山羊公羔外周血清中睾酮含量的变化规律

辽宁绒山羊公羔外周血清中睾酮含量的变化规律见表5-15。

表5-15 辽宁绒山羊公羔外周血清中睾酮分泌规律

项目	日龄						
	0	30	60	90	120	150	180
分泌水平（ng/mL）	0.31±0.02	0.69±0.11	1.55±0.35	2.46±0.43	3.23±0.71	4.17±0.65	5.01±0.44

辽宁绒山羊公羔随着日龄的增长，其外周血清中睾酮的分泌水平也呈逐渐增加状态，30、60、90、120、150、180日龄的分泌水平分别为出生时的2.23、5、7.94、10.41、13.45和16.16倍。

（七）辽宁绒山羊公羔的精液品质

辽宁绒山羊的公羔在4月龄后可以采集出精液，其不同月龄的精液品质指标变化见表5-16。

辽宁绒山羊公羔在4月龄可以采集出精液，但精液品质中的各个指标均低，尚不可进行受精，但5月龄之后其精液品质指标已经与成年公羊相接近。因此，公羔可经特殊培育后提早配种使用，在育种中可达到缩短世代间隔的效果。

表 5 - 16　辽宁绒山羊公羔的精液品质变化规律

项目	日龄		
	120	150	180
射精量（mL）	0.294±0.071	0.576±0.061	0.614±0.041
精子密度（亿个/mL）	2.932±0.051	18.391±2.33	21.011±1.74
单次射出精子数（亿个）	0.912±0.086	9.137±0.074	11.63±0.078
活力（%）	18.50±0.54	27.30±0.91	86.60±0.24

三、辽宁绒山羊成年公羊精液品质

（一）辽宁绒山羊公羊的精液颜色与相对密度

辽宁绒山羊正常的精液呈乳白色或稍带黄色的白色。采精强度过大时，精液呈较为稀薄状白色；不正常的精液呈红色、绿色、透明状、脓汁状，或在涂片时呈不分散状等，为公羊生殖器官疾患所造成。正常精液的相对密度为 1.103±0.09，相对密度低于正常值往往是精液稀薄的反映。

（二）辽宁绒山羊公羊的射精量

辽宁绒山羊公羊的射精量受多种因素的影响，包括采精次数、年龄、采精员的技术熟练度、营养水平、季节等。辽宁绒山羊各类公羊的射精量见表 5 - 17。

表 5 - 17　辽宁绒山羊各类别公羊的射精量

季节	采精强度	成年公羊		后备公羊		育成公羊	
		射精量（mL）	数量（只）	射精量（mL）	数量（只）	射精量（mL）	数量（只）
春季	5次/周	0.95±0.21	16	0.42±0.18	3	—	0
	3次/周	1.16±0.30	65	0.65±0.22	6	—	0
	2次/周	1.21±0.26	31	0.70±0.17	21	0.26±0.06	12
夏季	1次/月	1.35±0.36	46	0.65±0.25	23	0.36±0.12	15
	2次/月	1.31±0.38	33	0.66±0.19	13	—	0
	3次/月	1.25±0.15	16	0.62±0.18	6	—	0

（续）

季节	采精强度	成年公羊		后备公羊		育成公羊	
		射精量（mL）	数量（只）	射精量（mL）	数量（只）	射精量（mL）	数量（只）
	6次/周	1.05±0.21	8	—	0		0
秋季	4次/周	1.15±0.09	80	0.46±0.08	3		0
	2次/周	1.22±0.16	9	0.70±0.11	36	0.51±0.14	21
	5次/周	1.05±0.21	15	—	0		0
冬季	3次/周	1.06±0.10	72	0.53±0.11	22		0
	2次/周	1.13±0.19	16	0.63±0.14	24		0

注：表中的"—"表示实际上没有进行相应强度的采精。成年公羊为2岁以上，后备公羊和育成公羊为1.5～2岁。

（三）辽宁绒山羊公羊的精子活力

精子活力是指精液中直线运动的精子数占精子总数的百分比。辽宁绒山羊不同年龄、季节与采集强度下的精子活力见表5-18。

表5-18　辽宁绒山羊公羊精子活力

季节	采精强度	6～8岁公羊		2～5岁公羊		1.5～1.8岁公羊	
		精子活力（%）	精子数量（只）	精子活力（%）	精子数量（只）	精子活力（%）	精子数量（只）
	4次/周	65.59±0.13	26	66.55±0.12	15	—	0
春季	2次/周	63.65±0.12	45	63.50±0.15	21	80.05±0.12	12
	1次/周	54.86±0.15	11	61.69±0.13	9	78.25±0.15	16
	1次/月	45.58±0.21	46	50.50±0.15	13	60.11±0.22	15
夏季	2次/月	52.55±0.23	33	55.65±0.13	6	—	0
	3次/月	51.80±0.18	16	—	0	—	0
	6次/周	70.46±0.15	8	—	0	—	0
秋季	4次/周	72.38±0.11	80	75.69±0.16	36	—	0
	2次/周	65.80±0.12	9	68.56±0.13	4	—	0
	4次/周	65.51±0.14	46	65.00±0.13	21	—	0
冬季	2次/周	62.65±0.18	16	68.55±0.15	24	—	0
	1次/周	60.93±0.10	13	60.69±0.18	12	—	0

注：表中的"—"表示实际上没有进行相应强度的采精。

无论哪个年龄段公羊的精子活力均为秋季优于春季和冬季，春、冬季又好于夏季，采精强度增加后，精子活力有所提高；2~5岁公羊的精子活力高于6~8岁老龄公羊和1.5~1.8岁公羊的精子活力。

（四）辽宁绒山羊的精子密度

公羊精液密度受采精次数、饲养管理条件的影响，随着采精强度的加大，精液密度逐渐变稀，良好的饲养条件能够提供充足的营养供应，会使公羊精子密度有所提高。各类公羊精子密度见表5-19。

表5-19　各类公羊精液精子密度

项目	成年公羊	后备公羊	1.5~1.8周岁公羊
数量（只）	46	44	35
精子密度（$\times 10^8$ 个）	3.26±0.37	4.52±0.35	3.36±0.37

（五）顶体完整率及畸形率

辽宁绒山羊成年公羊全年的精子畸形率和顶体完整率结果见表5-20。

表5-20　辽宁绒山羊成年公羊全年的精子畸形率和顶体完整率（%）

项目	春季	夏季	秋季	冬季
畸形率	12.6±0.99	28.36±2.13	8.63±0.68	13.86±0.88
顶体完整率	68.9±1.59	60.55±1.72	81.85±1.98	75.35±2.67

秋季公羊精子的畸形率最低，顶体完整率最高，夏季公羊精子的畸形率最高而顶体完整率最低，春、冬两季介于二者之间，说明温度或光照对公羊精子的外形完整状态有较为明显影响。

（六）精子存活时间

精子存活时间是指将精液稀释处理后在不同温度下的存活时间。精子存活时间受所用稀释液种类、稀释液渗透压、pH、稀释后精液的保存温度等多方面的影响。辽宁绒山羊公羊的精液在传统的卵黄稀释液和无动物源稀释液处理后的存活时间见表5-21和表5-22。

表 5-21　卵黄稀释液稀释精液后不同温度下公羊精子的存活时间（h）

温度（℃）	稀释比例		
	1∶(2～4)	1∶8	1∶20
0～5	122.5±0.3	125.8±0.5	128.6±0.5
20	36.6±0.6	37.2±0.6	38.5±0.4
30	28.8±0.5	28.5±0.3	27.5±0.5
38	26.6±0.2	26.6±0.5	26.2±0.6

表 5-22　无动物源冻精稀释液稀释原精后精子的存活时间（h）

温度（℃）	稀释比例		
	1∶1	1∶5	1∶10
0～5	128.8±0.5	130.6±0.4	1 318.6±0.6
20	38.2±0.3	36.8±0.6	36.5±0.3
30	26.8±0.6	25.5±0.5	25.2±0.6
38	25.6±0.3	25.3±0.5	26.1±0.3

辽宁绒山羊的精液在保存时，温度越低，其精子存活时间越长；在低温条件下，稀释倍数加大，精子保存时间有延长的趋势，但在温度较高时不存在这种现象。表 5-21 和表 5-22 的降温过程是以 0.2 ℃/min 进行的，加快降温速度会对公羊精液造成一定的低温打击，从而缩短公羊精子的存活时间和活力。

第四节　辽宁绒山羊胎儿发育过程

高等哺乳动物的胚胎和胎儿是分阶段性在输卵管和子宫内发育的。秦鹏春等（2001）对羊的胚胎日龄分为胚胎期（1～28 d）、胎儿前期（29～45 d）、胎儿期（46～152 d）三个时期。胚胎期主要是受精后卵裂、囊胚形成、原肠和胚层形成及器官原基形成；胎儿前期的特点是胎儿发育迅速，外形向种的特征发育；胎儿期约占整个子宫内发育时期的 2/3，是机体及器官发育和成熟阶段。我国学者曾经对具有产羔皮、二毛皮特性的湖羊和滩羊的胎儿生长发育及皮肤毛囊发育进行了系统研究，而在山羊方面则主要对内蒙古绒山羊、关中奶山羊的胎儿期皮肤毛囊发育及被毛生长进行了研究，但未见绒山羊的胎儿外形发育和生长发育方面的研究报道。由于胎儿的发育是哺乳动物整个发育过程的初始环节和重要阶段,对生后机体发育及生产性能的发挥起到重要的决定作用,因此,对辽宁绒山羊胎儿发育过程的研究结果,可为制订母羊妊娠期的饲养管理方案、生后饲养管理及早期选育提供参考依据。

在辽宁省辽宁绒山羊育种中心的种羊核心群中随机选取 60 只 2.5 岁成年母羊,经同期发情后,采用人工授精方式进行配种。配种后经 2 个情期观察,最终确认 48 只母羊妊娠。对妊娠后的母羊按同一标准进行饲养管理。分别于妊娠期第 45、60、75、90、105、120、135 天进行剖宫产手术,取出胎儿。除第 135 天 6 只外,其余每次 7 只。测定胎儿的体重、体长、体高、各个内脏器官重量,观测体表绒毛和粗毛长度。

一、辽宁绒山羊胎儿不同发育时期的形态特征

辽宁绒山羊胎儿期不同胎龄外部体型的形态学特征见表 5 - 23。

表 5 - 23　辽宁绒山羊胎儿期不同胎龄的形态特征

胎龄（d）	胎儿外部特征
45	胎儿已经具备羊所固有的外形,体表光滑、皮肤透明,可以清晰地看见全身骨骼,但无毛;头部及躯体没有完全骨化,已出现肋软骨,并可在四肢末端看见悬蹄;出现眼睑闭合,隐约可见睫毛及眉毛毛囊,但无毛;上、下唇已分开,齿板处出现凹陷,但未见牙齿。鼻孔处可见明显的凹陷;外生殖器官形态分明,可以分辨出性别,雄性胎儿已有阴囊（但未见睾丸）,雌性胎儿出现乳房的萌芽;内脏器官已经全部形成
60	体表光滑无毛;眼睑闭合,明显出现眼裂缝隙;上、下眼睑及口腔周围出现毛囊,仍无毛;雄性胎儿的睾丸已经下降至阴囊
75	体表光滑仍无毛;上、下眼睑的前端均已经出现 4 mm 左右的细毛,口腔周围也有稀疏的短毛;白齿骨质已经形成,但陷落于齿龈中未外露
90	眼裂明显,上、下眼睑已经完全分开;上、下唇与眉处出现较为明显的细毛;前额及角基部已有毛纤维伸出皮肤
105	可以看见上门齿的痕迹,白齿已经露出齿龈;全身覆盖粗毛,尤其是额部与四肢十分明显,额部可见"旋涡毛";全身完全骨化,并较坚硬;额部已有少量绒毛;肌肉发育丰满、皮肤增厚
120	门齿已经完全形成;骨骼、肌肉进一步发育,皮肤增厚明显,全身多数开始出现绒毛（颈部、背部和股部明显）
135	形态接近正产羔羊,门齿明显且较大,但较软,包被于齿龈中,上、下白齿较硬;全身覆盖密长的白色粗毛和绒毛,但毛、绒均略弯曲;头部骨骼较硬,囟门仅留缝隙;全身骨骼均已较硬

二、辽宁绒山羊胎儿体重变化

辽宁绒山羊不同胎龄胎儿体重变化见表5-24，体重与胎龄间关系见图5-9。

表5-24　辽宁绒山羊不同胎龄胎儿体重

胎龄（d）	数量（只）	体重（g）	绝对增重（g）	相对增重（%）	平均日增重（g）
45	7	4.93±0.31	—	—	—
60	7	27.42±4.31	22.49	456.19	1.49
75	7	145.11±10.62	117.69	429.21	7.85
90	7	341.60±44.35	196.49	135.41	13.10
105	7	681.70±80.45	340.10	99.56	22.67
120	7	1 342.15±144.65	660.45	96.88	44.03
135	6	2 560.17±244.37	1 218.02	90.75	81.20

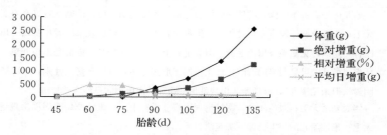

图5-9　辽宁绒山羊不同胎龄胎儿体重变化情况

胎儿体重是反映胎儿生长发育速度及品种特点的重要指标，辽宁绒山羊的体重、绝对增重、日增重均快速上升，而相对增重在前期迅速增加，60 d胎龄达到高峰，然后呈下降的态势。在90 d胎龄前，辽宁绒山羊胎儿绝对增重不大，但相对体重增长快速；90 d胎龄后绝对增重加快，尤其是120 d胎龄后，日增重可达40～80 g。

三、辽宁绒山羊胎儿体尺发育规律

辽宁绒山羊胎儿体尺包括体斜长和体高，其随胎龄的变化情况见表5-25、图5-10。

表 5 - 25　辽宁绒山羊胎儿的不同胎龄体尺

胎龄（d）	数量（只）	体高（cm）	体斜长（cm）
45	7	2.43±0.31	2.80±0.42
60	7	5.14±0.64	5.50±0.75
75	7	8.91±0.62	8.25±0.79
90	7	13.61±2.05	14.09±1.78
105	7	17.57±3.45	16.63±4.17
120	7	27.51±2.65	24.45±2.83
135	6	29.14±4.37	27.02±3.79

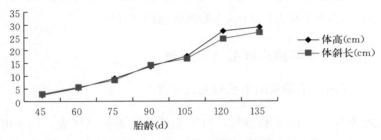

图 5 - 10　辽宁绒山羊胎儿体尺变化规律

辽宁绒山羊胎儿的体尺变化可以反映胎儿不同日龄，身体不同部位的生长强度和特点。辽宁绒山羊的胎儿，60 d 胎龄前，体躯部分以体长发育快；90 d 胎龄后则以体高发育迅速，说明 90 d 胎龄后主要以四肢骨发育为主。

四、辽宁绒山羊胎儿部分器官发育规律

辽宁绒山羊胎儿部分器官的发育规律见表 5 - 26。

表 5 - 26　辽宁绒山羊不同胎龄部分器官重量

胎龄 （d）	心 （g）	肝 （g）	肺（含气管） （g）	肾 （g）	前胃 （g）	皱胃 （g）	肠（大肠＋小肠） （g）
45	0.085 5	0.987 5	0.106 5	0.238 6	—	—	—
60	0.335	2.248	0.949	0.347	—	—	—
75	0.875 5	7.832 5	3.627 5	1.14	0.925	0.27	2.78

（续）

胎龄 (d)	心 (g)	肝 (g)	肺（含气管） (g)	肾 (g)	前胃 (g)	皱胃 (g)	肠（大肠＋小肠） (g)
90	2.676	22.157	11.11	4.573	2.793	0.608	8.137
105	4.771	53.868	22.366	8.867	12.835	2.689	25.675
120	9.29	65.80	47.78	11.38	11.03	6.368	47.3
135	16.33	95	75	15.82	15.99	14.25	75.9

辽宁绒山羊胎儿期内脏器官的生长发育，与相应器官的生理功能是密切相关的。通过对心、肝、肺、肾、胃、肠等器官生长发育强度的测定，可以反映出辽宁绒山羊胎儿发育的一般规律及内在特点。

根据上述测定结果可以看出，肝、肺的发育最早，生长强度最大。60 d 胎龄时肝的重量已经达到 2.248 g，为胎儿体重的 8.20％。

五、辽宁绒山羊胎儿被毛发育规律

（一）辽宁绒山羊胎儿山羊毛的生长发育

经观察发现，在 60 d 胎龄时，山羊毛纤维还未长出体表，75～90 d 胎龄时，眼眶、鼻端、唇边、头顶、尾部和蹄部均有粗毛长出，而体侧部未见有粗毛长出。粗毛发生总趋势是：由头部向后，由尾部向前，由背部向下，由蹄部向上依次减弱。105 d 胎龄时，各部位粗毛均长出体表。105 d 胎龄后各部位粗毛长度见表 5 - 27。

表 5 - 27　辽宁绒山羊胎儿山羊毛的生长发育

胎龄 (d)	头 (mm)	颈上缘 (mm)	鬐甲 (mm)	背 (mm)	尾 (mm)	颈侧 (mm)	肩 (mm)	体侧 (mm)	股 (mm)	腹 (mm)
105	6	4	3	4	6	3	3	2	4	2
120	21	15	15.5	11	21	16	16	11	16	6
135	24	35	34.6	32	32	32	35	34	33	30

由表 5 - 27 可以看出，头部粗毛虽然发生较早，但 120 d 胎龄后生长速度下降。体侧部粗毛虽然发生较晚，但 120 d 胎龄后生长速度加快。

（二）辽宁绒山羊胎儿山羊绒的生长发育

辽宁绒山羊羊绒（绒毛）在 120 d 胎龄时长出体表。135 d 胎龄各部位绒毛长度见表 5-28。

表 5-28　辽宁绒山羊胎儿山羊绒的生长发育

胎龄 (d)	头 (mm)	颈上缘 (mm)	鬐甲 (mm)	背 (mm)	尾 (mm)	颈侧 (mm)	肩 (mm)	体侧 (mm)	股 (mm)	腹 (mm)
135	4.1	5.6	4.4	5.3	4.3	5.8	4.9	4.6	2.7	0.0

由表 5-28 可见，辽宁绒山羊在 135 d 胎龄时除了腹部外，其他部位均已长出山羊绒，说明胎儿期山羊绒生长发育不仅较晚而且较慢。

总之，通过对辽宁绒山羊胎儿发育过程的研究，发现在 45 d 胎龄时已经具备其固有体型；135 d 胎龄时其形态、机体的所有器官均已发育完全；在 135 d 胎龄时体重、体尺已经接近出生羔羊；在 90 d 胎龄前，绝对增重不大，但体重相对增长率大；90 d 胎龄后绝对增重加快，尤其是 120 d 胎龄后，日增重可达 40~80 g。这说明辽宁绒山羊与其他羊一样，胎儿发育主要以后 3 个月为主；辽宁绒山羊的胎儿体内器官的发育速度与相应器官的生理机能是密切相关，凡是代谢旺盛的器官均得以优先发育；辽宁绒山羊的粗毛在 105 d 胎龄时，已经开始全部生长于皮肤之外，而山羊绒则是在 120 d 胎龄开始出现，在 135 d 胎龄时能够覆盖全身。

第五节　辽宁绒山羊的卵泡发育规律

哺乳动物的卵泡发育从原始卵泡开始，经历初级卵泡、次级卵泡和有腔卵泡最终成为成熟卵泡的一系列过程。在每一个发情周期中都有大量的卵泡启动生长，但只有一个或少数几个卵泡能够发育成熟直至排卵。山羊和绵羊的卵泡发育到排卵或接近排卵的大小，并不仅在于卵泡期，而是在整个发情周期内以波的形式发育，即呈现"征集—选择—优势—周转或排卵"动态发育过程。关于卵泡的发育，国内外许多学者对家畜卵泡发育做过大量的研究工作，研究对象涉及鼠、禽、牛、猪、绵羊和山羊，并摸清了其发育规律与调控机制。

在辽宁省辽宁绒山羊原种场选择 10 只 2.5 岁经产辽宁绒山羊母羊，于 2009 年 9 月下旬采用试情法判断母羊发情。正常 2 次发情的山羊，分别于第 2 次发情后的第 0、5、9、12、15 和 18 天（发情当天为第 0 天）手术取出卵巢。取出的卵巢放置于 37 ℃无菌生理盐水中（添加 200 IU/mL 青霉素，200 μg/mL

链霉素），在保温条件下迅速运回实验室，并于当天颈静脉采血 5 mL，析出血清后 1 500 r/min 离心 5 min，将血清移入离心管中，－20 ℃保存。参照王保莉等（2002）的山羊卵泡分类方法，根据直径大小，将绒山羊的卵泡分为 3 类：大卵泡（LF）（直径≥5 mm）、中卵泡（MF）（直径 3～5 mm）、小卵泡（SF）（直径≤3 mm），并按照类别统计卵泡数目。用 1 mL 注射器分别抽取三类细胞的细胞液和颗粒细胞，在离心管中离心（2 000 r/min）5 min，吸取细胞液再次离心（4 000 r/min）清除细胞以及碎片后，搜集卵泡液冻存（－20 ℃）。同时采用放射免疫法测定外周血清及卵泡液中雌激素（E_2）和孕激素（P_4）浓度。通过对辽宁绒山羊母羊在其发情周期内卵泡数目的变化，血清、卵泡液中 E_2 与 P_4 的水平变化与卵泡发育的关系，以期为辽宁绒山羊的繁殖调控提供参考依据。

一、辽宁绒山羊发情周期内卵泡发育的变化

辽宁绒山羊在发情周期中卵巢上不同大小卵泡数目的变化反映出卵泡发育的规律；对发情周期内不同时期的不同直径卵泡进行分类记数，其结果见表 5－29 和图 5－11。

表 5－29　辽宁绒山羊发情周期各类卵泡数目的变化

发情时期	卵泡数目			
	大卵泡数（LF）	中卵泡数（MF）	小卵泡数（SF）	卵泡总数（TF）
第 0 天	4.0±0.4[a]	2.0±0.9[a]	21.3±0.4[a]	28.3±2.7[a]
第 5 天	3.4±0.43[a]	3.5±0.62[ab]	20.5±2.6[a]	27.4±2.8[a]
第 9 天	3.3±0.13[a]	3.7±0.19[ab]	13.6±1.3[ab]	20.6±2.1[ab]
第 12 天	3.5±0.61[a]	5.2±1.1[b]	28.9±2.4[b]	37.6±6.3[ab]
第 15 天	3.8±1.2[a]	4.2±1.2[ab]	25.3±5.0[b]	33.3±4.7[ab]
第 18 天	2.7±0.6[b]	2.8±0.5[a]	12.1±3.3[ab]	17.6±2.3[ab]

注：同列数据均为 a 表示差异不显著（$P>0.05$），同列数据分别为 a 和 b 表示差异显著（$P<0.05$），同列数据分别为 a 和 ab 表示差异极显著（$P<0.01$）；第 0 天表示发情当天（发情开始）。

Ginther 等（1994）和 Castro 等（1999）认为山羊的卵泡发育是以波的形式发生的，在周期性促性腺激素峰的刺激下，依赖促性腺激素型卵泡（直径约 2 mm）被征集并开始发育。本研究的结果表明，大卵泡和中卵泡的数目在整

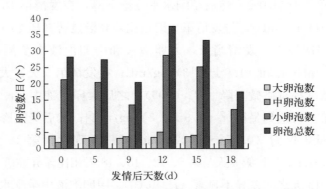

图 5-11　辽宁绒山羊发情周期内各类卵泡数目的比较

个发情周期变化不大，为每个卵巢中 3～5 个，而小卵泡的数目在发情后的第
9 和第 18 天都明显降低［分别为每个卵巢（13.6±2.3）个和（12.1±3.3）
个］，并决定了总的卵泡数目在这两个时期降低，这与猪、鲁北山羊的试验结果
一致（刘忠华，2000；于元松，2002），但辽宁绒山羊小卵泡数目比鲁北山羊多
［鲁北山羊为每个卵巢（2.6±2.9）个和（2.2±5.7）个］。Cam 等（1983）的研
究表明，小于 5 mm 的卵泡与大于 5 mm 卵泡在山羊整个发情周期一直存在，
并且从黄体早期到黄体晚期各级卵泡的数目相对稳定。但黄体中期和黄体晚期
的大卵泡并不是发情时的排卵卵泡，排卵卵泡在发情的第 17 天才开始发育。
McGee 等（2000）认为，原始卵泡生长启动以及小卵泡的形成并不依赖于激
素的存在。所以小卵泡数目的降低不可能是由于发情周期血液中激素水平的变
化所引发的。小卵泡数目在发情第 9 天和第 18 天的降低可能是由于部分小卵
泡被征集所引起的。本研究的结果已经证明，在这个时期大卵泡液中 E_2/P_4
最低，而中卵泡液中 E_2/P_4 升高。这说明，在这 2 个时期的大卵泡有可能处于
优势化时期，对其余卵泡发育的抑制作用消除，从而使小卵泡被征集，因而小
卵泡数目减少。

二、辽宁绒山羊发情周期外周血清和卵泡液中孕酮水平的变化

辽宁绒山羊发情周期内不同时间血清和卵泡液中孕酮（P_4）水平见图 5-12。
处于发情周期的辽宁绒山羊外周血清中孕酮水平在发情当天（第 0 天）及
发情前期（第 18 天）最低［（0.11±0.05）ng/mL］，发情后孕酮水平逐渐升
高，在发情第 9 天达到最高［（0.61±0.03）ng/mL］，发情第 9 天与发情当天

相比差异显著（$P<0.05$），然后孕酮水平逐渐下降，在发情第 18 天达到最低 $[（0.02±0.01）ng/mL]$，与发情第 9 天相比差异极显著（$P<0.01$）。卵泡液中孕酮水平多次波动；发情当天，大卵泡液和中卵泡液中孕酮浓度分别为 $（0.5±0.05）ng/mL$ 和 $（1.9±0.13）ng/mL$；在发情第 5 天，大、中两种卵泡液中孕酮浓度都有略微下降（$P>0.05$）；之后大卵泡液中孕酮水平开始上升，在发情第 9 天达到最高 $[（4.9±0.3）ng/mL]$；然后又下降，在发情第 15 天降到最低，仅为 $（0.07±0.002）ng/mL$；而到发情第 18 天又升高至 $（2.8±0.3）ng/mL$。发情第 9 天与第 5、12、15、18 天相比差异显著（$P<0.05$），而第 12、15、18 天之间差异不显著（$P>0.05$）。中卵泡液中孕酮水平在发情第 9~12天都维持低水平 $[分别为（0.2±0.03）和（0.1±0.08）ng/mL]$，然后升高，在发情第 15 天达到 $（2.3±0.16）ng/mL$，而在发情第 18 天降低到 $（0.3±0.01）$ ng/mL，在整个发情周期，中卵泡液孕酮水平差异不显著（$P>0.05$）。

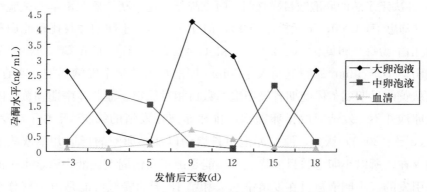

图 5-12　发情周期不同阶段孕酮水平变化

三、辽宁绒山羊发情周期内外周血清和卵泡液中雌二醇水平的变化

辽宁绒山羊发情周期中不同时期血清和卵泡液中雌二醇（E_2）水平变化见图 5-13。

辽宁绒山羊血清中雌二醇水平在发情当天较高 $[（1.5±0.5）ng/mL]$，发情第 5 天水平最低 $[（0.03±0.0012）ng/mL，P<0.05]$，二者间差异显著；而发情第 9、12 和 15 天雌二醇的水平差异不显著 $[分别为（0.18±0.05）ng/mL、（0.63±0.03）ng/mL 和（0.64±0.04）ng/mL，P>0.05]$；在发情的第 18 天，血清中雌二醇浓度明显升高 $[（3.52±0.06）ng/mL，P>0.01]$。大卵泡液

中雌二醇的浓度在发情第 9 天最低〔(1.23±0.04) ng/mL〕，与发情当天相比差异显著（P＜0.05），至发情后第 15 天达到第 2 个峰值〔(2.4±0.017) ng/mL〕，发情后第 18 天又降低〔(1.7±0.02) ng/mL〕。中卵泡液中雌二醇水平变化与大卵泡趋于相反；在发情后第 5 天降到最低〔(0.2±0.02) ng/mL〕，与发情当天相比差异显著（P＜0.05）；发情后第 9 天时开始升高〔(0.4±0.01) ng/mL，P＞0.05〕；发情后第 15 天再次降低〔(0.08±0.04) ng/mL〕；发情后第 18 天又再次升高〔(1.28±0.05) ng/mL〕。发情后第 9、12、15 和 18 天中卵泡液中雌二醇浓度差异不显著。

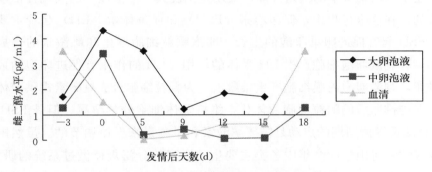

图 5-13 发情不同阶段雌二醇水平变化

综上所述，辽宁绒山羊卵巢表面的卵泡数目随发情周期而变化，在发情第 9 天和 18 天最低，而在发情第 12 天最高。卵巢上小卵泡的数量最多，并决定了卵泡总数的变化；大卵泡和中卵泡数量在整个发情周期变化不大。在辽宁绒山羊发情周期中，血清中 P_4 水平变化主要与黄体形成和退化有关。血清中 E_2 水平在发情前期较高，发情后第 5 天水平很低；而其他时期血清中 E_2 水平很稳定。卵泡液中 P_4 和 E_2 水平主要与卵泡大小和闭锁程度有关。

第六节　辽宁绒山羊 FSH、LH 在全年及发情期的分泌规律

在畜牧业生产中，家畜繁殖性状和生产性状是畜牧生产者和研究人员重点关注的育种与生产指标。而生产性能的许多指标又是通过繁殖性能的发挥来体现的。家畜的繁殖性能不仅影响着畜群规模的扩增，同时也影响

畜群选育的进程，家畜机体内的生殖激素则是调控繁殖性能的最主要工具之一。

辽宁绒山羊与其他生活在北方地区的绵羊、山羊品种具有同样明显的季节性繁殖特点，究其原因可能是与其机体内生殖激素分泌规律有直接关系。辽宁绒山羊与其他季节性繁殖家畜品种相似，在繁殖季节从其繁殖活动启动，即开始发情、排卵、妊娠直至分娩整个繁殖过程中始终受到雌激素（E_2）、孕激素（P_4）、促卵泡素（FSH）、促黄体素（LH）等主要生殖激素的调控，即使是在非繁殖季节，这几种激素也仍起到繁殖调控作用。

辽宁绒山羊母羊的繁殖性能，实质是围绕其"卵泡波"的周期性活动来进行的。在这个过程中，促卵泡素（FSH）和促黄体素（LH）起着重要作用。FSH 起着促进卵巢卵泡的生长、卵泡颗粒细胞增生和雌激素的合成与分泌，并刺激卵泡细胞产生 LH 受体的作用。LH 的作用有促进卵泡的成熟和排卵，刺激卵泡内膜细胞产生雄激素，为颗粒细胞合成雌激素提供前体物质，促进排卵后的颗粒细胞黄体化，维持黄体细胞分泌孕酮。但是 FSH 和 LH 分泌及发情周期的启动是需要孕激素和雌激素来反馈调节的。虽然国内外许多学者对山羊的全年中各类主要生殖激素的分泌规律做过系统的研究，但是对于生活在温带湿润性气候区的辽宁绒山羊来说，它的主要生殖激素的分泌水平和分泌规律尚未见到相关的研究报道。

因此，在辽宁绒山羊原种场进行系谱审查，选择 5 只产双羔的 2.5 岁辽宁绒山羊成年母羊和 5 只产单羔的 2.5 岁辽宁绒山羊成年母羊（分别暂定名为双羔型和单羔型）作为研究对象，选择 5 只 2.5 岁以产奶为主要生产方向但是未经过系统选育或导入外血的山羊品种（暂定名为本地山羊）成年母羊作为对照组。采用放射免疫法（RIA）测定 FSH、LH 在全年 12 个月的分泌规律，以期阐明辽宁绒山羊的生殖内分泌机制，为辽宁绒山羊的高效繁殖调控的研究积累基础数据。

一、辽宁绒山羊母羊全年外周血清中 FSH、LH 分泌规律

（一）辽宁绒山羊母羊外周血清中 FSH 全年分泌规律

1. 辽宁绒山羊母羊外周血清中 FSH 在全年各个月份分泌规律　见表 5－30 和图 5－14。

表 5 - 30　辽宁绒山羊母羊外周血清中 FSH 各个月份分泌量（ng/mL）

品种		1月份	2月份	3月份	4月份	5月份	6月份	7月份	8月份	9月份	10月份	11月份	12月份
辽宁绒山羊	双羔型	3.81a± 0.22	3.61a± 0.19	3.93a± 0.18	3.99a± 0.26	4.07a± 0.23	3.34a± 0.28	3.87a± 0.29	4.02a± 0.31	4.35a± 0.33	4.47a± 0.23	4.13a± 0.21	3.86a± 0.18
	单羔型	3.80a± 0.12	3.59a± 0.23	3.86a± 0.34	3.90a± 0.17	4.01a± 0.17	3.11a± 0.17	3.64a± 0.19	3.80b± 0.20	4.16b± 0.17	4.25b± 0.12	4.03a± 0.13	3.82a± 0.19
本地山羊		2.52ab± 0.13	2.59ab± 0.19	2.44ab± 0.13	2.37ab± 0.20	2.58ab± 0.23	2.63ab± 0.24	2.63ab± 0.21	2.63ab± 0.15	2.79ab± 0.14	3.04ab± 0.14	2.62ab± 0.13	2.54ab± 0.29

注：同列数据均为 a 表示差异不显著（$P>0.05$），同列数据分别为 a 和 b 表示差异显著（$P<0.05$），同列数据分别为 a 和 ab 表示差异极显著（$P<0.01$）。

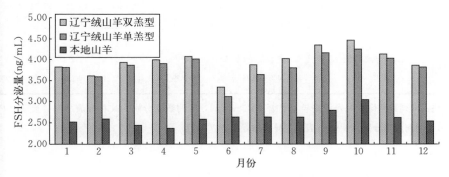

图 5 - 14　辽宁绒山羊母羊外周血清中 FSH 各个月份分泌量

2. 辽宁绒山羊母羊四季和全年的 FSH 分泌量　根据辽宁绒山羊产区的气候特点，将每一个生物年分为春季（3—5 月份）、夏季（6—8 月份）、秋季（9—11 月份）和冬季（12 月份至翌年 2 月份）4 个季节，进而计算出各个季节和全年平均 FSH 分泌规律（表 5 - 31）。

表 5 - 31　辽宁绒山羊母羊四季和全年的 FSH 分泌量（ng/mL）

品种		春季	夏季	秋季	冬季	全年
辽宁绒山羊	双羔型	3.99±0.14a	3.74±0.21a	4.32±0.18a	3.76±0.16a	3.95±0.17a
	单羔型	3.92±0.12a	3.52±0.14b	4.15±0.13b	3.74±0.17a	3.83±0.15b
本地山羊		2.46±0.08b	2.56±0.11ab	2.81±0.16ab	2.55±0.09ab	2.55±0.11ab

注：同列数据均为 a 表示差异不显著（$P>0.05$），同列数据分别为 a 和 b 表示差异显著（$P<0.05$），同列数据分别为 a 和 ab 表示差异极显著（$P<0.01$）。

（二）辽宁绒山羊母羊外周血清中 LH 全年分泌规律

1. 辽宁绒山羊母羊外周血清中 LH 在全年各个月份的分泌规律 见表 5 - 32 和图 5 - 15。

表 5 - 32 辽宁绒山羊母羊外周血清中 LH 各个月份分泌量（ng/mL）

品种		1月份	2月份	3月份	4月份	5月份	6月份	7月份	8月份	9月份	10月份	11月份	12月份
辽宁绒山羊	双羔型	4.04^a± 0.21	4.17^a± 0.20	4.15^a± 0.24	4.47^a± 0.36	4.40^a± 0.33	4.51^a± 0.26	4.05^a± 0.29	5.13^a± 0.33	5.46^a± 0.35	5.97^a± 0.43	5.19^a± 0.31	4.16^a± 0.38
	单羔型	4.02^a± 0.34	3.98^a± 0.23	3.83^a± 0.34	3.90^b± 0.17	4.12^b± 0.22	4.30^b± 0.37	3.88^b± 0.14	4.09^b± 0.23	4.36^b± 0.37	4.70^b± 0.32	4.27^b± 0.24	4.09^a± 0.24
本地山羊		2.70^{ab}± 0.22	2.82^{ab}± 0.14	2.83^{ab}± 0.24	2.05^{ab}± 0.20	2.92^{ab}± 0.26	3.09^{ab}± 0.17	2.67^{ab}± 0.29	2.72^{ab}± 0.24	2.92^{ab}± 0.24	3.25^{ab}± 0.21	3.29^{ab}± 0.30	3.13^{ab}± 0.24

注：同列数据均为 a 表示差异不显著（$P>0.05$），同列数据分别为 a 和 b 表示差异显著（$P<0.05$），同列数据分别为 a 和 ab 表示差异极显著（$P<0.01$）。

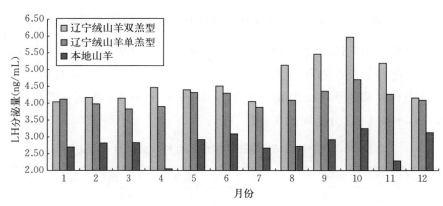

图 5 - 15 辽宁绒山羊母羊外周血清中 LH 全年各个月份分泌规律

2. 辽宁绒山羊母羊四季和全年的 LH 分泌量 根据辽宁绒山羊产区的气候特点，将一个生物年分为四个不同季节，进而计算出各个季节和全年的 LH 规律（表 5 - 33）。

表 5-33　辽宁绒山羊母羊四季和全年的 LH 分泌量（ng/mL）

品种		春季	夏季	秋季	冬季	全年
辽宁绒	双羔型	4.34±0.14a	4.56±0.21a	5.54±0.23a	4.12±0.21a	4.64±0.19a
山羊	单羔型	4.13±0.16b	4.09±0.18b	4.44±0.19b	4.06±0.13a	4.18±0.17b
本地山羊		2.60±0.09ab	2.82±0.11ab	3.15±0.12ab	2.88±0.13ab	2.86±0.12ab

注：同列数据均为 a 表示差异不显著（$P>0.05$），同列数据分别为 a 和 b 表示差异显著（$P<0.05$），同列数据分别为 a 和 ab 表示差异极显著（$P<0.01$）。

（三）辽宁绒山羊母羊、本地山羊四季和全年的 FSH 与 LH 比值

根据表 5-30 和表 5-32 计算出辽宁绒山羊母羊双羔型、单羔型、本地山羊四季和全年的 FSH 与 LH 比值（表 5-34）。

表 5-34　辽宁绒山羊母羊、本地山羊四季和全年的 FSH 与 LH 比值

品种		春季	夏季	秋季	冬季	全年
辽宁绒	双羔型	1/1.09a	1/1.22a	1/1.28a	1/1.10a	1/1.18a
山羊	单羔型	1/1.05a	1/1.06b	1/1.07b	1/1.09a	1/1.07b
本地山羊		1/1.06a	1/1.10b	1/1.12b	1/1.13a	1/1.12a

辽宁绒山羊母羊外周血清中 FSH 全年分泌呈不平衡状态，从每年的 8 月份开始分泌水平逐渐升高，到 10 月份达到高峰，11 月份以后开始逐渐下降。4 月份和 5 月份又出现第 2 个小高峰，6 月份达到最低，7 月份开始恢复升高。从每年的 8 月份开始，辽宁绒山羊产区的温度开始逐渐降低，光照时间开始逐渐变短，辽宁绒山羊随之开始进入繁殖季节，因而 FSH 分泌水平开始上升，以后逐月升高，FSH 高水平分泌一直持续到 11 月份，其中 10 月份达到分泌高峰。11 月份以后由于进入妊娠期和哺乳期 FSH 分泌水平逐渐下降，并保持相对平稳的低水平分泌状态。到翌年 5 月份，由于羔羊进入断奶阶段，FSH 分泌的抑制机制解除，促使母羊的 FSH 分泌又出现升高状态，但这种升高状态持续时间较短。由于母羊需要恢复调整自身生理机能，特别是生殖系统需要进行修复，以及夏季高温和长日照的应激等因素作用，使得母羊的 FSH 分泌受到抑制，因而 FSH 呈低水平分泌状态。双羔型辽宁绒山羊的 FSH 分泌水平在全年各个月份均高于单羔型辽宁绒山羊，特别是 9—11 月份，二者的差

异显著（$P<0.05$）。而且双羔型辽宁绒山羊母羊的 FSH 分泌水平在各个月均明显地高于本地山羊，二者差异极显著（$P<0.01$）。这说明双羔型辽宁绒山羊能够被选择、发育至成熟的卵泡的数量和概率要比单羔型辽宁绒山羊和本地山羊高出很多。

本地山羊和辽宁绒山羊的外周血清中 FSH 分泌规律基本相似，也是在每年的 9 月份和 10 月份最高，但是每年的 4 月份的分泌水平最低（而这个时期正是本地山羊泌乳后期）。由于泌乳和羔羊哺乳的刺激，FSH 分泌受到抑制，其余各个月份的 FSH 分泌水平在 $2.52 \sim 2.63$ ng/mL 之间波动，分泌水平十分平稳（正处于泌乳期）。

辽宁绒山羊血清中 LH 的分泌规律基本上与 FSH 的分泌规律相似，也是从每年的 8 月份开始逐渐升高，到 10 月份达到峰值，10 月份后开始下降。但与 FSH 分泌不同的是 LH 在每年 7 月份分泌水平最低。这可能与 7 月份卵巢上卵泡开始逐渐启动和征集有关。因为卵泡的启动和征集主要是 FSH 起主要作用，FSH 升高则抑制了 LH 的分泌。双羔型辽宁绒山羊母羊各个月份的 LH 分泌水平均高于单羔型辽宁绒山羊母羊，并且 4—11 月份的二者间分泌水平差异显著（$P<0.05$）。另外，双羔型和单羔型辽宁绒山羊各个月份 LH 分泌水平极显著地高于本地山羊（$P<0.01$）的 LH 分泌水平。

从辽宁绒山羊四个季节和全年 FSH 分泌水平来看，双羔型和单羔型之间在夏季、秋季及全年分泌水平差异显著（$P<0.05$），并且与本地山羊相比，双羔型和单羔型辽宁绒山羊的 FSH 分泌水平均极显著地高于本地山羊（$P<0.01$）的 FSH 分泌水平。LH 分泌水平与 FSH 有所不同，但都与本地山羊间有极显著的差异（$P<0.01$），而且双羔型辽宁绒山羊 LH 分泌水平除冬季外，春季、夏季、秋季和全年的水平均显著地高于单羔型辽宁绒山羊（$P<0.05$）。

如果从各个季节和全年的 FSH 与 LH 比值来看，双羔型辽宁绒山羊各个季节及全年平均的 FSH/LH 值均高于单羔型辽宁绒山羊和本地山羊的 FSH/LH 值，而且夏季、秋季和全年平均的 FSH/LH 值存在显著差异（$P<0.05$），但单羔型辽宁绒山羊的 FSH/LH 值与本地山羊相接近且差异不显著（$P>0.05$）。

二、辽宁绒山羊母羊发情期内外周血清 FSH、LH 分泌规律

（一）辽宁绒山羊母羊发情期内 FSH 的分泌规律

辽宁绒山羊双羔型、单羔型成年母羊和本地山羊成年母羊在发情期内

FSH 的分泌规律见表 5-35 和图 5-16。

表 5-35　辽宁绒山羊母羊发情期 FSH 分泌特点

品种		基础浓度 (ng/mL)	峰值 (ng/mL)	谷值 (ng/mL)	每小时 脉冲次数	排卵前峰值 (ng/mL)	发情到排卵 高峰的间隔(h)
辽宁 绒山羊	双羔型	4.35±0.32b	7.21±0.42b	2.01±0.22b	0.69±0.04b	40.12±3.56b	14.02±1.15b
	单羔型	3.63±0.28a	5.32±0.41a	1.89±0.11a	0.64±0.05a	32.31±3.72a	13.47±1.13a
本地山羊		4.57±0.28ab	7.47±0.21ab	2.59±0.17ab	0.66±0.07a	43.42±2.03ab	10.86±0.94ab

注：同列数据均为 a 表示差异不显著（$P>0.05$），同列数据分别为 a 和 b 表示差异显著（$P<0.05$），同列数据分别为 a 和 ab 表示差异极显著（$P<0.01$）。

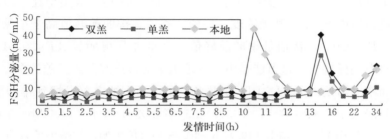

图 5-16　辽宁绒山羊母羊发情期中 FSH 分泌特点

（二）辽宁绒山羊母羊发情期外周血清内 LH 分泌规律

辽宁绒山羊双羔型、单羔型成年母羊和本地山羊成年母羊在发情期内 LH 的分泌规律见表 5-36 和图 5-17。

表 5-36　辽宁绒山羊母羊发情期中 LH 分泌特点

品种		基础浓度 (ng/mL)	峰值 (ng/mL)	谷值 (ng/mL)	每小时 脉冲次数	排卵前峰值 (ng/mL)	发情到排卵 高峰的间隔(h)
辽宁 绒山羊	双羔型	4.32±0.23b	8.01±0.62b	2.10±0.11b	1.45±0.07a	61.12±12.21at	12.05±0.1.23b
	单羔型	3.42±0.36a	7.01±0.64a	1.93±0.09a	1.42±0.04a	60.23±3.32a	11.08±0.92a
本地山羊		4.64±0.25ab	8.58±0.30ab	2.46±0.13ab	1.01±0.06b	58.64±2.03ab	7.57±0.27ab

注：同列数据均为 a 表示差异不显著（$P>0.05$），同列数据分别为 a 和 b 表示差异显著（$P<0.05$），同列数据分别为 a 和 ab 表示差异极显著（$P<0.01$）。

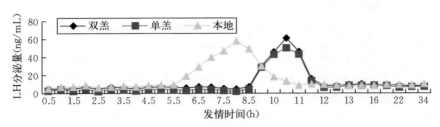

图 5-17　辽宁绒山羊母羊发情期 LH 分泌特点

　　辽宁绒山羊和本地山羊发情期 FSH、LH 均呈脉冲式分泌。本地山羊发情期外周血清中 FSH 的基础浓度、峰值、谷值、排卵前峰值，均高于双羔型辽宁绒山羊（$P<0.05$）、单羔型辽宁绒山羊（$P<0.01$）。双羔型辽宁绒山羊发情期外周血清中 FSH 的基础浓度、峰值、谷值、排卵前峰值高于单羔型辽宁绒山羊（$P<0.05$），特别是排卵前峰值二者的差异更明显（$P<0.01$）。LH 分泌也具有同样特点。这可能是由于本地山羊为可产双羔或三羔的多胎高产品种，因而在发情期内 FSH、LH 分泌水平高。辽宁绒山羊发情到排卵前 FSH 高峰的间隔大于本地山羊（$P<0.01$），二者相差 3.16 h（14.02 h—10.86 h）（双羔型辽宁绒山羊）、2.61 h（13.47 h—10.86 h）（单羔型辽宁绒山羊）；并且双羔型与单羔型之间也有差异，双羔型比单羔型晚 0.55 h（14.02 h—13.47 h）出现 FSH 高峰。辽宁绒山羊发情到排卵前 LH 峰的间隔时间也大于本地山羊，两者相差 4.48 h（12.05 h—7.57 h）（双羔型辽宁绒山羊）、3.51 h（11.08 h—7.57 h）（单羔型辽宁绒山羊），而且双羔型辽宁绒山羊比单羔型晚 0.97 h（12.05 h—11.08 h）出现 LH 高峰。这说明双羔型辽宁绒山羊的排卵比本地山羊要晚 3.16 h 或 4.48 h，而且双羔型辽宁绒山羊比同品种的低繁殖力的单羔型辽宁绒山羊排卵时间延迟。这可能是由于双羔型辽宁绒山羊处于优势化发育的卵泡较多，因而卵泡成熟时间和排卵时间相对滞后。张英杰（2000）在对小尾寒羊和低繁殖力的细毛羊做内分泌研究时也发现了同样的现象。

　　无论是辽宁绒山羊还是本地山羊，其 FSH 除了在排卵前出现一个分泌高峰外，还在此后的（20.1±0.62）h（双羔型）、（20.71±0.72）h（单羔型）、（21.29±0.73）h（本地山羊）出现第二个分泌高峰，从其峰值来看，双羔型高于单羔型（$P<0.05$），但均低于第一个峰值。Bindon（1984）认为，排卵后的第 2 个 FSH 峰的大小与 17 d 后卵巢中有腔卵泡数目呈显著相关（$P<0.01$），由此可认为排卵周围的 FSH 浓度可能影响下一个发情周期的排卵数。

辽宁绒山羊和本地山羊的FSH、LH在发情期内均呈脉冲式分泌。双羔型辽宁绒山羊每小时脉冲次数比单羔型辽宁绒山羊和本地山羊多，但均不存在显著性差异（$P>0.05$）；LH的每小时脉冲次数要多于FSH的脉冲次数，并且双羔型辽宁绒山羊的脉冲次数显著地高于本地山羊（$P<0.05$），虽略高于单羔型辽宁绒山羊，但二者间差异不显著。

第七节　辽宁绒山羊卵巢黄体类型和闭锁卵泡关系的研究

哺乳动物出生时卵巢上有数以万计的原始卵泡，但能发育至成熟而排卵的不到1%，对于羊、牛、鹿、驴等单胎家畜能发育至成熟排卵的原始卵泡数目则更少。家畜在各个发情周期的每次卵泡发育波都有许多原始卵泡开始发育，且有多个卵泡可发育到优势卵泡选择时期，但单胎的羊、牛在优势卵泡选择之后通常只有一个卵泡可转变为优势卵泡继续发育，其余卵泡则停止发育，并逐渐萎缩闭锁（个别品种如小尾寒羊例外），而多胎的品种则有多个卵泡发育至成熟。在绒山羊的21 d发情周期过程中，其卵巢上无论有无黄体存在，均可以见到不同发育时期的卵泡和闭锁卵泡。高建明等（2001）认为，不同类型的黄体与发情周期的时间相关，其功能强弱有差异，与卵泡的生长发育也有十分密切的关系。本研究将屠宰场收集成年辽宁绒山羊新鲜卵巢置于37 ℃无菌生理盐水中，立即运回实验室，将卵巢用上述生理盐水冲洗3~4次，清除卵巢表面的结缔组织和脂肪，观察卵巢状况，记录黄体和卵泡的数量并测量其直径大小。按照高建明（2002）的方法，将黄体划分为5个类型：即圆锥型（Ⅰ型）、火山口型（Ⅱ型）、蘑菇型（Ⅲ型）、扁平型（Ⅳ型）和表面无黄体型（Ⅴ型）。将卵巢制作常规石蜡组织切片、H. E染色，在光学显微镜下观察各类型黄体组织学结构及闭锁卵泡的形态特征，对各类型闭锁卵泡的数量进行计数并测量其直径大小。按照Manabe等（1997）的分类方法，闭锁卵泡分为三个类型：早期闭锁卵泡、晚期闭锁卵泡和完全闭锁卵泡。

一、辽宁绒山羊卵巢黄体类型与早期闭锁卵泡数量和直径的关系

辽宁绒山羊卵巢黄体类型与早期闭锁卵泡数量和直径的关系见表5-37和表5-38。

表 5-37　辽宁绒山羊卵巢黄体类型与早期闭锁卵泡数量和直径

黄体类型	卵巢数量 (个)	切片数 (张)	卵泡总数 (个)	平均直径与标准差 ($\overline{X}\pm S$)（μm）
Ⅰ型	4	88	928	326.12±64.25
Ⅱ型	4	92	641	276.94±34.71
Ⅲ型	4	86	2 104	518.62±51.63
Ⅳ型	4	94	5 024	389.14±52.12
Ⅴ型	4	90	3 866	297.24±21.09

表 5-38　辽宁绒山羊卵巢黄体类型与早期闭锁卵泡数量和直径的关系

黄体类型	平均每张切片中早期闭锁卵泡数量（个）									
	<40 μm	40~60 μm	60~100 μm	100~300 μm	300~500 μm	500~1 000 μm	1 000~3 000 μm	3 000~5 000 μm	>5 000 μm	总数量
Ⅰ型	13.14Aa	1.65D	0.48F	0.47H	0.39j	0.90k	2.28Mm	0.16p	0.02r	19.49USs
Ⅱ型	5.36B	1.21D	0.52F	0.29H	0.17i	0.34Kk	0.57n	0.04p	0.07r	8.57Tst
Ⅲ型	17.62Ab	2.43D	0.69F	0.74H	0.81j	1.24KL	3.17Oo	1.13q	0.18r	28.01Uu
Ⅳ型	12.01Aa	4.28E	3.62G	3.71I	0.78i	1.62Ll	3.29Oo	0.68pq	0.15r	30.14Uu
Ⅴ型	46.42C	5.18E	1.63F	0.94H	1.15i	1.56l	3.84Oo	1.14q	0.32r	62.18V

注：同列数据不同小写字母者表示差异显著（$P<0.05$），不同大写字母者表示差异极显著（$P<0.01$），相同大小写字母者表示差异不显著（$P>0.05$）。

　　辽宁绒山羊卵巢上不同直径的早期闭锁卵泡中，不同的卵巢黄体类型对其数量影响的差别较大。由平均每张切片的早期闭锁卵泡数量来看，Ⅴ型（即表面无黄体型）卵巢的早期闭锁卵泡数量极显著地多于其他四种类型卵巢（$P<0.01$），而与蘑菇型（Ⅲ型）、扁平型（Ⅳ型）之间差异不显著（$P>0.05$），Ⅴ型与火山口型（Ⅱ型）差异极显著（$P<0.01$），与圆锥型（Ⅰ型）差异显著（$P<0.05$），圆锥型（Ⅰ型）与火山口型（Ⅱ型）差异显著（$P<0.05$）。从不同黄体类型对早期闭锁卵泡的影响来看，以蘑菇型（Ⅲ型）早期闭锁卵泡的直径极显著地大于火山口型（Ⅱ型）的相应闭锁卵泡（$P<0.01$），显著大于其他三种类型的相应闭锁卵泡；扁平型（Ⅳ型）的早期闭锁卵泡直径显著大于表面无黄体型（Ⅴ型）和火山口型（Ⅱ型）的相应卵泡（$P<0.05$）。与圆锥型（Ⅰ型）的相应卵泡无显著差异（$P>0.05$）。

二、辽宁绒山羊卵巢黄体类型对晚期闭锁卵泡和完全闭锁卵泡数量和直径的影响

辽宁绒山羊卵巢黄体类型对晚期闭锁卵泡和完全闭锁卵泡数量和直径的影响见表 5-39 和表 5-40。

表 5-39　辽宁绒山羊卵巢黄体类型中晚期闭锁卵泡数量与直径

黄体类型	卵巢数（个）	切片数（张）	卵泡总数（个）	$<100~\mu m$（个）	$100\sim500~\mu m$（个）	$500\sim1\,000~\mu m$（个）	$>1\,000~\mu m$（个）	总数量（个）	总平均直径（μm）
Ⅰ型	4	88	102	0.05^A	0.28^C	0.88^{Dd}	0.17^g	1.38^J	719.07±38.21^a
Ⅱ型	4	92	76	0.03^A	0.25^C	0.52^F	0.12^{Hh}	0.92^L	753.33±47.27^b
Ⅲ型	4	86	98	0.03^A	0.19^C	0.79^{Dd}	0.23^g	1.24^J	818.52±64.16^{Bb}
Ⅳ型	4	94	196	0.46^B	0.36^C	1.16^{eED}	0.36^{Gi}	2.34^K	654.51±41.57^{Cc}
Ⅴ型	4	90	168	0.03^A	0.27^C	0.86^{dD}	0.52^{iI}	1.68^J	856.45±54.89^{Bb}

注：同列数据不同小写字母者表示差异显著（$P<0.05$），不同大写字母者表示差异极显著（$P<0.01$），相同大小写字母者表示差异不显著（$P>0.05$）。

表 5-40　辽宁绒山羊卵巢黄体类型中完全闭锁卵泡数量与直径

黄体类型	卵巢数（个）	切片数（张）	卵泡总数（个）	$<100~\mu m$（个）	$100\sim500~\mu m$（个）	$500\sim1\,000~\mu m$（个）	$>1\,000~\mu m$（个）	总数量（个）	总平均直径（μm）
Ⅰ型	4	88	98	0.05^A	0.91^{cd}	0.78^E	0.17^g	1.91^I	519.07±28.21^a
Ⅱ型	4	92	76	0.04^A	0.25^{Dd}	0.32^E	0.14^g	0.75^I	583.33±37.27^b
Ⅲ型	4	86	97	0.02^A	1.49^c	1.79^F	0.24^g	3.54^J	618.52±54.16^{Bb}
Ⅳ型	4	94	296	0.26^B	1.36^{cd}	2.14^F	0.33^g	4.09^J	650.51±51.57^{Cc}
Ⅴ型	4	90	158	0.03^A	1.89^{Cc}	2.85^F	1.51^h	6.28^K	756.45±64.89^{Bb}

注：同列数据不同小写字母者表示差异显著（$P<0.05$），不同大写字母者表示差异极显著（$P<0.01$），相同大小写字母者表示差异不显著（$P>0.05$）。

辽宁绒山羊卵巢上不同直径大小的晚期闭锁卵泡和完全闭锁卵泡的数量与卵巢黄体类型有很大关系。由平均每张切片的晚期闭锁卵泡的数量来看，扁平型（Ⅳ型）卵巢黄体的晚期闭锁卵泡极显著地多于其他四种类型卵巢（$P<0.01$），而圆锥型（Ⅰ型）、表面无黄体型（Ⅴ型）卵巢黄体之间无显著差异（$P>0.05$）。火山口型（Ⅱ型）卵巢黄体晚期闭锁卵泡数量最少；而完全闭锁

卵泡数量中，表面无黄体型（Ⅴ型）极显著地多于其他四种类型（$P<0.01$），其中扁平型（Ⅳ型）和蘑菇型（Ⅲ型）又极显著地多于火山口型（Ⅱ型）和圆锥型（Ⅰ型）（$P<0.01$）。从不同黄体类型卵巢对晚期闭锁卵泡直径的影响来看，蘑菇型（Ⅲ型）和表面无黄体型（Ⅴ型）卵巢极显著地大于扁平型（Ⅳ型）（$P<0.01$），显著地大于火山口型（Ⅱ型）和圆锥型（Ⅰ型）（$P<0.05$）。而从不同黄体类型卵巢对完全闭锁卵泡直径的影响来看，表面无黄体型（Ⅴ型）显著大于其他四种类型卵巢（$P<0.05$），而火山口型（Ⅱ型）、蘑菇型（Ⅲ型）和扁平型（Ⅳ型）之间无显著差异（$P>0.05$）。

第八节　辽宁绒山羊卵泡闭锁与细胞凋亡

辽宁绒山羊的卵泡与其他哺乳动物相同，均是由卵母细胞、颗粒细胞及包被二者的卵泡膜细胞三部分构成，起着为其内部的卵子发育提供最佳微环境的作用。国内外有关绵、山羊的相关研究结果表明，性成熟的母羊的卵巢上，原始卵泡有 8 万～12 万个，生长卵泡和次级卵泡有 100 万～400 万个，但母羊一生的排卵数要远远地小于卵巢上出现的大卵泡数，大部分卵巢卵泡在发育过程中闭锁或消失，卵泡的闭锁主要是以卵泡颗粒细胞凋亡的形式发生的。

在屠宰场搜集辽宁绒山羊的发情期卵巢，将卵巢置于 37 ℃无菌生理盐水（含 200 IU/mL 青霉素、200 μg/mL 链霉素）中带回实验室。在实验室中，用生理盐水清洗卵巢 3～4 次后，用眼科剪子将卵巢平剪开。然后在体视显微镜下，用手术刀片和眼科镊子切割分离直径 2～3 mm 的卵泡。参考 Jolly 等（1997）的分类方法，将直径 2～3 mm 卵泡分为健康卵泡、轻度闭锁卵泡和闭锁卵泡三类。对辽宁绒山羊卵泡闭锁与颗粒细胞的凋亡变化规律，及卵泡液中 E_2、P_4 的水平变化与卵泡闭锁的关系进行研究，以期为指导辽宁绒山羊的繁殖调控提供参考依据。

一、辽宁绒山羊发情周期内卵泡颗粒细胞凋亡比例

采用 TUNEL 原位标记和苏木精染色标记检测颗粒细胞凋亡，发现发情周期内的各个时期，不同直径卵泡的颗粒细胞都有一定比例凋亡（表5-41和图 5-18）。

表 5-41　辽宁绒山羊发情周期各类卵泡颗粒细胞凋亡的比例

发情时期	凋亡比例（%）		
	大卵泡（LF）	中卵泡（MF）	小卵泡（SF）
第 0 天	12.11±1.31[a]	36.41±1.12[a]	26.21±1.17[ab]
第 5 天	21.19±2.57[a]	71.21±2.08[ab]	42.31±2.06[a]
第 9 天	44.23±3.05[b]	23.31±1.15[b]	35.23±3.03[a]
第 12 天	23.34±2.13[a]	44.22±1.91[b]	30.2±2.03[a]
第 15 天	19.25±3.06[a]	43.23±2.02[b]	24.13±3.02[ab]
第 18 天	45.23±2.87[b]	10.31±1.09[ab]	25.23±2.98[ab]

注：同列数据均为 a 表示差异不显著（$P > 0.05$），同列数据分别为 a 和 b 表示差异显著（$P <$ 0.05），同列数据分别为 a 和 ab（其他同）表示差异极显著（$P < 0.01$）。

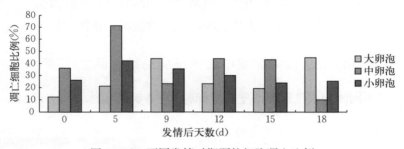

图 5-18　不同发情时期颗粒细胞凋亡比例

辽宁绒山羊发情周期内卵巢上的大卵泡中颗粒细胞凋亡比例与中、小卵泡相比，在发情周期的大多数时期都很低，并且卵泡中颗粒细胞凋亡比例与发情的时期密切相关。大卵泡的颗粒细胞凋亡比例在发情第 9 天和第 18 天有 2 个高峰。这种变化主要与卵泡的波式发育有关。山羊有 2～4 个卵泡波，除了最终排卵的卵泡波外，每一个卵泡波中的优势卵泡都退化。在本研究中发情当天的山羊均没有排卵，说明此时的卵泡实际上是排卵前卵泡，颗粒细胞凋亡的比例较低，而同时一个新的卵泡波开始发育。发情的第 9 天，有可能前一个卵泡波的优势卵泡退化，所以大卵泡颗粒细胞凋亡比例达到波峰。Cass 等（1999）研究发现，山羊在发情第 9 天前后有一个卵泡波开始启动发育，而发情后第 18 天，优势卵泡也处于去优势化期，所以大卵泡颗粒细胞凋亡比例很高。在整个发情周期小卵泡中颗粒细胞凋亡比例较高并保持稳定。这可能是因为卵泡的启动、征集是一个连续的不依赖促性腺激素的过程。McGee 等（2000）认为在原始卵泡库形成以后，就有原始卵泡不断被启动，一直生长到促性腺激素依赖时期，如果有促性腺激素的刺激就能够被征集而继续发育，如果没有促性腺激素的刺激就逐渐闭锁退化。对于山羊来讲，促性腺激素依赖时期卵泡直径是 2～3 mm，所以本试验中的小卵泡（≤3 mm）颗粒细胞凋亡主要是没有被征集的卵泡闭锁的结果。而且卵泡征集是一个连续过程，所以颗粒细胞凋亡的比例相对稳定。相反，中等卵泡颗粒细胞凋亡比例波动较大，这可能是由于刚被 FSH 征集的中等卵泡处于生长期，颗粒细胞凋亡比例较低，但如果处于优势化时期，在优势卵泡作用下中等卵泡闭锁颗粒细胞凋亡比例升高。Hendriksena等（2000）认为，优势卵泡通过诱导从属卵泡闭锁而影响了从属卵泡细胞发育的能力，而且这种作用对中等卵泡比小卵泡更明显。本试验中，当大卵泡凋亡比例低时（发情当天和发情后第 15 天，属于优势化期），中等卵泡颗粒细胞凋亡比例升高，而当大卵泡凋亡比例高时（优势卵泡退化，发情后第 9 和 18 天），中卵泡处于征集生长期，颗粒细胞凋亡比例较低。

二、不同闭锁程度的卵泡中颗粒细胞的细胞凋亡检测

（一）不同闭锁程度的卵泡壁颗粒细胞 DNA 梯状电泳分析

按照 Jolly（1994）的卵泡闭锁分类方法，将辽宁绒山羊卵巢上直径为 2～3 mm 的卵泡分为健康卵泡（H）、轻度闭锁卵泡（SA）和闭锁卵泡（A）三类。对这三类卵泡中的颗粒细胞进行 DNA 梯度电泳分析，结果见图 5-19。

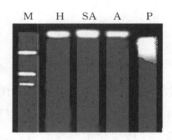

图 5-19 不同闭锁程度卵泡中颗粒细胞凋亡的 DNA 梯状电泳
P. 阳性对照；A. 闭锁卵泡；
SA. 轻度闭锁卵泡；H. 健康卵泡；
M. DNA 长度标记物

在三类卵泡中都有凋亡典型梯度带，但是健康卵泡的带非常微弱，不易分辨，而闭锁卵泡的带十分明显。这说明辽宁绒山羊卵泡中颗粒细胞发生凋亡，并且颗粒细胞凋亡随着卵泡闭锁的进程而逐渐增多。

（二）不同闭锁程度卵泡 COC 的 DNA 梯度电泳

对收集的健康（H）、轻度闭锁（SA）和闭锁（A）三类不同闭锁程度的

卵泡中的卵丘-卵母细胞复合体（COC）进行梯度电泳分析，结果见图 5-20。

在细胞凋亡过程中，依赖于 Ca^{2+}/Mg^{2+} 的内源性核酸内切酶活性增加，使核小体间的连接 DNA 发生部分降解。DNA 降解形成 200bp 长度的核小体单体和寡聚体，在琼脂糖凝胶电泳中呈现梯状条带。Zeleznik 等（1989）利用 DNA 梯状电泳证明核酸内切酶只存在于分化的颗粒细胞中，Hughes 等（1991）利用 DNA 梯状电泳证实卵泡闭锁时存在颗粒细胞凋亡，而且形

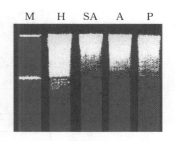

图 5-20　不同闭锁程度 COC 的
DNA 梯状电泳
P. 阳性对照；A. 闭锁 COC；
SA. 轻度闭锁 COC；H. 健康 COC；
M. DNA 长度标记物

态健康的卵泡颗粒细胞也有一定程度凋亡，DNA 断裂的升高与卵泡的闭锁程度相关。在辽宁绒山羊的闭锁卵泡中检测到清晰的梯状 DNA 带，进一步证明卵泡颗粒细胞凋亡程度随着闭锁的进行而程度加深。健康和轻微退化的 COC 都没有呈现典型梯状带，但是严重退化的 COC 呈现清楚的梯状带，这说明卵丘颗粒细胞发生凋亡，比较 COC 和卵泡的壁颗粒细胞 DNA 梯度电泳来看，卵泡壁颗粒细胞凋亡的发生早于卵丘颗粒细胞，因为轻度的闭锁卵泡壁颗粒细胞已经呈现清晰的 DNA 梯状带。

（三）不同闭锁程度卵泡中 A 类 COC 的比例

直径为 2~3 mm 的卵泡分为健康卵泡（H）、轻度闭锁卵泡（SA）和闭锁卵泡（A），根据不同闭锁程度卵泡中 COC 的形态，观察找出其中 A 类的 COC 分布比例，结果见图 5-21。

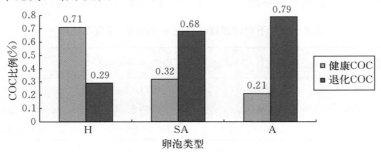

图 5-21　不同闭锁程度的卵泡中 COC 的分布

三、不同闭锁程度的卵泡中颗粒细胞凋亡比例

采用 TUNEL 原位标记和苏木精染色方法检测不同闭锁程度卵泡中颗粒细胞凋亡比例，结果见图 5-22。

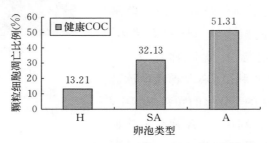

图 5-22　不同闭锁程度的卵泡中颗粒卵泡凋亡比例

Miki（1998）认为，在卵泡闭锁过程中卵泡结构变化包括颗粒细胞的凋亡及卵丘的解体，最后是卵母细胞退化。对辽宁绒山羊不同闭锁程度的卵泡中颗粒细胞凋亡比例变化的检测表明，在健康卵泡中也存在一些颗粒细胞凋亡，但轻度闭锁和闭锁卵泡中颗粒细胞凋亡比例显著高于健康卵泡，说明颗粒细胞凋亡是一种正常生理现象，所有的卵泡都存在。健康卵泡中也发生颗粒细胞凋亡（13.12%±1.23%），随着细胞闭锁程度的增加，颗粒细胞凋亡比例明显增加，轻度闭锁和闭锁卵泡中颗粒细胞凋亡比例分别是 32.13%±2.13% 和 51.31%±3.02%。闭锁卵泡中颗粒细胞凋亡比例与健康卵泡颗粒细胞差异显著（$P<0.05$）。

四、不同闭锁程度的卵泡中孕酮和雌二醇的含量

不同闭锁程度卵泡中孕酮（P_4）和雌二醇（E_2）浓度见表 5-42。

表 5-42　不同闭锁程度卵泡中 P_4、E_2 浓度及比例

卵泡类型	P_4 浓度（ng/mL）	E_2 浓度（ng/mL）	E_2/P_4
健康卵泡	0.08±0.006[a]	0.21±0.04[a]	2.62±0.03[b]
轻度闭锁卵泡	1.21±0.6[a]	0.09±0.01[a]	0.074±0.003[b]
闭锁卵泡	1.73±0.11[a]	0.05±0.002[b]	0.028±0.004[b]

辽宁绒山羊健康卵泡液中 P_4 浓度较低，E_2 浓度较高，二者比例（2.62±

0.03）大于 1。闭锁卵泡中 E_2 水平明显低于健康卵泡和轻度闭锁卵泡（$P<$0.05）。孕酮水平尽管在卵泡闭锁中有所升高，但统计数上差异不显著（$P>$0.05）。轻度闭锁卵泡和闭锁卵泡中 E_2/P_4 显著低于健康卵泡（$P<0.05$）并且前二者之比值均小于 1，与 Rosales（2000）、Huet 等（1997）的研究结果相一致，说明卵泡闭锁能导致类固醇激素变化。Miller（1988）认为，在颗粒细胞中，雌二醇是由一些类固醇合成酶将来自卵泡膜细胞的雄激素转化而成的，在这一过程中细胞色素 $P450_{arom}$ 发挥重要作用。Guilbault 等（1993）认为 E_2 合成能力降低是卵泡闭锁的早期标志，可能是在颗粒细胞凋亡过程中 $P450_{arom}$ 的活性丧失引起的，$P450_{arom}$ 的活性与 E_2 合成呈正相关，而 $P450_{scc}$ 与孕酮合成呈正相关。当卵泡闭锁时，$P450_{arom}$ 的表达降低，而细胞色素 $P450_{scc}$ 的表达没有明显变化。研究发现在基膜闭锁的卵泡中，3β-羟基类固醇脱氢酶和细胞色素 P450 在卵泡中表达，这样的卵泡颗粒细胞合成大量的孕酮，而且孕酮浓度是健康卵泡和腔闭锁卵泡的 4～8 倍。总之，与健康卵泡相比，闭锁卵泡液中的 E_2 浓度降低而孕酮浓度升高。Rosales 等（2000）认为，E_2/P_4 可以作为判断卵泡是否闭锁的一种标准：比值大于 1，卵泡是健康的；小于 1，则卵泡是闭锁的。本研究中卵泡液中的 E_2 和 P_4 浓度比其他人研究的低，这可能是与卵泡直径有关。因而卵泡产生类固醇激素的能力与卵泡大小有关，直径越小其分泌类固醇能力越低。

第九节　辽宁绒山羊卵泡中 *FSHR*
基因表达的研究

　　哺乳动物的产仔率与卵巢的排卵率是密切相关的，因此要提高辽宁绒山羊的产羔率，首先要从提高其排卵率入手，而排卵率与其卵巢上卵泡发育状态和其能否分化成为优势卵泡而达到成熟卵泡的数目是密切相关的，而卵泡的生长、发育、优势化及成熟排卵受脑垂体分泌的促卵泡素（FSH）和促黄体素（LH）调控。

　　脑垂体分泌的 FSH 是一种糖蛋白，其信息作用的发挥，需要经过卵泡上的相应受体即 FSH 受体（FSHR）介导，才能传递到靶细胞内的。因此，卵泡中 *FSHR* 基因表达状况有可能对 FSH 信号的强弱起到抑制或增强作用。有关 FSHR 受体的定位和表达已有很多学者在禽、猪等动物上做过大量研究工作，但在辽宁绒山羊上尚未做研究。因此，从屠宰场采集辽宁绒山羊的卵巢，按卵泡直径将其分为 F_1（<1 mm）、F_2（1～2 mm）、F_3（3～4 mm）和 F_4（>5 mm）四种不同类型的卵泡，采用 RT - PCR 技术，对绒山羊卵巢卵泡 *FSHR* 基因 mRNA表达进行测定和 cDNA 序列分析，探讨辽宁绒山羊有腔卵泡发育过程中 *FSHR* 基因在卵泡中的表达规律。

一、辽宁绒山羊和本地山羊不同大小卵泡 *FSHR* 基因表达的比较研究

辽宁绒山羊和本地山羊卵巢 F_1、F_2、F_3、F_4 卵泡膜 *FSHR* 基因 RT - PCR 产物的电泳结果见图 5-23，统计分析结果见图 5-24。

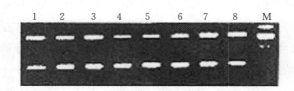

图 5-23　卵泡 *FSHR* 的 PCR 产物电泳

泳道 1、3、5、7 分别是辽宁绒山羊 F_1、F_2、F_3、F_4 卵泡，泳道 2、4、6、8 分别是本地山羊 F_1、F_2、F_3、F_4 卵泡；上方泳带为 FSHR，下方泳带为 β-肌动蛋白；M 为 DNA 长度标记

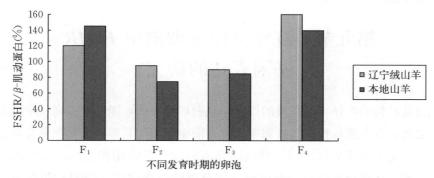

图 5-24　辽宁绒山羊与本地山羊卵泡中 *FSHR* 基因表达的比较

辽宁绒山羊 F_1 卵泡膜 *FSHR* 基因的表达水平有比本地山羊低的趋势，而 F_4 有比本地山羊高的趋势。*FSHR* 基因表达水平的卵泡发育性变化在品种间相似，F_4 的表达水平较高，随着卵泡发育的成熟而下降，但到 F_1 卵泡时又升高。统计结果表明，F_1 和 F_4 卵泡比 F_2 和 F_3 卵泡高（$P<0.05$）。

二、辽宁绒山羊卵泡颗粒细胞和膜细胞 *FSHR* 基因表达的比较研究

辽宁绒山羊卵巢 F_1、F_2、F_3、F_4 卵泡颗粒细胞和卵泡膜细胞 *FSHR* 基因 RT-PCR 产物的电泳结果见图 5-25，统计分析结果见图 5-26。

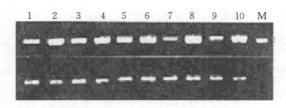

图 5-25　卵泡颗粒细胞和膜细胞 *FSHR* RT-PCR 产物的电泳图

泳道 1、3、5、7、9 为辽宁绒山羊 F_1、F_2、F_3、F_4、本地山羊的卵泡膜细胞，泳道 2、4、6、8、10 为辽宁绒山羊 F_1、F_2、F_3、F_4、本地山羊的卵泡颗粒细胞；上方泳带为 FSHR，下方泳带为 β-肌动蛋白；M 为 DNA 长度标记

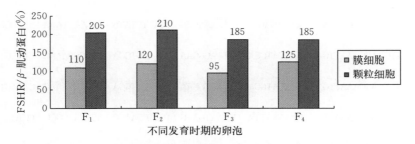

图 5-26　辽宁绒山羊卵泡颗粒细胞和膜细胞中 *FSHR* 基因的表达

辽宁绒山羊卵巢上 F_1、F_2、F_3、F_4 卵泡颗粒细胞 *FSHR* 基因的表达水平均高于膜细胞的表达水平（$P < 0.05$）。但各类卵泡的膜细胞和颗粒细胞 *FSHR* 基因表达水平以 F_2 卵泡最高，F_3 卵泡最低，但各类卵泡之间的没有明显的发育性变化（即明显的差异）。

三、辽宁绒山羊卵巢卵泡 *FSHR* 基因 cDNA 的序列分析

辽宁绒山羊卵泡 *FSHR* 基因 cDNA 膜外结构域部分序列分析结果见表 5-43。

辽宁绒山羊的核苷酸序列与绵羊（521bp）的同源性为 89.96%，推导的氨基酸序列与绵羊的同源性为 89.47%。辽宁绒山羊 21 位（相当于绵羊的 328 位）和 516 位（相当于绵羊 823 位）的碱基不明显（或缺失）。由于辽宁绒山

羊在 411 位的碱基为 C，而绵羊相对于该位点（718 位）的碱基为 T，所以辽宁绒山羊 FSHR 序列中的 EcoRⅠ酶切位点消失。

表 5－43　辽宁绒山羊 *FSHR* 基因 PCR 产物的核苷酸序列及其与绵羊比较

品　种	位点	碱基序列
辽宁绒山羊	1	AGAAGGCCAA　CAACCTCGTG　NACATTGATC　AAGATGCCTT　CCAGCACCTT　CCAAGCCTTA
绵　羊	308	AGAAGGCCAA　CAACCTCGTG　AACATTGATC　AAGATGCCTT　CCAGCACCTT　CCAAGCCTTA
辽宁绒山羊	61	GATATTTGTT　AATATCAAAT　ACTGGCCTTA　GATTTTTACC　TGTTGTCCAC　AAGGTGCACT
绵　羊	368	GATATTTGTT　AATATCAAAT　ACTGGCCTTA　GATTTTTACC　TGTTGTCCAC　AAGGTGCACT
辽宁绒山羊	121	CCTTCCAGAA　AGTTTTACTA　GATATTCAAG　ACAATATCAA　TATACGTACA　ATTGAAAGAA
绵　羊	428	CCTTCCAGAA　AGTTTTACTA　GATATTCAAG　ACAATATCAA　TATACGTACA　ATTGAAAGAA
辽宁绒山羊	181	ATTCGTTCAT　GGCCTGAGT　TCTGAAAGTG　TGATTCTATG　GCTAAATAAA　AATGGGATTC
绵　羊	488	ATTCGTTCAT　GGCCTGAGT　TCTGAAAGTG　TGATTCTATG　GCTAAATAAA　AATGGGATTC
辽宁绒山羊	241	AGGAAATTGA　GAATCATGCA　TTTAACGGAA　CATACCTGGA　TGAGCTAAAC　CTAAGTGACA
绵　羊	548	AGGAAATTGA　GAATCATGCA　TTTAACGGAA　CATACCTGGA　TGAGCTAAAC　CTAAGTGACA
辽宁绒山羊	301	ATCAAAACTT　AGAAAAATTA　CCAAATGATG　TCTTCCAAGG　AGCCAACGGG　CCTGTTGTTT
绵　羊	608	ATCAAAACTT　AGAAAAATTA　CCAAATGATG　TCTTCCAAGG　AGCCAACGGG　CCTGTTGTTT
辽宁绒山羊	361	TGGATATTTC　CAGGACAAAA　ATCAGTTTCC　TGCCAGGTCA　CGGATTAGAA　C TCATTAAGA
绵　羊	668	TGGATATTTC　CAGGACAAAA　ATCAGTTTCC　TGCCAGGTCA　CGGATTAGAA　T TCATTAAGA
辽宁绒山羊	421	AGCTAAGAGC　AAGGTCTACA　TATAATTTAA　AAAAACTTCC　TGATTTAAGC　AAATTTAGAT
绵　羊	728	AGCTAAGAGC　AAGGTCTACA　TATAATTTAA　AAAAACTTCC　TGATTTAAGC　AAATTTAGAT
辽宁绒山羊	481	CATTGATTGA　GGCAAATTTC　ACCTATCCTA　GCCAT N GCTG　　GAA
绵　羊	788	CTTTGATTGA　GGCAAACTTC　ACCTATCCTA　GCCATTGCTG　　TGC

第六章
辽宁绒山羊重要经济性状遗传规律

　　性状（character）是指生物的形态结构、生理特征、行为习惯等方面的各种特征。任何生物都有许多性状，有的是形态特征（如动物被毛颜色、角的形状），有的是生理特征（如动物的抗病性等），有的是行为方式（如羊的合群性）等。在孟德尔以后的遗传学中把作为表型显示的各种遗传性质称为性状。遗传学上将羊的性状分为数量性状和质量性状，而育种学上则将羊的性状分为生物学性状和经济性状。羊的经济性状一般是指包含羊产品在内具备经济价值的性状。

　　绒山羊的大多数经济性状属于数量性状，主要包括以下六类：①绒山羊生长发育相关性状，包括初生重、断奶重、周岁体重、成年体重、日增重等；②绒山羊产绒性能相关性状，包括周岁产绒量、成年产绒量、抓绒后体重、绒厚、净绒量等；③绒山羊羊绒品质相关性状，包括绒自然长度、绒层高度、毛长、绒伸直长度、绒细度等；④绒山羊毛囊性状，包括初级毛囊密度（P）、次级毛囊密度（S）、S/P、次级毛囊外径、初级毛囊外径、次级毛囊内径、初级毛囊内径、次级毛囊深度、初级毛囊深度等；⑤绒山羊繁殖相关性状，包括产羔数、产活羔数、断奶只数、初生窝重、断奶窝重等；⑥产肉及肉质性状，主要包括屠宰率、净肉率、眼肌面积、大理石纹评分、系水力、pH 等。

第一节　辽宁绒山羊主要经济性状
遗传参数估计

一、辽宁绒山羊繁殖性状的遗传参数估计

　　家畜繁殖性状是畜牧业生产的主要经济性状之一，也是十分重要的数量性

状。由于家畜繁殖性状的遗传力普遍较低，通过传统的数量性状选育方法对繁殖性状的改良效果甚微，故转而从群体遗传进展对绒山羊进行遗传改良以获得更大的经济效益，而遗传进展的获得可通过制定合理的育种计划及选择方法来实现。在制定育种计划及选择方法时，需要对绒山羊群体重要经济性状的遗传参数有所了解，这些遗传参数还可以帮助生产者预测选择反应及遗传趋势的过程。由于遗传参数具有群体特异性，因此，利用辽宁绒山羊原种场 1989—2009 年的 3 285 只基础母羊、187 只成年公羊和 9 824 只羔羊的资料进行统计分析，其来源相关系数为 0.261；收集其初生重、断奶重、产仔数、发情母羊数、参加配种羊数、实际配种羊数、未发情数、空怀数、胎型等生产记录，核对原始数据，删除性状样本平均数范围外的极大值、极小值。

运用 Excel 2004 软件，并结合 SAS 6.12 统计软件和刘元高等报道的软件，参照梅步俊的方法进行数据统计和分析。统计的主要参数有平均数、标准差、变异系数；估计参数主要有表型相关、遗传相关的遗传力，并进行 t 检验，计算辽宁绒山羊的稳定年龄分布。产羔数、产活羔数、初生窝重、断奶窝重等性状的遗传力按盛志廉介绍的母女相关法，并用松刚报道的软件进行计算。采用杨运清等介绍的单元内半同胞法相关法估计辽宁绒山羊的初生重、断奶重的遗传力。按胡良平报道的 SAS 6.12 统计软件计算产羔数等 9 个性状的两两表型相关，按李明定介绍的父系半同胞方差及协方差法估测两两遗传相关。对辽宁绒山羊群体遗传参数进行估计，旨在分析辽宁绒山羊重要繁殖性状的遗传参数，为该目标群体的遗传评估奠定基础。

（一）辽宁绒山羊繁殖相关性状的表型参数的估计

辽宁绒山羊繁殖相关性状的表型参数的估计分别见表 6-1 和表 6-2。

表 6-1　辽宁绒山羊表型参数的估计

项目	平均数	标准差	变异系数（%）	样本数量
产羔数（只）	1.28	0.33	25.78	9 035 窝
产活羔数（只）	1.21	0.41	33.88	9 035 窝
断奶数（只）	1.19	0.38	31.92	9 035 窝
初生窝重（kg）	2.62	1.12	42.75	9 035 窝
断奶窝重（kg）	20.63	2.65	12.85	9 035 窝

（续）

项目	平均数	标准差	变异系数（%）	样本数量
初生重（kg）	2.47	0.54	21.86	9 824 只
断奶重（kg）	18.84	7.15	37.95	9 824 只
妊娠期（d）	148.17	3.14	2.12	9 035 窝

表 6-2　辽宁绒山羊年龄及稳定年龄分布（%）

项目	1 岁	2 岁	3 岁	4 岁	5 岁	6 岁	7 岁
年龄分布	10.24	28.63	33.16	17.45	3.11	5.14	2.27
稳定年龄分布	4.18	51.43	30.04	3.13	7.87	2.13	1.22

　　辽宁绒山羊的初生重和断奶重分别为 2.47 kg 和 18.8 kg，均高于内蒙古绒山羊的 2.43 kg 和 1.87 kg，说明辽宁绒山羊具有早期生长发育快的优点。同时辽宁绒山羊母羊年龄分布以 2~4 岁为主，说明辽宁绒山羊母羊群年龄结构分布合理，羊群周转速度较快。

（二）辽宁绒山羊繁殖性状遗传参数

1. 辽宁绒山羊繁殖性状遗传力（h^2）估计　结果（h^2）见表 6-3。

表 6-3　辽宁绒山羊主要繁殖性状的遗传力

项目	产羔数	产活羔数	断奶只数	断奶窝重	初生窝重	初生重	断奶重
h^2	0.147	0.126	0.182	0.250	0.318	0.384	0.369

　　辽宁绒山羊繁殖性状中除产羔数、产活羔数、断奶只数外，其他遗传力均属于中等遗传力水平，并且其各主要性状的遗传力指标与内蒙古绒山羊（内蒙古绒山羊分别为 0.317、0.382）相接近，且 t 检验均为差异显著（$P<0.05$），说明绒山羊初生重、初生窝重的遗传力在品种间均较稳定。

2. 辽宁绒山羊主要繁殖性状相关系数估计　见表 6-4。

表 6-4　辽宁绒山羊繁殖性状间的表型相关和遗传相关

性状	产羔数	产活羔数	断奶只数	初生窝重	断奶窝重	初生重	断奶重
产羔数		0.679**	0.521**	0.654**	0.521*	−0.089	0.284
产活羔数	0.921**			1.103**	0.821**	0.313	−0.653**

（续）

性状	产羔数	产活羔数	断奶只数	初生窝重	断奶窝重	初生重	断奶重
断奶只数	0.613**	0.854*		0.852**	0.917**	−0.185	−0.576*
初生窝重	0.557**	0.975**	0.804**		0.754**	0.294	−0.437
断奶窝重	0.679*	0.827*	0.804**	0.791*		0.172	0.184
初生体重	−0.0877*	0.052	0.594*	−0.147	−0.154		0.469*
断奶重	0.127	0.017	−0.247	−0.208	0.387	0.684*	

注：对角线以上为遗传相关，对角线以下为表型相关；肩标**表示差异极显著（$P < 0.01$），肩标*表示差异显著（$P < 0.05$）。

辽宁绒山羊主要繁殖性状中，产羔数、产活羔数、断奶只数、初生窝重、断奶窝重均为强正相关，窝性状与个体性状间呈负遗传相关，初生重、断奶重与上述性状中大多为弱的正相关或弱负相关，上述结果与内蒙古白绒山羊是一致的。这说明绒山羊这一物种在主要繁殖性状的遗传中几乎是一致的。

（三）辽宁绒山羊主要繁殖性状遗传参数的重复力估计

辽宁绒山羊在生产中主要采用的繁殖性状为初生重和断奶重，因此只计算这两个性状的重复率。计算结果表明，初生重和断奶重的重复率分别为 0.328 和 0.215，属于中等重复率，并且 t 检验均为差异显著（$P < 0.05$）。

二、辽宁绒山羊主要产绒性状的遗传参数估计

畜禽数量性状遗传参数是畜禽的重要遗传特性，也是育种工作者对畜禽选择的重要依据。育种工作者可利用它来研究和揭示数量性状的遗传规律，探讨选育方法，不断提高选育效果。近几十年来，畜禽遗传参数和个体育种值在国内外畜禽育种工作中得到了广泛应用。传统数量遗传学常采用母女回归法估算限性性状遗传力，用全同胞相关法或半同胞相关法估算其他性状的遗传力。遗传力可用来预测选择效果、估计动物的育种值、确定选种方法和制定综合选择指数。育种工作者常根据亲子关系或半同胞资料估算性状间的遗传相关。遗传相关值可用于性状的间接选择，不同环境下性状表现值的比较，性状的综合选择，揭示性状间的真实关系。重复力通常是通过组内相关原理来估测的，重复力可用来判断遗传力的正确性、确定性状度量次数、估算动物的可能生产力及估算多次度量均值的遗传力等。澳大利亚 Restall 等研究指出，绒山羊的重要

经济性状具有较高的遗传力。体重、绒产量、绒细度、绒长度的遗传力分别为 0.29、0.61、0.47、0.7。Bishop 报道了苏格兰绒山羊体重、绒产量、绒细度、绒长度的遗传力分别为 0.07、0.76、0.24、0.12。体重与绒产量、绒细度、绒长度的遗传相关分别为 0.24、-0.27、0.52，绒产量与绒细度、绒长度的遗传相关分别为 0.12、0.94，绒细度和绒长度的遗传相关为 0.12。国内学者先后估计了内蒙古绒山羊、柴达木绒山羊、陕北白绒山羊的产绒性状的遗传参数，对指导相关绒山羊品种的选育提高起到了极大的促进作用。辽宁绒山羊是我国优秀的绒山羊品种资源，以产绒量高、绒质优良驰名中外。不仅辽宁省饲养辽宁绒山羊的数量增长很快，而且全国各地引进辽宁绒山羊改良本地山羊的数量也日益增多，因而辽宁绒山羊的经济性状遗传参数估计对于绒山羊的品种改良显得更为重要。笔者利用辽宁省辽宁绒山羊育种中心 2001—2010 年 10 年间出生羊的选育资料，结合对其后代的测试数据，采用父系半同胞相关法估计了辽宁绒山羊主要产绒性状的遗传参数，旨在摸清辽宁绒山羊选育种群经济性状的遗传特点，用以指导辽宁绒山羊的选育和杂交利用工作，保持我国绒山羊在国内外的优势地位。

（一）辽宁绒山羊遗传参数估计模型、性状及样本数量

1. 辽宁绒山羊产绒性状遗传参数估计样本数量　用于遗传参数估计的辽宁绒山羊性状及样本数量见表 6-5。

表 6-5　用于遗传参数估计的辽宁绒山羊性状指标和样本数量

性状	样本数量（只）
产绒量	2 641
净绒量	182
体重	634
初生重	1 258
山羊绒纤维直径	1 156
山羊绒长度	296
绒层高度	629
断奶重	1 566

2. 遗传参数估计模型 公式如下。

$$Y_{ij}k_m = u + year_i + sire_{ij} + Dam_{ijk} + E_{ij}k_m$$

式中：$Y_{ij}k_m$ 为第 i 年份内第 j 个父系第 k 个母亲第 m 个个体的性状观察值，u 为群体均值，$year_i$ 为第 i 个年份的固定效应（2001—2010 年），$sire_{ij}$ 为第 i 年第 j 个父系的效应，Dam_{ijk} 为第 i 年第 j 个父系第 k 个母亲的效应，$E_{ij}k_m$ 为随机残差效应。利用方差分析法剔除由于年代效应不同产生的固定效应。

（二）辽宁绒山羊主要产绒性状的遗传力

辽宁绒山羊主要产绒性状的遗传力见表 6-6。

表 6-6 辽宁绒山羊主要产绒性状的遗传力

性状	遗传力	标准误
产绒量	0.357	0.040
净绒量	0.685	0.136
绒纤维直径	0.421	0.107
绒长度	0.263	0.442
绒层高度	0.312	0.133
初生重	0.647	0.118
断奶重	0.337	0.151
抓绒后体重	0.571	0.180

辽宁绒山羊的净绒量和初生重为高遗传力，绒直径、产绒量、绒层高度、断奶重和抓绒后体重为中等遗传力，绒长度为低遗传力。辽宁绒山羊的净绒量、绒纤维直径的遗传力分别为 0.685、0.421，与 Pattie 报道的澳大利亚绒山羊的遗传力一致。辽宁绒山羊绒长度遗传力为 0.263，低于澳大利亚绒山羊（0.697）。辽宁绒山羊的抓绒后体重遗传力为 0.571，高于澳大利亚绒山羊的 0.285。辽宁绒山羊断奶重的遗传力为 0.337，澳洲美利奴羊断奶重的遗传力为 0.10～0.30，可见辽宁绒山羊断奶重遗传力远高于这 2 个绵羊品种。辽宁绒山羊初生重和抓绒后体重的遗传力较高，而断奶重的遗传力较低，可能与这 3 个指标的度量准确性有关。初生重是在出生后未吃初乳前度量的，抓绒后体重是指抓绒后第 2 天早晨的空腹体重。抓绒是在枯草期将结束时进行的，抓

绒后体重是一年中羊体重最小的，羊只抓绒以后马上就进入青草期，体重逐渐开始恢复。因此，初生重和抓绒后体重在度量时能够掌握准确的度量时间。羊断奶时间一般是指同一群的大多数羊开始断奶的日龄，并在此时称量群体中所有个体的断奶重，出生早的羊哺乳期要比出生晚的羊哺乳期长，造成断奶重度量的准确性较差。断奶重遗传力为 0.337，也属于中等遗传力。断奶重大的羔羊可能与母羊泌乳力和母羊哺育能力强有关，还可能与哺乳期羔羊抗性强、早期生长较快有关，中等遗传力的性状坚持选择下去，也会对辽宁绒山羊优良性状的提高有良好作用。

（三）辽宁绒山羊主要经济性状的遗传相关和表型相关

辽宁绒山羊主要经济性状的遗传相关和表型相关见表 6-7。

表 6-7　辽宁绒山羊主要经济性状的遗传相关和表型相关

性状		遗传相关	标准误	表型相关
产绒量	净绒量	0.718	0.150	0.823
	绒纤维直径	0.658	0.239	0.278
	绒层高度	0.632	0.202	0.475
	抓绒后体重	0.713	0.169	0.476
绒纤维直径	绒层高度	—	—	0.216
	抓绒后体重	0.112	0.400	0.139
抓绒后体重	绒层高度	−0.726	1.081	0.205
	初生重	0.841	0.458	0.138
	断奶重	0.421	0.215	0.406

辽宁绒山羊的产绒量与其他性状呈强的正遗传相关。抓绒后体重与绒直径的遗传相关较弱（0.112），与绒层高度呈强的负遗传相关（−0.726），与出生重的遗传相关高于断奶重。产绒量与净绒量的遗传相关和表型相关均呈强的正相关（0.718 和 0.823），产绒量与净绒量的表型相关高于遗传相关。除此以外，其他表型相关都呈中等或弱的相关，只有抓绒后体重与绒层高度的负遗传相关和它们的表型相关方向相反。辽宁绒山羊产绒量与绒直径的遗传相关，呈强正相关（0.685），选择高产绒量会使后代的绒直径增加，如果要求辽宁绒山羊的绒直径不变粗，提高产绒量有一定困难。遗传力是群体特点，提高产绒量

可增加后代的绒直径，这是辽宁绒山羊群体的总趋势，为此应积极寻找既能提高产绒量又尽量不影响羊绒直径的相关性状作为选育性状，这是今后应当考虑的问题。

三、辽宁绒山羊毛囊性状遗传参数估计

皮肤是生长绒和毛的载体，在绵山羊皮肤中羊绒和羊毛是次级毛囊和初级毛囊的衍生物，毛囊的结构和特点直接影响绵山羊被毛纤维的产量和品质。对细毛羊皮肤特性的研究结果表明，毛囊性状具有较高的遗传力，与生产性状的遗传相关大，在选择中监测毛囊性状能够提高选择的准确性，也可以在羊只出生后不久根据毛囊性状进行早期选种。随着绒山羊业的发展，人们也开始关注绒山羊皮肤结构的研究，估计毛囊性状的遗传参数，以期发现品种间的差别，探讨毛囊性状在选种中应用的可能性。20 世纪 90 年代 Pattie 报道澳大利亚绒山羊次级毛囊密度遗传力 0.168，与产绒量、绒纤维直径的遗传相关为 0.482、0.080；S/P 遗传力为 0.294，与产绒量和绒纤维直径的遗传相关为 0.381 和 0.318。利用增加毛囊性状计算的选择指数虽未能提高选择的遗传进展，但提高了选择的准确性。辽宁绒山羊是我国优秀的山羊品种资源，对其皮肤性状遗传参数估计已有一些报道，并发现绒山羊皮肤性状在品种间差别较大，但在选种中的应用实例不多。本研究的目的就是以辽宁绒山羊为对象，系统地对其皮肤毛囊的遗传参数进行估测，探讨毛囊性状在辽宁绒山羊选育中应用的可能性。

（一）非遗传因素对毛囊性状的影响

非遗传因素包括羊的出生类型（单羔或双羔）、月龄（6 月龄、18 月龄）和母亲年龄（1～7 岁）。非遗传因素对毛囊性状的影响见表 6-8。

表 6-8 非遗传因素对毛囊性状的影响方差分析 F 值

毛囊性状	影响因素		
	月龄	出生类型	母亲年龄
S/P	0.223 4	0.100 6	3.061**
次级毛囊密度	24.329**	2.728*	2.478**
初级毛囊密度	25.250**	0.945	0.899
次级毛囊外径	61.546**	2.196	1.705
初级毛囊外径	134.303**	0.190	2.623*

（续）

毛囊性状	影响因素		
	月龄	出生类型	母亲年龄
次级毛囊内径	86.864**	0.002	0.604
初级毛囊内径	35.953	1.623	2.658**
次级毛囊深度	4.306	0.022	1.707
初级毛囊深度	36.361**	1.016	0.997

注：* 表示 $P<0.05$，* * 表示 $P<0.01$。

除 S/P 以外，其他毛囊性状随羔羊年龄的增长变化显著，出生类型对次级毛囊密度有显著影响（$P<0.05$），其他性状在出生类型间无显著差异（$P>0.05$），S/P、次级毛囊密度、初级毛囊内径在母亲月龄间差异显著（$P<0.01$）。S/P 受非遗传因素影响最小。

（二）辽宁绒山羊毛囊性状的遗传力

辽宁绒山羊毛囊性状和生产性能的遗传力估计值见表 6-9。

表 6-9　辽宁绒山羊毛囊性状和生产性能的遗传力

性状	遗传力	标准误
S/P	0.534	0.190
次级毛囊密度	0.137	0.184
初级毛囊密度	0.160	0.192
次级毛囊外径	0.584	0.155
初级毛囊外径	0.080	0.219
次级毛囊内径	0.187	0.162
初级毛囊内径	0.496	0.223
次级毛囊深度	0.002	0.015
初级毛囊深度	0.204	0.258
产绒量	0.357	0.040
体重	0.571	0.180
绒纤维直径	0.421	0.107

辽宁绒山羊毛囊的 S/P、初级毛囊内径、次级毛囊外径等性状的遗传力均较高（0.5～0.6）；而次级毛囊密度的遗传力较低（0.137）。

（三）辽宁绒山羊毛囊性状与生产性能的表型相关和遗传相关

辽宁绒山羊毛囊性状和生产性能的表型相关系数见表 6 - 10，遗传相关系数见表 6 - 11。

表 6 - 10 辽宁绒山羊毛囊性状和生产性能的表型相关系数

性状	次级毛囊密度	初级毛囊密度	次级毛囊外径	初级毛囊外径	次级毛囊内径	初级毛囊内径	次级毛囊深度	初级毛囊深度	产绒量	体重	绒直径
S/P	0.311	−0.451	0.064	−0.167	0.013	0.128	0.036	0.039	0.044	0.183	−0.033
次级毛囊密度		0.637	0.051	−0.210	−0.104	−0.149	0.035	0.035	0.014	−0.030	0.036
初级毛囊密度			−0.074	−0.156	0.112	−0.048	0.027	−0.132	0.021	−0.219	0.024
次级毛囊外径				−0.026	0.184	−0.079	−0.016	−0.064	−0.079	−0.131	−0.048
初级毛囊外径					0.109	0.740	0.037	0.126	0.079	0.037	0.088
次级毛囊内径						0.215	0.058	0.163	0.104	0.024	0.036
初级毛囊内径							0.129	0.185	0.007	−0.022	0.062
次级毛囊深度								0.594	0.159	0.101	0.084
初级毛囊深度									−0.076	0.077	0.089

性状的表型相关反映的是群体 2 个性状间的关系，辽宁绒山羊的次级毛囊密度、初级毛囊密度与 S/P 的表型相关系数为 0.311、−0.451，次级毛囊与初级毛囊密度的表型相关系数为 0.637，S/P 与体重的表型相关系数 0.183。其他毛囊性状与生产性能的表型相关都很低（<0.200）。

表 6 - 11 辽宁绒山羊毛囊性状和生产性能的遗传相关系数

性状	次级毛囊密度	初级毛囊密度	次级毛囊外径	初级毛囊内径	产绒量	体重	初生重	绒直径
S/P	0.190	−0.230	0.197	0.107	0.680	0.423	0.674	−0.343
次级毛囊密度		0.253	0.142	—	0.262	−0.131	0.210	0.105
初级毛囊密度			−0.138	—	−0.375	−0.320	−0.280	—
次级毛囊外径				0.450	—	−0.079	−0.089	0.489
初级毛囊内径					0.124	0.246	—	—

性状的遗传相关反映的是父代某个性状与子代另一个性状间的相关关系，遗传相关性高的两个性状，在父代选择其中一个性状，就会使子代的另一个性状有所变化，如果前一个性状遗传力高，通过它就可以对后一个性状进行间接

选择。在辽宁绒山羊毛囊性状中遗传力较高的性状有 S/P、次级毛囊外径和初级毛囊内径。但初级毛囊内径与生产性能的遗传相关较低，次级毛囊外径与产绒量和绒直径的遗传相关分别为 0.450、0.489，表明在父代选择次级毛囊外径可使子代的产绒量有较大的提高，但可使后代绒直径变粗。S/P 与产绒量、体重、初生重和绒直径的遗传相关分别为 0.680、0.423、0.674 和 —0.343，说明在当前的辽宁绒山羊种群中选择 S/P 高的个体能提高后代的产绒量、体重、初生重，而绒纤维直径不会变粗。因此，在辽宁绒山羊种群中通过提高 S/P 导致的产绒量增加，可能与次级毛囊密度增加有关，但次级毛囊密度增加只会造成绒纤维直径稍有增加。因此 S/P 可以作为辽宁绒山羊的选育指标应用于选育工作。

四、年龄和性别因素对辽宁绒山羊主要经济性状的影响

绒山羊被毛生长是一个复杂的生理过程，受环境、营养和遗传 3 个因子的影响。不同品种、不同个体表现出周期性生长的差异，表明遗传是调控毛被生长的最主要因子。日照、季节等气候环境因素对绒山羊的产绒性能均有不同程度的影响。在育种工作中，育种值估计及选种准确性的提高必须基于个体的遗传品质而不是环境效应。有些非遗传因素（固定效应）可以人为改变，如可以通过管理加以改善的主要非遗传因素有年龄、营养、生理状况、疾病状况和剪毛制度等。而有些非遗传因素，如年份、性别以及自然条件等则很难人为改变。因此，在这些非遗传因素中，究竟哪些因素对性状的表型观察值影响大，在遗传参数估计中究竟要考虑哪些非遗传因素，这对遗传参数以及育种值估计的准确性有着很大影响。辽宁绒山羊大多数以放牧为主，饲养管理方式粗放，因而易受众多非遗传因素的影响。因此，以自辽宁绒山羊原种育种核心群 2006—2012 年的育种测试记录为基础，采用 Harvey 的 LSMLMW 和 MIXMDL 程序，分析年龄、性别、出生类型和母羊年龄等非遗传因素对辽宁绒山羊主要产绒性状的影响，以期初步揭示辽宁绒山羊的产绒性状与非遗传因素之间的关系，找出影响性状的主要非遗传因素，为辽宁绒山羊早期选种、适时淘汰及合理调整羊群年龄结构提供理论与数据支持。

（一）辽宁绒山羊主要经济性状

辽宁绒山羊主要经济性状的平均数据见表 6 - 12。

表6-12　辽宁绒山羊主要经济性状的平均值

项目	产绒量	净绒量	绒直径	绒层高度	绒长度	初生重	断奶重	抓绒后重
样本数量	2 642 只	182 只	1 156 只	629 只	296 只	1 120 只	1 160 只	634 只
公羊	984.75 g	739.81 g	15.99 μm	6.78 cm	9.50 cm	2.29 kg	14.80 kg	60.06 kg
母羊	492.16 g	398.63 g	14.99 μm	5.38 cm	7.73 cm	2.25 kg	13.35 kg	42.77 kg
单羔	758.99 g	512.35 g	14.98 μm	6.06 cm	9.22 cm	2.43 kg	14.69 kg	47.80 kg
双羔	733.92 g	50.18 g	14.99 μm	6.09 cm	9.18 cm	2.11 kg	13.46 kg	47.47 kg

（二）辽宁绒山羊产绒量、净绒量与性别、年龄和出生类型的关系

辽宁绒山羊产绒量、净绒量与性别、年龄和出生类型的关系，见图6-1。

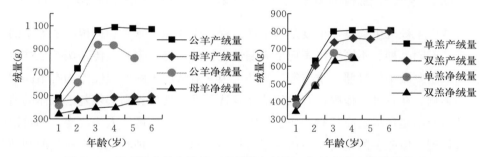

图6-1　辽宁绒山羊产绒量、净绒量与性别、年龄和出生类型的关系

性别、年龄和出生类型对产绒量和净绒量都具有极显著影响（$P<0.01$），而在母亲年龄间无明显差异（$P>0.05$）。公羊的产绒量极显著高于母羊（$P<0.01$）。公羊1周岁时产绒量为476 g，2周岁比1周岁提高261 g，3周岁比2周岁提高324 g，3周岁以后产绒量无明显变化。母羊1~3周岁产绒量每年提高约13 g，5~6周岁比3~4岁又提高13 g左右。单羔的产绒量极显著高于双羔（$P<0.01$），而以2~5周岁时差别尤为明显。在3周岁前净绒量每一年提高幅度较大，公羊在3周岁时净绒量达到最大值，以后略有下降。母羊净绒产量随着年龄的增长逐渐提高。公羊的净绒量在任何一个年龄上都极显著高于母羊（$P<0.01$）。

（三）辽宁绒山羊羊绒纤维直径与性别、年龄和出生类型的关系

辽宁绒山羊羊绒纤维直径与性别、年龄和出生类型的关系见图6-2。

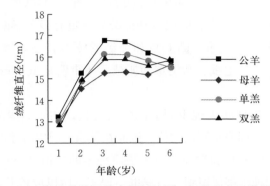

图 6-2 辽宁绒山羊绒纤维直径与性别、年龄和出生类型的关系

辽宁绒山羊的绒纤维直径在性别间和年龄间有极显著差异（$P<0.01$），在出生类型间、母亲年龄间无显著差异（$P>0.05$）。公羊绒纤维直径极显著高于母羊（$P<0.01$），公羊平均纤维直径比母羊高 1.0 μm。公羊 1～2 周岁绒直径增加 2.10 μm，2～3 周岁绒纤维直径增加 1.60 μm，3 周岁时绒纤维直径最大（16.87 μm），以后开始下降。母羊 1～2 周岁绒纤维直径增加 1.74 μm，2～3 周岁绒纤维直径增加 0.77 μm，3 周岁时绒纤维直径最大（15.37 μm）。单胎羊的羊绒纤维直径高于双胎，但没有达到显著水平（$P>0.05$）。

（四）辽宁绒山羊绒层高度和绒长度

辽宁绒山羊绒层高度和绒长度与年龄、性别和出生类型的关系为：公羊的绒层高度和绒长度极显著高于母羊（$P<0.01$），公羊的平均绒层高度比母羊高 1.40 cm，平均绒长度高 1.77 cm。1 周岁的绒层高度极显著低于其他年龄（$P<0.01$），而在 3 周岁时达到最大值。公羊的绒长度在年龄间无明显差异（$P>0.05$），绒层高度和绒长度在出生类型间也无显著差异（$P>0.05$）。

（五）辽宁绒山羊初生重、断奶重和抓绒后体重

辽宁绒山羊的初生重和断奶重与母亲年龄、性别和出生类型的关系为：公、母羊的初生重无显著差异（$P>0.05$），单胎羊只的初生重极显著高于双胎（$P<0.01$）。公羊的断奶重明显高于母羊（$P<0.01$），单胎羊的断奶重明显高于双胎羊（$P<0.01$）。抓绒后体重与母亲年龄、自身年龄、性别和出生类型的关系为：抓绒后体重随着年龄的增长逐渐增大，年龄间差异极显著（$P<0.01$）。公羊的抓绒后

体重明显高于母羊（$P<0.01$），而在出生类型间无显著差异（$P>0.05$）。

母亲年龄对羊只初生重、断奶重和抓绒后体重有显著影响，随着母亲年龄的增长，所生羔羊的初生重、断奶重和抓绒后体重有逐渐增大的趋势。母羊2周岁时所生羔羊的初生重、断奶重和抓绒后体重明显低于母亲其他年龄所生的后代（$P<0.05$）。

辽宁绒山羊经济性状表现出明显的年龄变化，在4周岁前变化幅度较大。母羊绒纤维直径在3周岁达到最大值。因此在羊只3周岁时才能获得准确的性能判断，只按照周岁的发育和性能测试来决定种羊的去留是不科学的。但在实际工作中，将备选的种羊都保留到3周岁也不现实，所以应该开展早期选种研究。产绒量是指采用梳绒法测定的羊只个体污绒产量，其中含有部分粗毛和杂质，用它来比较品种间的差别和进行选种不够准确，应该使用净绒量这一指标。

辽宁绒山羊初生重在性别间没有差别，而公羊的断奶体重和抓绒后体重却明显高于母羊，说明公、母羊在体重上的差别完全是在哺乳期及以后形成的。母亲年龄只影响体重性状，壮龄母羊所生后代的初生重、断奶重和抓绒后体重明显地高于其他年龄母羊所生的后代，母亲年龄对后代体重性状的影响在羊只一生中都不能得到补偿。

第二节　辽宁绒山羊产绒性状微卫星标记的研究

微卫星DNA，又称短串联重复序列（short tandem repeats，STR）或简单序列重复（simple sequence repeats，SSR），是以1～6 bp的短核苷酸序列为基本单位，重复10～20次，首尾相连组成的串联重复序列。重复类型有：两种单核苷酸重复，即A/T、C/G；四种二核苷酸重复，即AT/TA、AC/TG、AG/TC、CG/GC；以及某些三、四核苷酸重复类型等。据Moore（1991）公布的数据，重复最多的为AC/TG类型，约占57%，而其他类型的较少。微卫星序列存在于几乎所有真核生物的基因组中，呈随机均匀分布。它是由其核心序列和两侧的侧翼序列构成。侧翼序列使某一微卫星特异定位在染色体的特定位置，核心序列重复数的不同是构成微卫星多态性的基础。根据微卫星的结构，Weber（1990）等将其分为三类，即完全的（perfect）、不完全的（imperfect）和复合的（compound）微卫星。

微卫星标记（microsatellite）是 20 世纪 80 年代末发展起来的一种新型分子遗传标记。它具有数量大、分布广且均匀、多态信息含量高、检测快速方便等优点，目前被广泛地应用于基因定位、连锁分析、血缘关系鉴定、评估遗传多样性、构建系统发生树、标记辅助选择等方面。辽宁绒山羊具有产绒量高、绒质优异等特性。通过微卫星标记寻找出控制其羊绒性状的主效基因，并进一步研究其亲本中主效基因的遗传关系，可为优秀亲本选择与育种提供理论依据和方法，而标记辅助选择技术是解决这一关键问题的有效途径。探求与性状紧密连锁的标记或控制性状的数量性状位点（QTL）是标记辅助选择在育种过程中发挥作用的首要任务。在众多的分子遗传标记中，微卫星在基因组中具有数量多、分布广、多态性丰富的特点，在基因图谱的建立、QTL 定位、遗传位点标记等方面得到了广泛应用。

因此，以辽宁绒山羊群体（40 只，4 个家系）为试验材料，采用 PCR‐SSR 标记技术对其进行绒纤维长度、细度和产量的遗传标记分析，目的是寻找与这 3 个性状紧密连锁的有利标记信息，为分子育种技术在辽宁绒山羊育种中的应用提供科学、可靠的参数依据。

一、辽宁绒山羊 7 个微卫星位点遗传多样性分析

自辽宁省辽宁绒山羊育种中心的育种核心群中选择 2006—2007 年出生的 11 609 家系（10 只）、33 573 家系（11 只）、42 227 家系（10 只）和 33 737 家系（9 只）等 4 个父系半同胞家系的周岁育成羊个体，静脉采血，−80 ℃ 保存，以备基因组 DNA 的提取；从数据库网站查得并筛选出山羊两条染色体上的 7 个微卫星位点。其中，1 号染色体上的 3 个微卫星位点为 OarAE101、OarJMP8、BM143，6 号染色体上的 4 个微卫星位点为 BM6506、BM1824、BM6438、ILSTS004。引物序列见表 6‐13，引物由北京鼎国生物技术发展中心合成。

对 7 个微卫星位点在辽宁绒山羊 4 个家系中遗传多态性的研究结果表明，7 个微卫星位点中仅有 4 个（OarAE101、OarJMP8、BM143、BM6 506）表现出了多态性。其中，OarAE101 位点多态信息含量最高，多态信息含量（PIC）为 0.727 4，BM143 位点多态信息含量最低，PIC 为 0.525 8，大于 0.5。这说明所选取的这 4 个标记总体上为高度多态性标记，能够较好地反映出研究群体的群体遗传学特征。4 个微卫星位点等位基因频率、PIC、有效等

位基因数（N_e）及遗传杂合度（H）见表 6-14、表 6-15。

表 6-13　微卫星位点的序列、退火温度

位点	序列	退火温度（℃）	
		参考	实际
OarAE101	TAAGAAATATATTTGAAAAAACTGTATCTCCC TTCTTATAGATGCACTCAAGCATGG	63	55
BM143	ACCTGGGAAGCCTCCATATC CTGCAGGCAGATTCTTTATCG	68	63
QarJMP8	CGGGATGATCTTCTGTCCAAATATGC CATTTGCTTTGGCTTCAGAACCAGAG	68	63
BM1824	GAGCAAGGTGTTTTTCCAATC CATTCTCCAACTGCTTCCTTG	46	46
BM6438	TTGAGCACAGACACAGACTGG ACTGAATGCCTCCTTTGTGC	58	57
BM6506	GCACGTGGTAAAGAGATGGC AGCAACTTGAGCATGGCAC	49	49
ILSTS004	CTTAAAATCTGTCTTTCTTCC TAGTGTGTATTAGGTTTCTCC	53	50

表 6-14　4 个微卫星位点等位基因数及频率

微卫星座位	个体数	等位基因数	基因型（频率）							
			AA	AB	AC	AD	BB	BC	BD	CC
OarJMP8	30	6	0.115	0.475	0.075	0.050	0.200		0.075	
BM143	30	6	0.150	0.350	0.115	0.175		0.115		0.075
OarAE101	30	4	0.275	0.125	0.150	0.450				
BM6506	30	12	0.250	0.750						

表 6-15　4 个微卫星位点统计学指标

微卫星位点	有效等位基因数	多态信息含量	杂合度
OarJMP8	3.418	0.612	0.677
BM143	4.815	0.526	0.792
OarAE101	3.162	0.727	0.706
BM6506	1.600	0.676	0.375
平均	3.249±1.318	0.635±0.087	0.638±0.182

　　群体的遗传变异就其本质而言，是 DNA 分子的遗传变异，不同品种或不同类群在遗传上的差异可不同程度地反映在其 DNA 序列上，因而在 DNA 水平上检测群体的遗传变异，研究群体间的遗传相关就显得更为重要。目前应用分子标记技术进行山羊遗传变异的研究已有很多报道。Nei 指出，基因杂合度是度量群体遗传变异的一个最适参数。位点平均杂合度近似反映遗传结构变异程度，杂合度越大变异越大，可选择的范围越大。若一个群体的杂合度大于 0.5，则意味着它没有受到高强度的选择，遗传多样性比较丰富；反之，则说该群体的遗传多样性较差。辽宁绒山羊的微卫星结果表明，在 4 个微卫星位点上，辽宁绒山羊的平均杂合度为 0.638，与赵艳红估计的阿尔巴斯绒山羊（0.727 3）、阿拉善绒山羊（0.613 6）、二郎山绒山羊（0.613 6）、陕北白绒山羊（0.675 0）、乌珠穆沁绒山羊（0.400 0）、辽宁绒山羊（0.600 0）结果相接近，但低于张亚妮（2005）对辽宁绒山羊的估测结果。造成本试验结果与国内其他同类研究存在差异的原因在于本研究的试验对象是辽宁绒山羊的核心育种群，具有家系丰富的优点，而其他研究所用的辽宁绒山羊均是从辽宁引入各地后的封闭群体，家系较少。这说明辽宁绒山羊品种内的遗传变异处于一个较高的水平，遗传多样性丰富，选择潜力很大。

　　通过 PCR-SSCP 多态性检测，辽宁绒山羊在 OarJMP8、BM143、OarAE101 三个位点属于中度多态位点，与微卫星位点高度多态有些差距，这种差距可能是由于两种分子标记原理不同造成的，但是这也进一步肯定辽宁绒山羊具有较高的遗传变异水平。辽宁绒山羊的重要特点是产绒量高，因此，可以利用该品种对一些可产绒的普通山羊品种进行杂交改良，以提高产绒量、改善羊绒品质，适应当前市场经济对羊绒产品的需求。

二、辽宁绒山羊微卫星标记与产绒性状的遗传关联分析

(一) 微卫星 OarJMP8 与产绒性状的遗传关联分析

微卫星 OarJMP8 与产绒性状的遗传关联分析见表 6-16。

表 6-16　微卫星 OarJMP8 的不同基因型羊绒性状最小二乘均数

基因型	样本数量	绒纤维长度（cm）	绒纤维细度（μm）	产绒量（g）
AA	5	9.700 0±0.447 21[a]	14.830 0±1.219 67[c]	1 042.500 0±128.269 74[ab]
AB	19	7.625 3±0.432 48[b]	15.929 5±1.515 04[abc]	945.315 8±176.303 78[b]
AC	3	5.366 7±0.321 46[d]	14.196 7±0.600 53[c]	682.500 0±72.327 38[c]
AD	2	9.550 0±0.636 40[a]	17.680 0±0.127 28[a]	1 204.000 0±5.656 85[a]
BB	8	6.275 0±0.365 47[c]	15.500 0±1.224 59[bc]	843.750 0±181.511 51[bc]
BD	3	7.626 7±1.190 85[b]	16.850 0±1.919 09[ab]	897.500 0±103.471 01[bc]

注：数据为平均值±标准差；同列数据标不同字母者表示差异显著（$P<0.05$），相同字母者表示差异不显著（$P>0.05$）。

微卫星 OarJMP8 的各个基因型中，AA 基因型的羊绒长度平均值最高，AC 基因型最低；AA 基因型和 AD 基因型对羊绒长度产生正面影响，AC 基因型产生负面影响。AD 基因型羊绒细度平均值最高，AC 基因型最低；AC 基因型对羊绒细度产生正面影响，AD 基因型产生负面影响。AD 基因型羊绒产量平均值最高，AC 基因型最低；AD 和 AA 基因型对羊绒产量产生正面影响，AC 基因型对羊绒产量产生负面影响。

(二) 微卫星 BM143 与产绒性状的遗传关联分析

微卫星 BM143 与产绒性状的遗传关联分析见表 6-17。

表 6-17　微卫星 BM143 的不同基因型羊绒性状最小二乘均数

基因型	样本数量	绒纤维长度（cm）	绒纤维细度（μm）	产绒量（g）
AA	6	7.725 0±1.610 51[ab]	15.306 7±0.486 15[c]	972.42±114.510 01[ab]
AB	6	7.558 6±1.221 09[ab]	16.158 6±0.794 18[bc]	875.06±132.745 45[b]
AC	5	6.320 0±1.188 28[b]	14.020 0±0.379 67[d]	800.50±285.987 32[b]
BB	7	8.014 3±1.169 66[a]	16.804 3±1.517 19[b]	1 008.3±204.876 36[ab]
BC	5	7.200 0±1.753 57[ab]	13.802 0±0.839 06[d]	900.00±163.458 71[b]
CC	3	7.930 0±0.490 00[ab]	18.170 0±0.265 14[a]	1 141.9±162.248 36[a]

注：数据为平均值±标准差；同列数据不同字母者表示差异显著（$P<0.05$），相同字母者表示差异不显著（$P>0.05$）。

微卫星 BM143 的各个基因型中，BB 基因型羊绒长度平均值最高，AC 基因型羊绒长度平均值最低，其中 BB 基因型与 AC 基因型差异显著（$P<0.05$）；CC 基因型羊绒细度平均值最高，BC 基因型羊绒细度平均值最低。其中，CC 基因型与 BB 基因型差异显著（$P<0.05$），AA 基因型与 AC 基因型和 BC 基因型差异显著（$P<0.05$）。BC 基因型对羊绒细度产生正面影响。CC 基因型产生负面影响。CC 基因型绒产量平均值最高，AC 基因型绒产量平均值最低。其中，CC 基因型与 AC 基因型差异极显著（$P<0.01$），CC 基因型与 AB 基因型和 BC 基因型差异显著（$P<0.05$）。CC 基因型对绒产量产生正面影响，AC 基因型产生负面影响。

（三）微卫星 OarAE101 与产绒性状的遗传关联分析

微卫星 OarAE101 与产绒性状的遗传关联分析见表 6-18。

表 6-18　微卫星 OarAE101 的不同基因型羊绒性状最小二乘均数

基因型	样本数量	绒纤维长度（cm）	绒纤维细度（μm）	产绒量（g）
AA	11	8.028 2±0.636 66[a]	16.284 5±1.621 91[a]	993.44±225.676 39[a]
AB	5	9.016 0±1.386 10[ab]	15.256 0±1.618 31[a]	1 046.0±112.855 00[a]
AD	18	7.287 2±1.174 13[b]	15.810 0±1.314 98[a]	908.54±140.582 08[ab]
AC	6	5.850 0±0.674 54[c]	14.886 8±1.700 11[a]	760.00±180.416 19[b]

注：数据为平均值±标准差；同列数据不同字母者表示差异显著（$P<0.05$），相同字母者表示差异不显著（$P>0.05$）。

微卫星 OarAE101 的各个基因型中，AB 基因型的羊绒长度平均值最高，AC 基因型的羊绒长度平均值最低。AC 基因型与 AB 基因型和 AA 基因型间差异极显著（$P<0.01$），AD 基因型与 AE 基因型和 AB 基因型间差异显著（$P<0.05$）。AB 基因型对羊绒长度产生正面影响，AC 基因型产生负面影响；AA 基因型的羊绒细度平均值最高，AC 最低。各基因型间差异均不显著（$P>0.05$）；AB 基因型的羊绒产量平均值最高，AC 基因型最低。AE 基因型与 AB 基因型和 AA 基因型差异显著（$P<0.05$），AB 基因型对羊绒产量产生正面影响，AC 基因型产生负面影响。

（四）微卫星 BM6506 微卫星 OarAE101 与产绒性状的遗传关联分析

微卫星 BM6506 微卫星 OarAE101 与产绒性状的遗传关联分析见表 6-19。

表 6-19　微卫星 BM6506 的不同基因型羊绒性状最小二乘均数

基因型	样本数量	绒纤维长度（cm）	绒纤维细度（μm）	产绒量（g）
AA	10	8.061 0±1.337 05[a]	16.193 0±1.759 17[a]	1 030.0±93.460 14[a]
AB	30	7.301 7±1.296 45[a]	15.579 3±1.424 43[a]	868.06±172.134 94[b]

注：数据为平均值±标准差；同列数据不同字母者表示差异显著（$P<0.05$），相同字母者表示差异不显著（$P>0.05$）。

微卫星 BM6506 的各个基因型中，AA 基因型羊绒纤维平均长度值高于 AB 基因型，但差异不显著（$P>0.05$）；AA 基因型羊绒纤维平均细度平均值高于 AB 基因型，但差异不显著（$P>0.05$）；AA 基因型羊绒产量平均值高于 AB 基因型，差异显著（$P<0.05$）。AA 基因型对羊绒产量产生正面影响，AB 基因型产生负面影响。

综上所述，位于辽宁绒山羊 1 号染色体上的位点 OarJMP8 和 OarAE101 可能存在辽宁绒山羊羊绒纤维长度和产绒量的分子标记信息，位点 BM143 可能存在辽宁绒山羊羊绒纤维细度的分子标记信息；位于 6 号染色体上的位点 BM6506 可能存在辽宁绒山羊绒产量的分子标记信息。这一研究结果与在其他羊只品种中的研究结果基本相同，但也有一定的差异，造成这种差异的因素很多，例如品种、品系、样本数量等。本研究的创新处在于，进一步对辽宁绒山羊产绒量性状进行了微卫星标记研究，并首次对其羊绒纤维长度和细度性状进行了微卫星标记研究。

第三节　双羔型辽宁绒山羊 *FSHR* 基因 SNP 分析的研究

繁殖性状是动物的重要经济性状之一，产仔率则是繁殖性状中最重要指标之一。山羊是单胎家畜，这在生产上是极为不利的，因为家畜的产仔率直接与生产成本相关。因此，通过提高产仔率来降低家畜的生产成本一直是人们追求的育种目标之一，而家畜的产仔率与卵巢的排卵率相关（Hanrahan，1985）。众所周知，动物的卵泡生长、发育、分化、成熟直至排卵是受脑垂体分泌的促卵泡素（FSH）调控的。而 FSH 必须与卵泡上的 FSH 受体结合以激活细胞内的 cAMP 路径才能发挥作用（Ranniki，1995）。*FSHR* 属于一个数目庞大的

G蛋白耦合受体超家族，该类受体蛋白肽链在功能和结构上分为跨膜域、胞外域和胞内域3个部分，最显著的特点是跨膜域在细胞膜上来回折叠形成7段。*FSHR*基因的10个外显子中，第10个外显子编码胞内域和跨膜域，胞外域则由第1～9个外显子编码。由此可见第10个外显子十分重要。Van Vleck（1991）在研究牛的双胎性状时发现，双胎与排卵的遗传相关接近1.00，认为包括*FSHR*在内的与排卵有关的基因可以作为研究双胎的候选基因。雷雪琴等（2004）、张淑君等（2002）、陈杰（2002）、贾存灵（2005）对*FSHR*基因与牛的双胎关系进行了探讨。

辽宁绒山羊与其他绵羊、山羊品种一样，属于季节性繁殖的低繁殖力家畜，繁殖效率低，制约了该羊的产业化、规模化发展，因而提高其繁殖效率成为研究热点。自20世纪80年代以来，辽宁绒山羊在系统的本品种选育过程中出现了一部分产双羔的群体，目前产双羔母羊比例约占可繁殖母羊的20%，而且具有稳定的遗传特性，但是其遗传机制尚不清楚。因此，以辽宁绒山羊和奶山羊的双胎母羊为试验材料，对*FSHR*基因第10个外显子的1 487～1 717 bp共约230个碱基对的区段进行单核苷酸多态性（single nucleotide polymorphism，SNP）分析，并以单胎的辽宁绒山羊、奶山羊为对照，探讨以*FSHR*基因作为候选基因标记辽宁绒山羊双羔性状的可行性，以便为辽宁绒山羊双羔品系的选育提供参考依据。

一、研究对象与方法

试验动物均为2.5岁经产的辽宁绒山羊母羊，其中双羔母羊15只，产单羔母羊15只（均经系谱审查和已有生产记录的母羊）。另外，选取产双羔和单羔萨能奶山羊各15只（均为2.5岁）作为对照试验动物。所有的动物均颈静脉采血5 mL，并用肝素钠抗凝，－20 ℃保存；按Joseph Sambrook（2002）的方法进行基因组DNA的提取与纯化。

参考Rahal（2000）设计引物：

上游引物：5′- ATC ACG CTG GAA AGA TGG CAT ACC - 3′

下游引物：5′- GAC ATT GAG CAC AAG GAG GGA C - 3′

扩增片段长度为240 bp，为*FSHR*第10外显子一部分。引物由上海生工生物工程技术服务有限公司合成。取PCR扩增产物进行PCR - SSCP分析，对电泳结果进行带型分析和序列测定。结果出现2种基因型，分别定义为正常型（AA）和突变型（BB）（图6 - 3）。

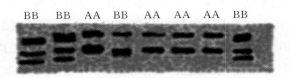

BB　BB　AA　BB　AA　AA　AA　BB

图 6-3　*FSHR* 基因第 10 外显子 PCR-SSCP 产物

二、山羊的 *FSHR* 基因和第 10 个外显子的序列测定

对辽宁绒山羊和萨能奶山羊中出现的 AA 型和 BB 型 2 种基因型的 PCR 产物直接测序，结果发现，具有多态性的 DNA 序列在 *FSHR* 基因的第 1 606 个碱基发生了突变，即 T→C（图 6-4）。

AA 型:	ATC	ACG	CTG	GAA	AGA	TGG	CAT	ACC	ATC	ACC	CAT	GCC	ATG	CAG	GTC	GAA	TGC
BB 型:	ATC	ACG	CTG	GAA	AGA	TGG	CAT	ACC	ATC	ACC	CAT	GCC	ATG	CAG	GTC	GAA	TGC
氨基酸:	I	T	L	E	R	W	H	T	I	T	H	A	M	Q	L	E	C

AA 型:	AAA	GTG	CAG	CTC	CGC	CAT	GCT	GCC	AGC	ATC	ATG	CTG	GTG	GGC	TGG	ATC	TTT
BB 型:	AAA	GTG	CAG	CTC	CGC	CAT	GCT	GCC	AGC	ATC	ATG	CTG	GTG	GGC	TGG	ATC	TTT
氨基酸:	K	V	Q	L	R	H	A	A	S	I	M	L	V	G	W	I	F

AA 型:	GCT	TTT	GCA	GTT	GCC	CTT	TTT	CCC	ATC	TTT	GGC	ATC	AGC	AGC	TAC	ATG	AAG
BB 型:	GCT	TTT	GCA	GTT	GCC	CTC	TTT	CCC	ATC	TTT	GGC	ATC	AGC	AGC	TAC	ATG	AAG
氨基酸:	A	F	A	V	A	L	F	P	I	F	G	I	S	S	Y	M	K

AA 型:	GTG	AGC	ATC	TGC	CTG	CCC	ATG	GAC	ATT	GAC	AGC	CCC	TTG	TCA	CAA	CTC	TAC
BB 型:	GTG	AGC	ATC	TGC	CTG	CCC	ATG	GAC	ATT	GAC	AGC	CCC	TTG	TCA	CAA	CTC	TAC
氨基酸:	V	S	I	C	L	P	M	D	I	D	S	P	L	S	Q	L	Y

AA 型:	GTC	ATG	TCC	CTC	CTT	GTG	CTC	AAT	GTC
BB 型:	GTC	ATG	TCC	CTC	CTT	GTG	CTC	AAT	GTC
氨基酸:	V	M	S	L	L	V	L	N	V

图 6-4　*FSHR* 基因第 10 个外显子序列分析

三、双羔母羊与单羔母羊的 *FSHR* 基因第 10 个外显子突变率分析

辽宁绒山羊和萨能奶山羊群体中 *FSHR* 基因和第 10 个外显子突变频率见表 6-20。

通过 PCR-SSCP 检测分析可以看出，在辽宁绒山羊和萨能奶山羊产双羔和单羔的母羊中，其 *FSHR* 基因均存在 2 个基因型即 AA 型（正常型）和 BB

型（变异型）。对 2 种基因型的 PCR 测序结果表明，15 个辽宁绒山羊双羔母羊中有 8 个为变异体，突变率为 53.3%；而 15 个单羔母羊中只有 1 个变化，其突变率为 6.67%；双羔母羊的突变率是单羔母羊的 8 倍。萨能山羊中 15 个双羔母羊有 6 个突变，突变率为 40%；15 个双羔母羊中只有 2 个突变体，突变率为 13.3%；双羔母羊的突变率是单羔母羊的 3 倍。而且发生突变的个体均为经系谱审查，其祖先也是双羔的。由此可见，双羔羊与单羔羊之间 FSHR 基因第 10 外显子突变率差异很大。这表明 FSHR 基因的第 10 个外显子特征有可能作为双羔性能的标记基因，而且标记的结果也比较明确，即双羔性状与候选基因的多态（突变）性呈正相关关系。Rahal（2000）在对牛的研究中发现，突变位点除 1 506 个碱基由 C→T 外，第 1 593 个碱基由 T→C，但是 Rahal 是随机选择的牛，而本研究是通过系谱审查选择的山羊。经过 PCR 产物测序，对突变核苷酸定位，结果发现在辽宁绒山羊 FSHR 基因的第 1 606 个碱基发生了突变，即 C→T，但氨基酸没有变化（仍为亮氨酸）。FSHR 基因第 10 个外显子突变率较大，说明 FSHR 基因的第 10 个外显子可以作为双羔性状的标记基因。

表 6-20　双羔羊和单羔羊的 FSHR 基因第 10 外显子的突变频率（%）

类　别	辽宁绒山羊突变频率	萨能奶山羊突变频率
双羔母羊	53.5（8/15）	40.0（6/15）
单羔母羊	6.67（1/15）	13.3（2/15）
群体	30.0（9/30）	26.7（8/30）

第四节　辽宁绒山羊育种目标的边际效应

育种目标是通过各种育种措施的实施，培育出优秀的种公母畜，并通过一定的育种材料（冷冻精液、胚胎）将遗传进展扩展到全群中，使在预期的生产条件和市场需求下，生产群在一定时期内，获得最大的经济效益（张沅，2000）。据此，可以将动物育种的目标及在此目标下所赋予育种工作的任务确定为通过各种育种措施育出优良的种畜（禽）品种、品系，并在全群中传递扩展它们的遗传优势，以期在未来的生产条件下获得最大的经济效益。因此，在育种目标中应该选择具有经济意义的所有性状。同时还要根据具体情况，不断修订育种目标。育种目标受地域、文化、习俗及市场需求等多种因素影响，不同国家、不同地区以及不同时期的育种目标也各不相同，育种目标的发展经历了从注重畜禽生物学特性到追求最大经济效益的漫长发展过程，反映了育种技术的进步。在过去的相当长时期内，选种工作处于单纯、片面地追求良好的体型外貌与高的生产性能，许多新的理论方法没有得到很好的应用。动物育种规划理论和方法的建立，改变了人们传统的育种观念，育种的目的不再是单纯、片面地追求性状值的提高，而是追求育种的综合经济效益最大化。育种目标的评估应以经济效益为基础，进行定量化分析研究。

当用经济效益来作为育种目标的基础时，评估育种目标的问题则转化成为挑选拟改进的性状和制订这些性状的相对经济加权值的工作，即在确定的育种目标和生产系统中，评估并比较各个性状的育种重要性。Hazel（1943）提出的选择指数将育种目标考虑为一个以货币为单位、综合考虑性状本身遗传力和性状之间遗传相关及相对经济重要性的综合育种值。从此，Hazel选择指数中的综合育种值便成为被普遍接受的育种目标之一。Harris（1970）也提出育种目标应当建立在单位生产的利润、投资效益或成本的基础之上。家畜的很多性状都是有经济意义的，为了使综合育种值能正确地反映家畜各生产性能总的经济价值，本应将所有影响动物生产效益的经济性状，都作为育种目标性状包括在综合育种值中。但是随着在综合育种值中目标性状数量的增加，从育种学上考虑，每个性状获得遗传改进的程度会下降，而从统计学上考虑，其计算量呈几何级数上升。因此需要确定一些原则，在综合育种值中仅包括一定数量的目标性状，同时还能保证达到理想的育种成效。所以，只在选择指标中保留那些育种重要性较大的性状，以突出选择，重点加快遗传进展速度。如果要对这些重要性状做指数选择时，则需要估计出这些性状的相对经济加权值。实际上，性状的育种重要性与相对经济加权值是相互统一的。确定了性状的经济加权值，就体现出了性状的育种重要性。Ollivier认为，适宜的经济加权值不仅对群体内的选择是重要的，而且对于挑选品种或杂交组合、评估基因效应和设计最优化育种方案都是十分必要的。确定性状经济加权值的方法，一般有主观评定法、利润方程法、回归法、差额法等多种。在研究比较简单的生产体系内性状的经济和遗传关系时，利润方程法的应用最为广泛。利润方程是由Moav介绍到动物育种中来的。Moav首先利用利润方程的偏导数来作为品系内选择性状的经济加权值。在研究比较简单的生产系统内性状的经济和遗传关系时，利润方程法被证明是有效的，但在处理复杂的繁育系统时，该法则可能是无能为力了。例如，在杂交繁育体系中涉及多个纯系的多个性状，要想建立一个总的利润方程以反映整个系统的成本、收入等生物经济特点，并用求偏导数的方法估计出性状的经济加权值，显然是不大可能的。因此，在处理这类大系统下的问题时，必须借助系统分析的手段，另辟蹊径。

综上所述，目前普遍认为最科学合理的确定和评价动物育种目标的方法是在多性状的综合选择中，用经济评估的方法确定数量化的育种目标，即用综合育种值表达数量化的育种目标。综合育种值取决于畜禽个体一系列的性状。由于各性状具有不同的经济重要性，所以在使用各性状育种值构建综合育种值时，需要用经济系数对各性状分别给予加权。

综合育种值的计算公式为：

$$AT = \sum W_i A_i$$

式中：AT 为综合育种值；W_i 为性状 i 的经济加权因子；A_i 为性状 i 的一般育种值。

经济加权因子是边际效益与性状表现贴现量之积，反映了性状在育种目标中的重要性。其计算公式为：

$$W_i = V_i \times n_i$$

式中：W_i 为性状 i 的经济加权因子；V_i 为性状 i 的边际效益；n_i 为性状 i 的性状表现贴现量。

性状的边际效益是指当个体在特定性状上超过群体均数一个单位时，边际产出量与边际投入量之差。计算公式为：

$$V_i = \sum \Delta R_{ij} - \sum \Delta C_{ij}$$

式中：V_i 为性状 i 的边际效益；ΔR_{ij} 为性状 i 的第 j 个产出组分；ΔC_{ij} 为性状 i 的第 j 个投入组分。

本研究将在对常年长绒型辽宁绒山羊新品系育种核心群所处市场和经济环境、育种环境深入调查的基础上制定其数量化的育种目标，以获得育种最大经济效益，主要研究内容包括以下 5 个方面：①挑选育种目标性状和选择性状；②育种、生产和市场体系的建立；③各种投入和产出组分的确立；④确定投入和产出组分的生物学参数的计算；⑤性状经济价值的计算，并根据经济价值的确定包括在育种值中的性状相对重要性。

一、辽宁绒山羊育种目标性状和选择性状的确定

育种目标性状是指希望在育种中改进的性状，选择性状是指用于估计育种值制定选择指数的性状。辽宁绒山羊以绒纤维长、产绒量高、绒纤维细度好而著称。因此，在辽宁绒山羊的选育过程中，确定其育种目标性状时，必须以产绒性状为主，同时兼顾其他性状。影响辽宁绒山羊生产效益的不仅是羊绒和羊肉，各淘汰羊的收入也占有很大的比重；此外，繁殖性状对辽宁绒山羊的生产效益也有十分重要的影响。因此，在考虑辽宁绒山羊的育种目标时，除考虑绒用性状外，还应包括生长发育性状和繁殖性状。

原则上凡是对畜禽生产获利性起作用的生产性状或次级性状，都应包括在综合育种值中。而在实际计算综合育种值时，由于性状数量的增加会使得计算复杂，对估计的结果造成误差，因此需要将那些有代表性的性状综合到一个指数中。Fewson 认为一般选择 10～15 个有代表性的性状就能充分体现一个育种群体的整体生产性能。而在实际中，确定估计综合育种值的性状主要根据以下 3 个标准：根据经济加权因子 W_i，即性状应有足够的经济意义；根据性状可利用遗传变异 σ_A，包括在综合育种值中的性状应具有建立在基因平均效应之上的足够大的标准差；根据遗传相关 r_A，当两性状之间存在着密切的遗传相关关系时，仅将其中之一包括在综合育种值中即可。综合以上考虑，在辽宁绒山羊育种目标中应考虑产绒性状、生长发育性状和繁殖性状三类性状。

（一）辽宁绒山羊产绒性状

辽宁绒山羊产绒性状主要包括绒白度、净绒率、绒长度、绒细度、绒伸直长度、产绒量、绒强度、绒厚度、油汗、弯曲等。在育种实践中由现场直接可观测度量的性状主要有绒长度、绒细度、产绒量等，其他性状需通过采样分析才能得出结果。产绒量和羊绒细度是反映绒山羊产绒性状的重要指标，是决定羊毛价值的主要因素。

近年来，随着国际绒毛市场和绒纺织市场对绒质量需求的不断增加，价格也在成倍增长，在价格的刺激下，绒山羊育种不得不以提高羊绒细度为主要目标而展开。羊绒细度是新品系绒山羊于总目标中必须包括的性状。由于绒长度

也是影响绒价格的主要因素之一，所以在考虑羊绒细度的同时，也必须考虑到羊绒的长度。而羊绒长度与产绒量之间存在着正相关，与羊绒细度之间存在着负相关，因此，必须把产绒量、绒细度、绒长度这三个性状有机地结合起来。强度、颜色、密度、油汗、弯曲等一些其他性状只对纺织性能有较大的影响且这些性状的测定比较困难，对这些性状的测定在我国也没有大规模地展开，研究报道也不多，因此在辽宁绒山羊的育种规划中不作考虑。

（二）辽宁绒山羊的生长发育性状

辽宁绒山羊的生长发育性状主要包括日增重、饲料利用率和剪绒后体重。而在实际的饲养过程中，每年的淘汰羊并非是在达到一定体重时出售或屠宰，而是集中在某一时间，并且在出售或者屠宰时基本上不做任何记录。在实际中，只对育成羊体重、成年羊体重、断奶羔羊体重、剪绒后体重做记录。由于饲料利用率测定方法复杂、费用高、难于准确测定，所以根据这一实际情况，只将各个生理时期的体重指标作为生长发育性状的目标性状。

（三）辽宁绒山羊的繁殖性状

繁殖力是一个重要的综合性状，对于育种效益长久地起作用，因此应在确定育种目标时加以考虑。育种中一般用每只母羊的断奶成活羔羊数表示母羊的繁殖力，它综合反映了母羊的繁殖性能和哺乳性能。其他一些性状如抗病力、适应性、长寿性、耐粗饲性等，是一些对生产效益影响不大的性状，而且缺乏系统的记录，数据资料不全，因而不在考虑范畴之内。

综上所述，最终确定辽宁绒山羊的育种目标性状和选择性状，见表 6 - 21。

表 6 - 21　辽宁绒山羊育种目标性状和选择性状

育种目标性状		生产选择性状
生产性状	产绒性状	净绒量、绒细度、绒长度
	产肉性状	断奶后羔羊体重、育成羊体重、成年羊体重
生长性状		断奶后羔羊体重、育成羊体重、成年羊体重
繁殖性状		断奶成活羔羊数

二、辽宁绒山羊育种目标性状边际效益分析

（一）辽宁绒山羊育种目标性状边际效益分析的原则

辽宁绒山羊的选择淘汰程序是：从羔羊出生到断奶时期，根据其体质、毛色、外形鉴定、最佳线性无偏预测（BLUP）综合育种值确定其生产性能的遗传潜力，结合育种值排序与选种强度进行选留。周岁羊，主要应根据综合育种值进行选择，即通过对其产绒量和体重的性能测定，计算其综合育种值，结合排序和公母畜的留种率进行选择。这个时期，在体质上要尤其注意第二性征的发育，选用合适的公母畜来繁殖新的一代。冬春季节是影响辽宁绒山羊生长发育的恶劣时期，所以在秋末对于育种值不达标者一般予以淘汰。成年公母羊的选择主要应根据综合育种值排序和公母畜的留种率以及畜群周转计划进行选择。辽宁绒山羊的选配主要执行同质选配计划：一是根据种公母羊的综合育种值和二者的亲缘关系；二是结合过去生产年度的选配经验教训（如利用公羊加权平均传递力做遗传趋势的系统分析等）；三是保证在实际可行的范围内（如与配母羊是否发情，种公畜是否能够采精等）进行。

辽宁绒山羊的育种是一种核心群后测育种系统，虽然在执行过程中并不是很严格，但基本上都是每年从育种群选择一定比例的优秀母羊与育种群的优秀公羊交配，所生产的优秀公羊除育种群使用外，返回繁殖群和生产群一部分。Ponzoni（1991）指出，在育种核心群应追求最高的遗传进展，而在生产群则应追求最大的经济效益。结合前述育种目标的定义，育种追求的是最终在生产群获得最大的经济效益，所以在计算边际效益时应该以生产群为基础。辽宁绒山羊的育种核心群均为全舍饲饲养方式，所以应对配种前和配种期的公羊、妊娠后期和哺乳期的母羊给予补饲。为了减轻舍饲的成本和配种压力，在8—10月份整群时淘汰老龄羊、生产性能低的育成羊和断奶羔羊。生产群的母羊在1.5岁时配种，在6.5岁时淘汰。另外，绒山羊每年抓绒一次。

在进行育种规划的计算时，应充分考虑到实际的生产情况，不应该盲目照搬，因为实际的生产体系并不一定合理。在现行的绒山羊生产体系中，多数仍然是产品畜牧业而不是商品畜牧业，对资源利用不太合理。优化育种规划的研究应建立在一定的环境资源情况下，在现行的生产条件和预期能够改进的条件下使得生产群获得最大的经济效益，使资源的利用达到最佳。基于这一原则，

在辽宁绒山羊的育种目标边际效益计算时应以差额法为主。

(二) 辽宁绒山羊育种目标性状边际效益分析的相关参数

1. 辽宁绒山羊育种目标性状的技术参数 见表 6-22。

表 6-22 辽宁绒山羊育种目标性状的技术参数

项目	数值	代码
每只母羊每年产活羔羊数（只）	1.46	B1
羔羊断奶成活率（%）	96	B2
母羊占群体比例（%）	65	B3
胎间距天数（d）	365	B4
育成羊育成率（%）	95	B5
成年羊损失率（%）	2	B6
头胎产羔年龄（岁）	2	B7
每胎培育断奶羔羊数（只）	1.402	B8
每胎培育断奶公羔或母羔数（只）	0.701	B9
每胎培育绒用育成羊数（只）	0.23	B10
每胎培育非绒用育成羊数（只）	0.25	B11
每胎培育断奶后剩余羔羊数（只）	0.91	B12
每年成年母羊淘汰率（%）	17	B13
断奶后剩余羔羊出售时体重（kg）	16	B14
育成羊出售时体重（kg）	25	B15
成年母羊体重（kg）	40	B16
种用育成羊每年淘汰率（%）	2	B17

2. 辽宁绒山羊的相关营养学参数 见表 6-23。

表 6-23 辽宁绒山羊的相关营养学参数

项目	数值	代码
成年母羊增重 1 kg 需要代谢能（MJ）	30	N1
育成羊增重 1 kg 需要代谢能（MJ）	30	N2
成年母羊每千克代谢体重维持需要代谢能（MJ）	0.819	N3
育成羊每千克代谢体重维持需要代谢能（MJ）	0.852	N4

（续）

项目	数值	代码
育成羊生产1 kg净绒需要粗蛋白质（kg）	2.92	N5
成年羊生产1 kg净绒需要粗蛋白质（kg）	3.285	N6
1 kg玉米秸秆含代谢能（MJ）	1.757	N7
1 kg混合青干草含代谢能（MJ）	9	N8
1 kg混合精料含能量（MJ）	12	N9
1 kg玉米青贮含代谢能（MJ）	7	N25
一年平均补饲时间（d）	150	N10
成年羊放牧可满足营养需要比例（%）	0.65	N11
育成羊放牧可满足营养需要比例（%）	0.75	N12
补饲饲料中混合精料、干草、青贮、秸秆比例		N13
其中混合精料比例（%）	0.22	N131
其中干草比例（%）	0.38	N132
其中秸秆比例（%）	0.18	N133
其中青贮比例（%）	0.22	N134
玉米秸秆的粗蛋白质含量（kg）	0.008	N14
混合干草的粗蛋白质含量（kg）	0.08	N15
混合料的粗蛋白质含量（kg）		N16
成年母羊混合精料的粗蛋白质含量（kg）	0.16	N161
育成羊混合精料的粗蛋白质含量（kg）	0.16	N162
羔羊混合精料的粗蛋白质含量（kg）	0.18	N163
玉米青贮的粗蛋白质含量（kg）	0.012 9	N17

3. 辽宁绒山羊的生产过程中经济效益参数 见表6-24。

表6-24 辽宁绒山羊的生产过程中经济效益参数

项目	数值	代码
每千克绒价格（元）	260	E1
每千克绒细度的等级差价比	0.05	E2
每千克绒长度的等级差价比	0.04	E3
断奶后剩余羔羊每只均价（元）	1 500	E4
非种用育成羊每只均价（元）	1 000	E5

（续）

项目	数值	代码
成年母羊每千克活重价格（元）	12	E6
每千克净绒的剪毛、分级费用（元）	6	E7
每只母羊配种、产羔费用（元）	54	E8
每只羊每年的放牧费用（元）	0	E9
每只羊每年的平均草场改良费用（元）	0	E10
每只羊每年的资料登记、处理费用（元）	1	E11
每千克混合料价格（元）		E12
成年母羊混合精料每千克价格（元）	2.78	E121
育成羊混合精料每千克价格（元）	2.98	E122
羔羊混合精料每千克价格（元）	2.98	E123
每千克青干草价格（元）	1	E13
每千克秸秆价格（元）	0.5	E14
每千克玉米青贮价格（元）	0.2	E25
每只羊每年的平均医疗保健费用（元）	12	E15
每千克净绒的销售税（元）	0	E16
每千克净绒贮藏、管理、运输费（元）	1.2	E17
每只育成羊每年补饲费（元）	300	E18
羔羊出生到断奶的生产费（元）	20	E19
淘汰羊每千克的销售费用（元）	0	E20
母羊哺育一只羔羊增加的补饲费用（元）	61	E21
淘汰羊每只的销售费用（元）	0	E22
种用育成羊淘汰每只均价（元）	2000	E23

4. 辽宁绒山羊群体平均生产性能 见表 6-25。

表 6-25　辽宁绒山羊群体平均生产性能

项目	数值	代码
成年母羊产绒量（kg）	0.98	P1
育成羊产绒量（kg）	0.96	P2
育成羊羊绒长（cm）	8.58	P6
成年羊羊绒长（cm）	7.59	P7

（续）

项目	数值	代码
育成羊羊绒纤维直径（μm）	15.55	P8
成年羊羊绒纤维直径（μm）	16.06	P9
初生重（kg）	2.9	P10
断奶培育羔羊体重（kg）	19	P11
1.5 岁育成羊体重（kg）	39.19	P12
成年母羊体重（kg）	55.18	P13

（三）辽宁绒山羊育种目标性状边际效益的计算方法

1. 成年母羊净绒量的边际效益　下式计算中涉及的费用均以每千克净绒计。

1 kg 净绒边际效益＝1 kg 净绒价格－（剪毛分级费用＋净绒销售税＋净绒贮藏管理运输费）－粗蛋白质费*

2. 育成母羊净绒量的边际效益　下式计算中涉及的费用均以每千克净绒计。

育成母羊净绒量边际效益＝（留种育成羊净绒量＋非留种育成羊净绒量）×[1 kg 净绒价格－（剪毛分级费＋净绒销售税＋净绒贮藏管理运输费）－粗蛋白质费]

3. 成年母羊羊绒细度的边际效益

成年母羊的羊绒细度边际效益＝净绒单价×绒细度的等级差价比

4. 育成羊羊绒细度的边际效益

育成羊羊绒细度边际效益＝（留种育成羊净绒量＋非留种育成羊净绒量）×净绒单价×绒细度的等级差价比

5. 成年母羊羊绒长度的边际效益

成年母羊羊绒长度边际效益＝净绒单价×绒长度的等级差价比

6. 育成羊羊绒长度的边际效益

育成羊的羊绒长度边际效益＝（留种育成羊净绒量＋非留种育成羊净绒量）×净绒单价×绒长度的等级差价比

---

　*　生产 1 kg 净绒需要的粗蛋白质费＝补饲料中混合料比例×混合料的粗蛋白质含量×混合料单价＋补饲料中苜蓿干草比例×苜蓿干草粗蛋白质含量×苜蓿干草单价＋补饲料中青贮比例×青贮粗蛋白质含量×青贮单价

7. 成年母羊体重的边际效益

1 kg 成年母羊体重边际效益＝1 kg 活重价格－淘汰羊每千克的销售费用－
（成年母羊 1 kg 代谢体重维持需要费＋增重 1 kg 需要代谢能费*）

8. 育成母羊体重的边际效益

1 kg 育成母羊体重边际效益＝非留种育成羊 1 kg 活重价格－淘汰羊每
千克的销售费用－（育成羊 1 kg 代谢体重维持需要费＋增重 1 kg 需要代谢
能费）**

三、辽宁绒山羊育种目标性状的边际效益计算结果

辽宁绒山羊育种目标性状的边际效益（V）计算结果见表 6-26。

表 6-26 辽宁绒山羊育种目标各个性状的边际效益及其相对经济重要性

性状	边际效益 V（元）	遗传标准差 σ_A	$V \times \sigma_A$（元）	相对重要性（%）		
				成年母羊	育成羊	整体
产绒性状			287.74	74.37	55.27	79.21
成年母羊净绒量（kg）	344.23	0.49	168.67	63.00		46.44
育成羊净绒量（kg）	166.51	0.44	73.26		45.69	20.17
成年母羊羊绒细度（μm）	20.00	1.01	20.20	7.54		5.56
育成羊羊绒细度（μm）	9.60	1.04	9.98		6.23	2.75
成年母羊羊绒长度（cm）	16.00	0.64	10.24	3.82		2.82
育成羊羊绒长度（cm）	7.68	0.70	5.38		3.35	1.48
繁殖性状			64.84	24.22	40.43	17.85
每只母羊每胎断奶羔羊数（只）	531.44	0.12	64.84	24.22	40.43	17.85
生长发育性状			10.67	1.41	4.30	2.94
成年母羊体重（kg）	0.78	4.85	3.78	1.41		1.04
育成羊体重（kg）	2.01	3.43	6.89		4.30	1.90

---

* 成年母羊 1 kg 代谢体重维持需要费＋增重 1 kg 需要代谢能费＝补饲料中混合料比例×1 kg 混合料
含能量×1 kg 混合料价格＋补饲料中苜蓿干草比例×1 kg 苜蓿干草含代谢能×1 kg 苜蓿干草价格＋补饲料
中青贮比例×1 kg 玉米青贮含代谢能×1 kg 青贮价格

** 育成羊 1 kg 代谢体重维持需要费＋增重 1 kg 需要代谢能费＝补饲料中混合料比例×1 kg 混合料
含能量×每千克混合料价格＋补饲料中干草比例×1 kg 苜蓿干草含代谢能×1 kg 苜蓿干草价格＋补饲
料中青贮比例×1 kg 玉米青贮含代谢能×1 kg 青贮价格

辽宁绒山羊的成年母羊净绒量的选择重要性最大，占总权重的63%，其次为育成羊净绒量、断奶羔羊数、成年母羊羊绒细度和育成羊羊绒细度，分别占总权重的45.69%、40.43%、7.54%、6.23%。因而在辽宁绒山羊育种过程中，净绒量是较为重要的育种目标性状。由于断奶羔羊数也占有较高的权重，提示在制定辽宁绒山羊育种目标时，必须对繁殖性状给予足够的重视。成年母羊和育成羊的剪绒后体重经济重要性分别为1.41%和4.30%，说明育成羊在生长发育性状上比成年母羊更为重要，育成期为羊只生长发育的关键时期，所以育成羊的体重应当在育种目标制定时也给予足够的重视，反映了体格大产绒多、体重大产肉多的一般规律。虽然羊绒长度的相对经济重要性比较低，但是它是影响羊绒品质好坏的重要因素，所以也应当给予考虑。

从性状间比较可以看出，辽宁绒山羊的产绒性状、繁殖性状和生长发育性状之间的相对重要性之比79.21：17.85：2.94，约为7.9：1.8：0.3。产绒性状的选择重要性最大，是优先选择的育种目标性状。若按各类羊分别选择，产绒性状、繁殖性状和生长发育性状的比例为成母羊74.37：24.22：1.41，约为7.5：2.4：0.1；育成羊55.27：40.43：4.30，约为5.5：4.1：0.4。同时可以看出，繁殖力性状是低遗传力性状，大多数与生产性状存在颉颃关系。从计算结果中可以看出，辽宁绒山羊的繁殖性状占有很高的经济重要性，而且在生产实际中生产性状是获得经济效益的主要性状。因此，在育种过程中应充分考虑和重视断奶羔羊数这个性状。上述研究采用的是差额法，并基于现行生产价格和市场体系下进行新品系绒山羊育种目标性状边际效益的计算，当生产条件或市场形势发生变化时应修订各参数重新计算。

综上所述，在现有的市场经济和生产条件下，辽宁绒山羊育种目标性状的边际效益分别为成年母羊净绒量344.23元，育成羊净绒量166.51元，成年母羊羊绒细度20元，育成羊羊绒细度9.60元，成年母羊羊绒长度16.0元，育成羊羊绒长度7.68元，每只母羊每胎断奶羔羊数531.44元，成年母羊体重0.78元。根据中国绒山羊业的现状和生产、市场情况，得出辽宁绒山羊的绒用、繁殖、肉用性状的相对重要性之比约为7.9：1.8：0.3，若将成年母羊和育成羊分开考虑，则绒用、繁殖、肉用性状的相对重要性之比约为7.5：2.4：0.1和5.5：4.1：0.4。这说明繁殖、肉用性状也具有较高的价值，必须在育种中给予足够的重视。

第七章
辽宁绒山羊营养需求与饲养管理

第一节　辽宁绒山羊的生活习性

（一）活泼好动

绒山羊生性好动，活泼伶俐，除卧息、反刍外，大部分时间处于走走停停的运动之中。舍饲绒山羊的效果与运动量具有相关性，科学的运动可增强羊的体质，减少疾病，能够提高生产性能；羊运动量过度，消耗体能，影响羊体健康和生产性能；运动量过少，改变了羊天性好动的生物学特性，从而导致精神状态沉郁，体能下降，生产性能降低，易产生多种疾病，甚至死亡。

高佩民和万吉生（2006）研究发现，饲喂营养成分为粗蛋白质（CP）16.2%、粗纤维（CF）8.1%、灰分（ASH）6.5%、钙（Ca）0.7%、磷（P）0.6%、食盐（NaCl）0.5%的饲粮时，依据辽宁绒山羊天性好动的生物学特性，进行绒山羊行走不同里程运动量测试、舍饲羊在运动场驱赶运动与舍饲羊在运动场自由运动试验，观察羊的运动量承受力和体能状态及精神状态，以及羊的吃草（料）、饮水等情况。研究结果表明，舍饲绒山羊在舍外日运动量为 5～10 km 时效果较好；在舍外运动场运动时，除了自由运动外，每天在运动场缓慢驱赶羊群运动 3 次，每驱赶 1 次运动时间为 30 min，羊的精神状态、体质和采食、饮水等情况良好，无异常情况，达到了预期的运动效果。

（二）采食能力强，饲料利用范围广

姜怀志等（2000）研究发现，舍饲条件下，辽宁绒山羊具有良好的采食行为和消化能力，每日平均干物质采食量可达（1.24±0.13）kg／只，粪便排泄量相当于体重的 2.47%，营养物质的消化沉积能力强。如对辽宁绒山羊进行舍饲育肥，可在满足营养需要的前提下，保证生长发育良好。

绒山羊对各种不同生长期植物具有选食性，喜爱采食脆硬的植物茎叶、籽实，如树枝、树叶、各种农作物与杂草等。

据王耕等（2004）报道，辽宁绒山羊的嘴尖、牙锐、唇薄，喜吃短草、树叶和嫩枝。因此，在灌木丛里和短草草地上以及荒漠地带也能很好地生存。辽宁绒山羊可以吃多种牧草或树叶、树尖，但在一块长有多种牧草或树木的牧地上放牧，它并不是同时不加选择地采食所有可食的牧草或树叶，而是具有较强的选择性。不同时期它所采食的牧草或树叶种类有所变化。辽宁绒山羊特别喜欢吃各种植物的顶尖、花蕾、叶芽等。从进化的角度来讲，这也是一种适应。一是因为嫩芽、花蕾的营养价值较高，可以满足其本身的营养需要；二是可能为防止树木长高，以免影响其采食，因为辽宁绒山羊毕竟是体型较小的动物。但这种行为对保护生态环境造成了一定的不良影响。辽宁绒山羊喜欢饮用干净的溪水、山泉和井水，饮水量受天气情况、饲料含水量以及运动情况影响，每日大约需水 2.5 kg，多在归牧后立即饮用。

（三）喜群居，好争斗

辽宁绒山羊的群居性很强，很容易建立起群体结构。羊只主要通过视、听、嗅、触等感官活动来传递和接受各种信息，以保持和调整群体成员之间的活动，头羊和群体内的优胜序列有助于维系群体结构。驱赶时有跟头羊的行为和发出保持联系的叫声，有利于大群饲养管理。经常掉队的羊，往往因病或老弱跟不上群。放牧时只能用围栏才能将其分成小群。受到侵扰时，羊互相依靠和拥挤在一起。

王耕等（2004）研究发现，在正常情况下，羊只很少离群单独行动。当个别羊只离群时，往往鸣叫不安，积极寻找大群。而当多个个体离群时，有时则不再去找大群，安静地采食、休息和反刍。正是由于这种合群性，羊群中有好的头羊带领，使放牧管理极为方便，羊只不易丢失。

群居的同时产生争斗，辽宁绒山羊性情活泼，行动敏捷。当羔羊出生3 d 以后，就有互相顶头的游戏行为，而真正的争斗则是在成年时期。造成争斗的主要原因是争夺在群体中的位次、争取性伙伴和争食草料。因此，辽宁绒山羊在刚刚组群、配种季节和补饲草料时，容易发生争斗现象。此外，采取舍饲的饲养方式时，羊只易发生争斗，顶伤明显增多；而在放牧条件下，这种情况会减少很多，当羊只相互争斗时，两只羊头对头相持，低头瞪眼，对视一阵后，同时分别向后撤退 1 m 左右的距离，然后突然前冲并跃起，当两只羊的角或头部撞击在一起时，发出"咔、咔"的响声。如果在山坡上发生争斗，则两只羊竞相争夺高处，想利用地势高的优势击败对方。有的羊之间争斗较为激烈，需要进行多个回合，争斗累了时稍休息一会继续争斗。

有的羊甚至整日不食草料，互不相让地争斗，直到有一方落败为止。有些羊之间的争斗相对温和些，相互间只是顶顶头，似乎有游戏或亲昵的感觉。不同性别羊之间的争斗，具有不同的特点。公羊与公羊间的争斗具有持久性，相互间都有些准备，表面上看争斗得很凶，但相互间伤害程度不大，一般只是头部有少量出血。母羊与母羊之间的争斗具有突然性，多发生在补饲精料时，有的母羊突然从一侧或背后向另外一只母羊发起攻击。由于母羊的角尖上翘，并且十分锋利，在顶架时常将对方的腹膜顶漏，严重时将腹部皮肤和腹膜一起顶穿。羊只具有明显的欺弱怕强的特点，如果羊群中有一只弱羊，许多羊都会攻击它，甚至出现许多羊同时攻击一只弱羊的情况。解决羊争斗的最好办法就是将常易被攻击的羊只隔离，单独饲养。

（四）喜干燥，厌潮湿

辽宁绒山羊爱干燥，厌潮湿。羊喜欢在干燥、通风的地方休息和采食，最怕潮湿的草场和圈舍，羊圈潮湿、闷热，草场低洼潮湿，易患寄生虫病和腐蹄病，繁殖能力明显下降。

（五）性行为

辽宁绒山羊是短日照畜种，它的发情周期通常在一年中的秋季。在繁殖季节里，如果没有配种，可出现几个发情周期。绒山羊的发情周期一般为 20 d 左右，但处于不同的生活环境及本身不同的生产状况下，其发情持续期是不同的。母羔以及在繁殖季节内第 1 次发情的羊，其发情的持续期较正常的短。公羊的存在可缩短母羊的发情持续期。母羊发情时，积极外出寻求公羊，外阴部潮红肿胀，并用鼻嗅闻公羊的身体和生殖器官，用头顶公羊的腹侧，排尿增多，以特有的叫声频繁鸣叫，不断摆动尾部，有时还爬跨其他母羊。

像母羊一样，公羊花费大量时间用鼻去嗅闻其他公羊的生殖器官和尿液。事实上，实行限制饲养的公羊，不需要任何感觉的提示就可以找到发情的母羊。当公羊站立在发情母羊侧方时表现出两种举动：一是把腿伸直敲击母羊的后躯部，把腿抬起或放下，用前蹄刨地；二是做固定不变的轻推动作，公羊的头倾斜或低下，用它的肩部去轻推母羊的肋部，同时发出低调的叫声或求爱的特有声音。当公羊性兴奋达到高潮时，即开始爬跨母羊，母羊接受爬跨，公羊的脖颈上扬，身体前冲，即完成射精动作。爬跨下来后，公羊有时嗅闻母羊的外阴，表现情绪低落，也可能排尿，并用嘴去嗅闻自己的尿液，扬头，嘴唇上翻。

母羊在接受爬跨后，即产生弓腰行为，表示已接受交配。辽宁绒山羊的性行为出现得早，并且性欲旺盛。在公母羊分群饲养的公羊群内，公羊间有相互爬跨的恶习，被爬跨的往往是同一只公羊。

（六）文化行为

动物除了遗传本能之外，还有不同程度的学习天分，学会的技能虽不能遗传，但却可以通过世代模仿而传递下来。绒山羊有着各种各样的文化行为，拣食人类丢弃的物品、与人类亲昵游戏等，体型较大的种公羊可以当役畜，听从人类的指挥（王耕等，2004）。辽宁绒山羊易调教，有的羊通过训练后，可以表演一些节目。

（七）特权行为

有的羊只在一个群体中似乎享有很多特权，住在环境优良的地方，独自霸占1个饲槽，走在羊群的前面等（王耕等，2004）。这种特权往往是通过争斗后获得的。

（八）生态适应性

辽宁绒山羊原产于辽宁省东部山区及辽东半岛地区，位于东经121°—125°、北纬39°—41°，主要分布在盖州、辽阳、岫岩等9个市（县），是中国绒山羊中唯一分布在温暖湿润地带的产绒山羊。这些地区地貌复杂，大部分为丘陵和波状平原，有少量的山地。主要种植高粱、大豆、玉米、花生等农作物，同时也有苹果、核桃、山楂等经济作物，这些树的果、枝叶是辽宁绒山羊丰富的饲料来源。分布区域内山地森林覆盖率高，达到80%以上，森林植被种类繁多，可食植物种类达380多种；灌木丛生，其植物的嫩叶和嫩枝条含有丰富的蛋白质、矿物质、维生素和鞣酸。鞣酸可以避免饲料中蛋白质在羊瘤胃内被微生物破坏。辽宁绒山羊的原产区气候条件较为优越，属于温带湿润气候，年平均气温为7~8℃（最高为35℃，最低为-31℃），在寒冷的冬天，由于辽宁绒山羊全身毛量厚重，再加上肥厚的脂肪，具有良好的保温效果。产区水资源丰富，河流纵横，降水量适中，年平均700~900 mm。温暖湿润的气候，草木生长繁茂，可利用的天然牧草有700多种，可利用草地169万 hm^2，占全省的1/3，生态环境良好，适合畜牧业的发展。在这种优越的自然生态条件下，经过漫长的自然驯化和人工选择，辽宁绒山羊遗传性能非常稳定、适应性强（张帆，2013）。

第二节　辽宁绒山羊的消化特点

一、辽宁绒山羊的消化器官特点

辽宁绒山羊嘴窄而扁，上唇有一纵沟，唇薄而灵活，门齿锐利而稍向外倾斜，吃草时嘴唇和地面接近，啃食矮草，拣食落叶等。舌前端尖，舌面上有短而钝的乳头，舌背上的隆起不如牛的明显，舌尖和舌根都比较光滑，可协助咀嚼和吞咽。绒山羊是反刍动物，具有复胃。成年羊的小肠细长而曲折，酸性的胃内容物进入小肠后，经过各种消化液的化学作用，各种营养物质进一步分解而被吸收。大肠较小肠短，主要功能是吸收水分和形成粪便。瘤胃容积大，能在短时间内采食大量饲草，是消化纤维素的主要器官。瘤胃内生存有大量的微生物，能将非蛋白氮转化为细菌蛋白质，因此，可以使用尿素等非蛋白含氮物替代植物蛋白饲料作为绒山羊的部分蛋白质来源。

二、辽宁绒山羊的瘤胃内环境

据孙国平（2013）报道，瘤胃是反刍动物特殊代谢途径中的重要器官，瘤胃生态环境对营养物质的消化、吸收具有重要作用。检测瘤胃内环境的变化对评价反刍动物胃肠机能状态和营养代谢状况具有重大价值。辽宁绒山羊采食不同种类的秸秆粗饲料，其瘤胃内发酵环境将发生改变，主要影响了瘤胃酸碱参数，并通过酸碱环境的差异影响瘤胃内氮的代谢和微生物蛋白的合成。精料中的非结构性碳水化合物（NSC）和秸秆粗饲料中的结构性碳水化合物（SC）在瘤胃内发酵，前者的主要分解产物是丙酸，后者的主要产物是乙酸，丙酸在体内经过糖异生途径合成葡萄糖，为动物提供能量，而乙酸则合成脂肪。瘤胃挥发性脂肪酸（VFA）占反刍动物吸收的可消化能的70%～80%，VFA为瘤胃微生物合成微生物蛋白（MCP）提供大部分能量，而瘤胃内的尿素氮则为之提供氮源。粗饲料种类的差异导致瘤胃发酵产生的总VFA、乙酸/丙酸比例以及瘤胃可降解蛋白含量均产生差异，最终影响了瘤胃微生物的繁殖和微生物蛋白（MCP）合成量。

（一）瘤胃内酸度

pH是反映瘤胃发酵水平的一项重要指标，是瘤胃发酵过程的综合反应，影响瘤胃微生物的活力。据孙亚波等（2012）报道，在消化能（DE）8.81 MJ/kg、粗蛋白质（CP）10.02%、钙（Ca）0.65%、磷（P）0.26%、NaCl 0.82%营养水平下，3岁成年公羊瘤胃液pH为6.44～6.56，乳酸浓度为4.04～4.23 mmol/L，总酸度为26.81～29.72 U，总VFA浓度为132～152.12 mmol/L，乙酸浓度为95.5～103.9 mmol/L，丙酸浓度为31.9～40.21 mmol/L，异丁酸浓度为0.47～0.60 mmol/L，丁酸浓度为1.76～3.84 mmol/L，异戊酸浓度为1.69～2.70 mmol/L，戊酸浓度为0.9～1.19 mmol/L。

（二）氮代谢情况

孙亚波等（2012）研究发现，瘤胃液氨氮浓度为2.19～3.69 mg/L，尿素氮为10.47～12.69 mol/L，白蛋白（BCP）浓度为2.72～2.87 mg/mL，MCP产量为17.52～19.23 g/d。

（三）瘤胃发酵气体成分

孙亚波等（2012）研究发现，CH_4气体占瘤胃内总气体比例为16.29%～17.20%，CO_2所占比例为5.67%～14.75%，O_2所占比例为2.13%～4.17%，N_2所占比例为63.95%～75.48%。以大豆秸和花生秸为主的日粮比以玉米秸秆为主的日粮CH_4的产量高。

（四）调控因素

徐军等（2012）研究发现，在玉米-豆粕型基础日粮（其组成为：玉米50%、豆粕20%、麦麸3%、骨粉2%、食盐2%、微量元素1%、草粉22%、DE 11.75MJ/kg、CP 15.25%）条件下，每周添加一次半胱胺（每千克代谢体重100 mg）可改变瘤胃内环境，提高瘤胃pH，降低氨态氮（NH_3-N）浓度，同时提高总蛋白浓度。Devant（2000）等研究发现，NH_3-N浓度过高不会抑制瘤胃微生物的生长。丛玉艳等（2010）研究发现，在营养水平中代谢能（ME）8.82 MJ/kg、CP 10.64%、Ca 0.41%、P 0.26%、N 1.7%时，日粮添加硫0.29%，可显著提高绒山羊瘤胃pH，降低绒山羊瘤胃NH_3-N浓度，说明提高日粮硫水平可促进绒山羊瘤胃发酵。

据孙亚波、周方庆（2015）报道，按照CP 12.15%、ME 7.98%、Ca 0.47%、P 0.31%、NaCl 0.60%、CF 23.01%、中性洗涤纤维（NDF）39.56%、酸性洗涤纤维（ADF）24.72%、粗精比28.34∶71.66的营养水平标准饲喂。添加玉米秸秆、大豆秸秆和花生秸秆为主要粗饲料的三种日粮对瘤胃内的酸度差异影响不显著，饲喂以大豆秸秆和花生秸秆为主的日粮可以使瘤胃内丙酸比例提高，瘤胃液BCP浓度、MCP合成量较高。饲喂以大豆秸秆和花生秸秆为主的日粮相比以玉米秸秆为主的日粮，可提高瘤胃液BCP浓度、MCP合成量。瘤胃MCP合成量与瘤胃液VFA浓度和丙酸浓度存在显著相关关系。由于瘤胃MCP是以瘤胃内快速降解蛋白质释放出的氮为氮源，在微生物酶的作用下合成的，快速降解蛋白释放出的氮主要以尿素氮形式存在，因而瘤胃液尿素氮浓度与MCP合成量密切相关。

三、辽宁绒山羊的消化机能特点

钙和磷是动物体内重要的常量矿物质元素。孙亚波等（2012）研究发现，在日粮营养水平为干物质57.94%、DE 8.19MJ/kg、CP 9.75%、有机物93.77%、粗灰分6.23%、粗脂肪9.10%、NDF 66.63%、ADF 34.67%、Ca 0.66%、P 0.20%时，辽宁绒山羊钙、磷的表观消化率在瘤胃、皱胃、十二指肠、回肠、结肠至直肠中呈增加的趋势，钙、磷主要是在小肠内消化和吸收，其中钙在空肠的吸收率最高，磷在回肠的吸收率最高；回肠是主要的消化吸收部位。辽宁绒山羊胃肠各部位对钙、磷的消化吸收情况见表7-1。

孙亚波和周方庆（2015）研究发现，辽宁绒山羊育成母羊饲料中添加20%苜蓿时，育成母羊粗蛋白质的消化率为68.0%±1.63%，能量表观消化率为64.70%±1.78%，脂肪表观消化率为65.04%±1.45%，矿物质表观消化率为55.14%±0.32%和纤维表观消化率为64.59%±0.72%。据部卫平（2015）报道，按照CP 12.88%、ME 8.12MJ/kg、Ca 0.47%、P 0.33%、NaCl 0.61%、预混剂1%、CF 21.66%、NDF 36.68%、ADF 22.84%、粗精比34.3∶65.7的营养水平标准饲喂。辽宁绒山羊育成公羊在苜蓿添加比例为20%时，饲料利用率高于苜蓿草比例30%和40%组。育成母羊与育成公羊相比，各类营养消化率相似，但是数值高于育成公羊。

表7-1　钙、磷的表观消化率和吸收率（%）

（引自孙亚波，2012）

部位	钙		磷	
	消化率	吸收率	消化率	吸收率
瘤胃	8.76±0.38^A	8.76±0.38^{AB}	19.89±0.88^A	19.89±0.88^A
皱胃	22.27±0.67^B	11.58±0.25^{BC}	29.84±1.03^B	9.96±0.32^B
十二指肠	28.48±0.55^B	6.21±1.55^A	42.11±0.94^C	12.27±0.39^C
回肠	41.33±0.51^C	12.85±1.69^C	62.43±0.87^D	20.32±0.24^A
结肠	47.66±0.69^D	6.34±0.73^A	68.15±1.33^E	5.71±0.59^D
直肠	48.93±0.69^D	1.26±0.31^D	70.28±1.45^E	2.13±0.60^E

注：同列数据不同大写字母表示差异极显著（$P<0.01$）。

第三节　辽宁绒山羊的营养需求与饲养标准

一、辽宁绒山羊的营养需求

（一）能量水平

1. 能量水平对生长性能的影响　柴贵宾等（2011）研究发现，当日粮能量水平高于舍饲辽宁绒山羊维持需要时，能量水平对其体增重无显著影响（表7-2、表7-3）。据李瑞丽等（2012）报道，日粮能量水平（分别为7.6、8.6和9.6 MJ/kg，以干物质计，下同）对辽宁绒山羊空怀母羊的干物质采食量影响不显著，能量越高，日增重和料重比越高（表7-4）。

表7-2　日粮营养成分

（引自柴贵宾等，2011）

项目	中能量 中蛋白组	中能量 高蛋白组	中能量 低蛋白组	高能量 中蛋白组	低能量 中蛋白组
干物质（%）	89.04	89.31	88.97	89.99	89.75
代谢能（MJ/kg）	8.62	8.62	8.62	9.62	7.57
粗蛋白质（%）	9.36	11.15	7.67	9.36	9.37
钙（%）	0.40	0.40	0.36	0.37	0.40
磷（%）	0.37	0.35	0.34	0.26	0.28
NDF（%）	57.0	61.4	58.7	57.9	61.3
ADF（%）	28.9	28.8	29.4	29.9	28.8

表7-3　不同能量水平对绒山羊生产性能的影响

（引自柴贵宾等，2011）

项目	能量水平（MJ/kg）		
	7.6	8.6	9.6
初始体重（kg）	23.03±3.12	23.25±3.75	23.61±1.74
终末体重（kg）	25.94±3.94	27.35±3.47	27.82±1.53
体增重（kg）	2.89±0.18[b]	4.10±0.43[a]	4.21±0.52[a]
产绒量（g）	418.6±12.4[b]	467.6±27.2[a]	473.5±25.8[a]
绒长度（cm）	5.65±0.65	6.71±1.03	7.11±0.90
绒细度（μm）	14.32±0.20[b]	13.81±0.24[b]	15.10±0.47[a]
绒强度（mN）	3.21±0.61	3.07±0.37	3.55±1.01

表7-4　日粮营养成分

（引自李瑞丽等，2012）

营养成分	高蛋白 中能量组	中蛋白 中能量组	低蛋白 中能量组	中蛋白 高能量组	中蛋白 低能量组
干物质（%）	89.45	88.18	89.66	90.26	89.68
代谢能（MJ/kg）	8.58	8.57	8.60	9.81	7.54
有机物（%）	80.14	79.37	81.35	81.45	79.34
粗灰分（%）	9.31	8.81	8.32	8.82	10.34
粗蛋白质（%）	9.36	11.15	7.67	9.36	9.37

（续）

营养成分	高蛋白中能量组	中蛋白中能量组	低蛋白中能量组	中蛋白高能量组	中蛋白低能量组
钙（%）	0.40	0.40	0.36	0.37	0.40
磷（%）	0.37	0.35	0.34	0.26	0.28
NDF（%）	57.0	61.4	58.7	57.9	61.3
ADF（%）	28.9	28.8	29.4	29.9	28.8

2. 能量水平对营养物质代谢率的影响 欧斌等（2009）研究发现，当日粮营养成分如表7-5所示时，放牧绒山羊补饲不同能量水平（1.62、3.16、4.58MJ/kg）的精料，干物质表观消化率随能量水平的提高而显著升高，粗蛋白质、中性洗涤纤维及酸性洗涤纤维的消化率没有显著影响，但随能量水平的升高有增加趋势。据柴贵宾（2011）报道，日粮能量水平对绒山羊干物质进食量无显著影响。能量越高，能量的代谢率越高。当蛋白水平在维持需要以上时，随能量水平的提高，蛋白代谢率也随之提高。日粮能量水平对粗蛋白质、中性洗涤纤维、酸性洗涤纤维的表观消化率影响差异不显著，中能量组绒山羊对干物质、能量及有机物的消化率最高（表7-6）。另据Alves（2003）报道，在采食代谢能分别为2.42、2.66和2.83 MJ/kg的饲粮时，随日粮能量水平的增加，羊全消化道干物质消化率增加。研究还发现，提高能量水平能促进氮的沉积（Chowdhury等，1995），在粗饲料日粮中加入大量快速发酵的碳水化合物会降低纤维的消化率（Valdes等，2000）。

表7-5 日粮营养成分（以干物质为基础）

（引自欧斌等，2009）

项目	对照组	低能量组	中能量组	高能量组
每千克代谢体重能量水平（MJ）	0.71	0.76	0.83	0.90
代谢能（MJ/d）	14.80	15.51	16.93	18.17
粗蛋白质（g/d）	149.26	170.58	168.06	166.02
粗脂肪（g/d）	91.64	90.89	94.88	94.93
NDF（g/d）	1 045.18	997.50	999.37	987.36
ADF（g/d）	752.80	711.18	711.00	701.77

表 7 - 6　不同能量水平对绒山羊消化代谢的影响

（引自柴贵宾等，2011）

项目	能量水平 (MJ/kg，以干物质计)		
	7.6	8.6	9.6
总食入干物质 (kg/d)	0.78±0.07	0.76±0.06	0.80±0.05
干物质消化率 (%)	65.09±3.42	60.36±1.02	67.19±4.39
食入蛋白质 (g/d)	71.12±9.41	78.78±3.53	73.22±6.70
尿氮含量 (g/d)	24.93±7.22	23.07±4.82	14.66±3.31
粪氮含量 (g/d)	15.12±2.28	20.42±1.03	19.01±3.91
蛋白质代谢率 (%)	43.01±6.90	46.39±4.04	54.01±2.91
食入能量 (MJ/d)	11.20±0.30	13.59±0.53	15.04±0.67
粪能 (MJ/d)	4.47±1.24	5.67±0.34	4.76±1.10
尿能 (MJ/d)	1.33±0.75	1.72±0.52	1.93±0.11
甲烷能 (MJ/d)	0.49±0.05	0.61±0.03	0.62±0.02
总能代谢率 (%)	43.14±2.19	40.54±2.09	54.40±3.72

3. 能量水平对辽宁绒山羊产绒性能的影响　柴贵宾等（2011）研究发现，能量水平在 8.6 MJ/kg、9.6 MJ/kg 时产绒量高于 7.6 MJ/kg，各能量水平间绒长度差异不显著，8.6 MJ/kg 和 7.6 MJ/kg 两个能量组的绒细度均优于 9.6 MJ/kg 能量组，表明辽宁绒山羊日粮中适宜的能量水平为 8.6 MJ/kg。据李瑞丽等（2012）报道，不同能量水平（7.6、8.6、9.6 MJ/kg）对绒层厚度和净绒率均没有显著影响。

4. 能量水平对精液品质的影响　李静等（2007）研究发现，当营养成分如表 7 - 7 所示时，在蛋白质水平（311.85～313.94 g/d）保持一定的情况下，能量水平降低（代谢能采食从 18.85 MJ/d 降低至 15.58 MJ/d）对采精量、精子密度和有效精子数均没有显著影响。日粮能量水平在 16～19 MJ/d 时，对鲜精活力和冻精活力、鲜精畸形率、鲜精顶体完整率、母羊受胎率无显著影响。据任婉丽等（2012）报道，当营养成分如表 7 - 8 所示时，能量水平对精液品质影响显著，随总能采食量升高，采精量显著升高（$P<0.05$），精子畸形率和精液 pH 影响不显著（$P>0.05$），精子密度以中能量组（10.56～11.05 MJ/kg）最高。

表 7 - 7　日粮营养成分（以干物质为基础）

（引自李静等，2007）

营养水平	高能量高蛋白组	高能量低蛋白组	低能量低蛋白组
日喂量（kg/d）	2.4	2.2	2.1
代谢能（MJ/d）	18.94	18.86	15.59
粗蛋白质（g/d）	359.73	313.93	311.89
钙（g/d）	12.77	13.43	12.89
磷（g/d）	10.61	10.6	10.84

表 7 - 8　日粮营养成分

（引自任婉丽等，2012）

项目	中能量中蛋白组	中能量高蛋白组	中能量低蛋白组	高能量中蛋白组	低能量中蛋白组
干物质（%）	89.67	89.74	89.89	90.45	90.21
代谢能（MJ/kg）	10.56	11.05	11.01	11.14	9.50
粗蛋白质（%）	11.41	12.39	9.19	10.24	11.78
有机物（%）	80.39	81.20	81.89	81.86	80.42
粗灰分（%）	9.28	8.54	8.00	8.59	9.79
钙（%）	0.65	0.65	0.62	0.82	0.76
磷（%）	0.22	0.22	0.23	0.25	0.25
NDF（%）	50.00	51.35	54.48	54.97	63.56
ADF（%）	32.75	34.48	31.40	34.67	37.92

（二）蛋白质需求

1. 蛋白质水平对生产性能的影响　任婉丽等（2012）报道，成年种公羊在非配种期和配种期内，不同蛋白质水平对绒山羊种公羊生长性能的影响趋势一致，随蛋白质水平的升高，绒山羊日增重显著升高，在相同的蛋白质水平采食情况下，绒山羊增重配种期要明显高于非配种期，说明在配种期绒山羊对蛋白质的利用效果要比在非配种期的利用效果好。

2. 蛋白质水平对营养物质消化率的影响　刘海斌等（2009）研究发现，当营养成分如表 7 - 9 所示时，成年辽宁绒山羊母羊随着日粮蛋白水平的增加，绒山羊粗蛋白质表观消化率的提高趋势明显，而能量表观消化率有降低的趋势，粗纤维表观消化率基本保持恒定。当日粮中粗蛋白质水平大于110.2 g/kg时，能量表观消化率明显下降，得出辽宁绒山羊日粮中适宜的粗蛋白质水平为110.2 g/kg。据杨宁（2009）报道，当营养成分如表7-10所示时，绒山羊母羊日粮中蛋白质水平不影响纤维和钙、磷的消化率。据刘书广（2009）报道，当营养成分如表7-11所示时，随着种公羊日粮粗蛋白质水平增加，干物质采食量没有显著变化，酸性洗涤纤维的消化率增加，对干物质、粗蛋白质和中性洗涤纤维的表观消化率没有影响，得出提高日粮蛋白质水平有利于纤维的消化。

表7-9　试验日粮的营养成分（以干物质为基础）

（引自刘海斌，2009）

| 项目 | 粗蛋白质水平（g/kg） | | | | |
	92.6	100.6	110.2	121.2	131.9
消化能（MJ/kg）	13.25	13.54	13.25	12.14	12.75
粗蛋白质（g/kg）	92.6	100.6	110.2	121.2	131.9
钙（g/kg）	3.8	3.8	3.8	3.8	3.8
磷（g/kg）	2.4	2.4	2.4	2.4	2.4

表7-10　试验日粮营养成分（以干物质为基础）

（引自杨宁，2009）

项目	低蛋白质水平组	中蛋白质水平组	高蛋白质水平组
消化能（MJ/kg）	14.96	15.17	15.04
粗蛋白质（g/kg）	7.99	10.08	11.95
钙（g/d）	5.68	7.13	8.85
磷（g/d）	3.77	4.25	4.95
NDF（g/d）	1 194.96	1 119.42	1 154.53
ADF（g/d）	656.51	596.26	606.08

表 7-11　试验日粮营养成分（以干物质为基础）

（引自刘书广，2009）

项目	高蛋白质水平组	中蛋白质水平组	低蛋白质水平组
消化能（MJ/kg）	12.14	12.14	12.23
干物质（%）	89.59	89.51	89.72
粗蛋白质（%）	13.5	12.1	10.5
钙（%）	0.6	0.6	0.5
磷（%）	0.4	0.4	0.3
NDF（%）	30.3	30.0	30.3
ADF（%）	21.3	21.6	21.4

3. 蛋白质水平对繁殖性能的影响　李静（2007）研究发现，在保持日粮中能量水平（ME 为 18.94 MJ/d）相同的情况下，随绒山羊对粗蛋白质的采食量从 359.76 g/d 降低到 313.94 g/d，采精量和精子活力均显著下降，精子畸形率显著升高。据任婉丽等（2012）报道，成年种公羊只有保证蛋白质的充足供应才能使公羊性欲旺盛，随着日粮中蛋白质水平的升高，绒山羊的采精量、精子活力均显著升高，精子畸形率降低。蛋白质缺乏会阻碍精子生成使精子密度降低。但蛋白质饲喂过多容易在体内产生大量的有机酸，对精子形成不利，因此，蛋白质量适宜时，精子密度最高。据杨宁等（2009）报道，适宜的蛋白质水平可使母羊整个繁殖季节的发情率提高到 90%，受胎率提高到 96.43%，随着蛋白水平的提高，羔羊初生重有降低趋势，但差异不显著。

4. 蛋白质水平对产绒性能的影响　任婉丽等（2012）研究发现，随着成年种公羊蛋白质摄入量的升高，绒毛长度和绒毛细度均有增加趋势。在配种期，绒山羊绒处于生长旺盛期，绒的生长相对粗毛生长变快，绒山羊摄入适宜的粗蛋白质时，养分消化利用更充分，从而导致更多的营养物质分配到次级毛囊，促进绒毛生长，因此配种期与非配种期相比绒毛长度和绒毛比均升高。刘海斌等（2009）研究发现，成年辽宁绒山羊母羊高蛋白质水平不能促进绒毛的生长，而能促进粗毛的生长，对产绒量、绒长度、绒细度和绒层厚度无影响。据杨宁等（2009）报道，增加蛋白水平也能够明显提高绒的长度，但到一定水平后再增加蛋白的摄入并不能够增加绒的长度，提高绒山羊母羊日粮中的蛋白水平可使绒毛增粗，说明增加日粮蛋白水平影响绒的细度；综合绒长度的增长得出，10%蛋白水平既会促进绒的生长，又不会对绒细度有显著的影响。

（三）矿物质需求

1. 硫（S） S是产毛动物的必需元素之一，其代谢与氮代谢密切相关，适宜的氮硫比是瘤胃合成微生物蛋白质的必要条件，可提高反刍动物纤维素消化率。张曦和丛玉艳（2009）研究发现，当营养成分如表7-12所示时，0.23%硫水平日粮的进食氮、可消化氮、沉积氮、氮的表观消化率均显著高于0.11%、0.17%和0.29%硫水平日粮；0.17%、0.23%、0.29%硫水平日粮的进食硫、可消化硫、沉积硫均显著高于0.11%硫水平日粮，得出0.23%（氮硫比为7.39∶1）为辽宁绒山羊生绒期日粮最适硫水平。丛玉艳（2010）研究发现，当营养成分如表7-13所示时，日粮硫水平为0.23%可显著提高辽宁绒山羊绒生长速度、产绒量、绒长度，但对绒的细度没有显著影响，日粮添加硫显著提高了绒山羊瘤胃pH，使绒山羊瘤胃NH_3-N浓度显著降低，说明提高日粮硫水平可促进瘤胃发酵。

表7-12 试验日粮营养成分

（引自张曦，丛玉艳，2009）

营养水平	对照组	试验A组	试验B组	试验C组
代谢能（MJ/kg）	8.82	8.82	8.82	8.82
粗蛋白质（%）	10.64	10.64	10.64	10.64
钙（%）	0.41	0.41	0.41	0.41
磷（%）	0.26	0.26	0.26	0.26
氮（%）	1.70	1.70	1.70	1.70
硫（%）	0.11	0.17	0.23	0.29
氮硫比	15.45	10.00	7.39	5.85

表 7 - 13　不同硫水平日粮对辽宁绒山羊产绒性能影响

(引自丛玉艳，2010)

生产性能	对照组	试验 A 组	试验 B 组	试验 C 组
羊绒生长速度（mm/d）	0.31 ± 0.06^a	0.34 ± 0.02^a	0.40 ± 0.03^b	0.43 ± 0.05^b
产绒量（g）	503.87 ± 32.65^a	515.22 ± 55.42^a	548.78 ± 48.33^b	561.36 ± 50.85^b
绒长度（cm）	73.69 ± 8.08^a	75.68 ± 10.56^a	80.85 ± 8.95^b	78.18 ± 9.86^b
绒细度（μm）	16.51 ± 2.15^a	16.58 ± 2.56^a	15.55 ± 1.95^a	16.48 ± 2.86^a

注：同行数据字母相同者表示差异不显著（$P>0.05$），字母不同者表示差异显著（$P<0.05$）。

2. 锰（Mn）　Mn 是动物生长、生殖以及一系列生命活动所不可缺少的必需微量元素之一，是多种酶的组成成分和激活剂。Mn 在动物体内的含量为 $2\sim3$ mg/kg，在骨骼发育及脑功能、生殖功能中起重要作用，同时参与碳水化合物、脂肪、蛋白质的代谢。张昱（2012）研究发现，当营养成分为 ME 9.03 MJ/kg、CP 10.9%、Ca 0.43%、P 0.25% 时，随着日粮中 Mn 含量的增加，血液中谷丙转氨酶活性和总蛋白含量显著提高，但谷草转氨酶活性未受显著影响，得出含 Mn 60 mg/kg 的日粮对于促进辽宁绒山羊的蛋白质代谢较为适宜。Mn 通过影响雌性动物正常的生长发育和繁殖机能所需的某些酶的合成与激活，调节机体的新陈代谢。曹阳（2013）研究发现，在营养成分为 DM 90.36%、DE 9.78 MJ/kg、CP 10.88%、Ca 0.74%、P 0.28%、Mn 39.84 mg/kg 时，空怀期补饲 Mn 20 mg/kg（以干物质计）可显著提高血清中 FSH、LH、孕酮含量，妊娠期补饲 Mn 60 mg/kg（以干物质计）可显著提高血清中的 E_2 含量，对提高辽宁绒山羊母羊繁殖性能的效果较好。

3. 铜（Cu）　Cu 是反刍动物机体正常生长发育所必需的微量元素，参与造血、骨骼的构成、被毛色素的沉着和脑细胞及脊髓的质化，并且是多种酶的组成成分和激活剂。Cu 缺乏会出现以贫血、腹泻、运动失调、被毛褪色为特征的营养代谢病，导致动物生产性能下降，给生产带来损失。张永升（2009）研究发现，在营养成分为 DM 86.68%、DE 8.98MJ/kg、CP 9.94%、Ca 0.49%、P 0.29%、Cu 4.72 mg/kg、Mo 0.16 mg/kg 时，基础日粮中添加 Cu 19 mg/kg 时，绒山羊绒毛长度和绒生长速率明显增加（$P<0.05$），而绒纤维细度没有明显变化（$P>0.05$）；添加 38 mg/kg 的 Cu 有抑制羊绒生长的趋势，且显著降低了羊绒细度（$P>0.05$）。金艳华（2010）研究发现，在营养成分为 DE 8.98MJ/kg、CP 11.60%、Ca 0.43%、P 0.21%、NDF 49.81%、ADF

33.29%、Cu 4.72 mg/kg、Mn 4.72 mg/kg 时,在基础日粮中添加 38 mg/kg Cu 比添加 28 mg/kg 组显著提高了辽宁绒山羊的干物质消化率、ADF 和 NDF 的表观消化率,显著降低了干物质采食量和 Cu 的表观消化率,对氮的表观消化率没有影响。

4. 锌(Zn) Zn 是动物必需的微量元素,对公畜的繁殖性能有重要的影响。Zn 直接参与精子生成、成熟、激活和获能过程,对精子活力、代谢及稳定性都有重要作用。杨毅强等(2012)研究发现,在营养成分为 DM 88%、DE 15.22 MJ/kg、CP 14.23%、Ca 0.43%、P 0.32%、Zn 45.88 mg/kg 时,在基础日粮中添加 Zn 40 mg/kg 和 80 mg/kg 组的精液量、精子密度和精子活力均显著高于添加 Zn 20 mg/kg 组,但 80 mg/kg 组各指标与 40 mg/kg 组相近,说明日粮 Zn 添加 40 mg/kg 时 Zn 已满足需要。添加 Zn 20 mg/kg 和 40 mg/kg 组精子畸形率较低,但 Zn 添加量为 80 mg/kg 时,精子畸形率有增加趋势,日粮 Zn 水平对精子畸形率、pH 和美蓝褪色时间未产生显著影响。日粮 Zn 水平添加量在 40 mg/kg 时,辽宁绒山羊种公羊的精液品质较优。翟新利(2017)研究发现,在营养成分为 DM 87%、DE 15.21 MJ/kg、CP 14.22%、CF 7%、P 0.31%、Zn 45.87 mg/kg 时,基础日粮中添加 40 mg/kg Zn 能显著提高精子活力、精子密度和精液量,降低精子畸形率。因此,日粮 Zn 水平能影响精液品质。

5. 碘(I) I 是人和动物体内不可缺少的微量元素,能调节甲状腺激素的代谢。甲状腺激素几乎参与所有营养物质的代谢,从而影响动物的生长发育、繁殖和机体健康等。I 缺乏可使动物生长受阻、繁殖力下降。Bedi 等(2000)研究发现,山羊日粮中添加不同水平的 I 对氮代谢没有影响。秦枫等(2013)研究发现,在营养成分为 DM 89.02%、DE 8.29 MJ/kg、CP 10.05%、Ca 0.43%、P 0.38%、I 0.67 mg/kg、Se 0.09 mg/kg、NDF 69.60%、ADF 31.60% 时,日粮中添加 I 对绒山羊干物质采食量(DMI)、DM、CP、ADF、NDF 消化率,及氮代谢、日增重及料重比、绒纤维细度均无显著影响,但显著提高了绒毛长度、绒毛生长率和区域产绒量。

6. 硒(Se) Se 是人和动物体内不可缺少的微量元素。羊缺 Se 表现为骨骼肌和心肌的营养不良,又称白肌病。Kumar 等(2009)研究发现,日粮中添加 Se 能够提高动物的日增重,促进动物的生长。此外添加 Se 还能提高肉品质。秦枫等(2013)研究发现,在营养成分为 DM 89.02%、DE 8.29MJ/kg、

CP 10.05％、Ca 0.43％、P 0.38％、I 0.67 mg/kg、Se 0.09 mg/kg、NDF 69.60％、ADF 31.60％时，日粮中添加 Se 对绒山羊 DMI、DM、CP、ADF、NDF 消化率、氮代谢、日增重及料重比均无显著影响，添加 Se 对绒纤维细度、绒毛长度、绒毛生长率和区域产绒量均无显著影响。Dominguez－Vara 等（2009）研究发现，育肥羔羊日粮中补充 0.3 mg/kg 酵母 Se 对其生长率没有影响。

7. 钼（Mo） Mo 是反刍动物机体正常生长发育所必需的微量元素。Mo 是黄嘌呤氧化酶的组成成分，参与和影响机体内多种物质的代谢，是动物必需的微量元素，具有重要的生物学作用。同时，Mo 也是反刍动物消化道微生物的生长因子，能被微生物吸收。适量的 Mo 可以促进瘤胃对纤维素的消化。金艳华等（2010）研究发现，日粮中添加 Mo 能显著提高 ADF、NDF 及 Cu 的表观消化率，但显著降低了氮的表观消化率。

8. 互作 当日粮供给 Cu 量不足或存在影响 Cu 吸收的物质时，就会导致 Cu 缺乏，而 Mo 的含量是影响 Cu 吸收最重要的因素。金艳华等（2010）研究发现，Cu 与 Mo 互作对干物质消化率、ADF 和 NDF 的表观消化率影响差异显著（$P<0.05$）。在辽宁绒山羊绒毛的快速生长期，日粮中添加 Mo 5 mg/kg、Cu 19 mg/kg 时，营养物质消化效果较佳。张永升等（2009）研究发现，在绒山羊的快速长绒期，在产绒性能上 Cu 与 Mo 存在互作效应，日粮低 Mo 水平下添加 Cu 19 mg/kg，高 Mo 水平下添加 Cu 38 mg/kg，可显著提高绒山羊的产绒量。日粮低 Mo 水平下添加 19 mg/kg 的 Cu，提高血液 MT 的水平（$P>0.05$）；高 Mo 则抑制 IGF－Ⅰ的分泌（$P>0.05$），且显著降低了催乳素（PRL）（$P<0.05$）。未观测到 Cu、Mo 的互作对血液相关激素的影响。

二、辽宁绒山羊的饲养标准

1. 成年母羊的饲养标准 根据母羊生理特点，可分为空怀期、怀孕前期、怀孕后期和哺乳期。母羊怀孕期为 150 d，羔羊哺乳期为 90～120 d，空怀期为 95～125 d。母羊不同时期的饲养标准是怀孕前 1～90 d，胎儿质量仅为羔羊初生体质量的 10％左右，因此空怀期与怀孕前期采用统一标准；哺乳后半期（3 个月以后），由于泌乳量降低，代谢能的给量标准应较前期降低 15％～20％，青年母羊本身尚处在生长时期，其代谢能的给量应较饲养标准增加 10％。

2. 种公羊的饲养标准 种公羊的饲养可分为配种期和非配种期，配种期为 60 d，非配种期为 305 d。配种前 45 d 为配种准备期，应逐渐采用配种期饲养标准；配种结束后 30 d 为恢复期，应逐渐降低饲养标准，逐渐过渡到配种期饲养标准。

3. 育成羊饲养标准　育成羊指断乳后至第一次参加配种的羊，饲养标准按照性别、月龄和体重制定。

辽宁绒山羊不同性别各生理时期的营养需要量见本书附录。

第四节　辽宁绒山羊的饲养管理技术

一、羊场建设

（一）选址与布局

羊舍建在交通方便，水源充足，有电源，通风、干燥，离城区较远的本地农村山区。公羊舍建在下风处，羔羊和育成羊舍建在上风处，成年羊舍建在中间，病羊隔离舍要远离健康羊 100 m 以上。为方便生产，且利于防疫和防火，草料库和青贮池最好能和生产区隔离，并有单独的入口。粪场要设在下风处并远离羊舍 300 m 以上。

（二）羊舍建造

建筑材料选用水泥地面节约成本；羊床选用宽 3.2 cm、厚 3.6 cm 的木条，缝隙宽略小于羊蹄的宽度，以免羊蹄漏下折断羊腿；墙体采用砖墙；屋顶挡雨层选用石棉瓦制作，在挡雨层的下面铺设泡沫板作隔热层。

将食槽和水槽全部设计在羊舍内部，以防雨水和冰冻。食槽选用深度为 15 cm、底部和四角都为圆弧形的成品塑料槽，水槽选用水泥建造的底部有放水孔的结构，以便清洁打扫。

由于羊舍一般采用单列式，所以运动场设在羊舍的南面，运动场地面应低于羊舍地面，并向外稍有倾斜，便于排水和保持干燥；羊舍内和运动场四周均设有高度 1.5 m 的铁丝网围栏。

羊舍面积按每只羊 1～2 m² 设计。公羊 1.8 m²，母羊、育成羊 0.8 m²，羔羊 0.6 m²，妊娠后期或哺乳母羊 2.3 m²，并按每只羊 3 m² 配有运动场。

二、日常管理

根据饲养工艺合理组建羊群，做到公母分开，大小分开，强弱分开，育肥羊和繁殖羊分开，分别制订饲养标准和饲养制度，饲养密度适中。定时定量，合理饲喂。中、大羊每天喂草 3 次，补充精料 1 次，自由饮水，饲喂过程中做到青干结合，精粗结合。每天打扫圈舍卫生，保持料槽、水槽等用具干净，地面清洁。经常检查饮水设备，观察羊群健康状况。做好药浴、灭虱、断尾、修蹄、抓绒、刷拭、编号、哺乳、断乳、组群等日常管理工作。认真做好各项记录，内容包括羊群来源、特征、生产性能记录；饲草、饲料来源，配方，添加物使用情况记录；日常生产的配种、产仔、哺乳、断奶、转群、饲料消耗记录；羊群出场销售记录；繁殖羊群的档案、系谱记录；免疫、用药、发病、治疗、转归记录。各项记录每半年归档 1 次，保存期不少于 2 年。

三、饲养方式

根据绒山羊的生活习性，采取常年放牧，并且从 11 月份开始每天每只羊补饲 100 g 黄豆或者玉米。将黄豆煮三成熟，玉米生喂。饲草以豆荚皮、干青草、青树枝叶等为主。

（一）放牧饲养与补饲

1. 放牧是绒山羊基本饲养方式 放牧饲养要合理组群。组群应依据放牧地的地形、产草量及管理条件而定。羔羊的放牧育肥应以大群为主。放牧山羊体内营养供给，因受季节的影响有很大的波动性。冬春季节母羊处于妊娠后期与泌乳前期，营养需要量达到高峰，羊群这时普遍缺乏能量、蛋白质、磷和维生素 A，其中又以补能量为最迫切。而此时牧草枯黄、营养价值下降，再加之羊群长距离游走觅食以及为保持体温而增加了能量消耗，从而又加速了蛋白质不足现象的出现。放牧应选择牧草好的地带，并做到"四稳"，即出入圈门稳、放牧稳、归牧稳、饮水喂料稳，严防拥挤造成流产。保证每日饮水，饮水时间以午后 2:00 为宜，防饮空肚水和卧盘水。每隔 10 d 喂一次盐，每只羊 10 g，要先饮水后喂盐。

2. 补饲一般从 11 月份起直至翌年接上鲜草为止 补饲干草可直接放在草架上，任羊自由采食；若补饲豆科牧草，要切碎或加工成草粉饲喂，同时还要适当搭配青贮饲料，以提高粗饲料的采食量和利用率。精料的补饲要依据总补饲量和山羊的生理阶段来确定用量，并在此基础上制订科学的饲料配方。

（二）舍饲

我国农区饲养山羊多以舍饲为主，每户养数十只，除季节性放牧外，主要是在专门的栅圈里饲喂。圈内设有饲槽和水盆，每日喂草料3～4次，饮水1～2次。舍饲羊在牧草生长季节，每日每只山羊喂3～5 kg青草和鲜树叶；冬春枯草季节，每日每只羊可喂青干草1～1.5 kg。种公羊及怀孕、哺乳母羊需补饲部分精料和多汁饲料。精料补饲量为250～500 g，多汁饲料1 000 g左右。

四、各类羊饲养管理

（一）种公羊饲养管理

种公羊的质量直接影响羊群的质量。种公羊要始终保持上等体况，不肥不瘦、精力充沛、活泼敏捷、结实健康，确保配种期性欲旺盛，精液品质优良（王薇，2002）。除正常放牧外，在配种前一个月（8、9月份）开始补喂精料，每只羊每日500 g；补喂胡萝卜、萝卜、地瓜等多汁饲料1 000 g，并补喂一些优质青干草。必要时可补喂鸡蛋、牛奶，直到配种结束。圈养绒山羊非配种期要分圈饲养。一般要求种公羊不超过4岁，一只种公羊在一个种群中的使用不应超过2年。要及时更新种公羊，避免近亲繁育。一般情况下一群羊中的种公羊和种母羊的比例为1∶15左右。

（二）母羊饲养管理

冬季的饲养管理，直接关系到母羊越冬成活率、增重及繁殖、产绒性能的正常发挥。主要注意以下几个因素。

1. 做好母羊圈舍防寒保温工作 密切关注天气情况的变化，防止母羊受低温刺激。妊娠期的母羊，冬季羊舍内的温度要求在5 ℃以上；产羔母羊的羊舍温度要求在8 ℃以上。

2. 防止母羊饮冷水和饮带有冰碴的凉水 冬季母羊饮水温度应在0 ℃以上，有条件的饲养场可饮温水，水温达到30 ℃以上最好，在水中撒些豆面效果更好。

3. 防止母羊拥挤、跌滑、顶伤 在冬季每个圈舍养的母羊不要太多，严格控制数量，使每只母羊占有面积2～2.5 m²。在喂料时，控制圈口羊只的出入数量和速度。在放牧时，要选择无冰雪之处，并缓慢驱赶。

4. 做好母羊圈舍的通风换气和卫生工作　每天定期进行羊舍的通风换气，时间选择在羊只于外圈采食、运动、中午气温回升时进行，或用机械强制通风换气。

5. 满足营养需要　对怀孕母羊，特别是尚未成熟的怀孕母羊，需要实行偏草、偏料，精心喂养，以饲喂优质的干草类饲料为主，适当添加少量的青绿饲料，搭配饲喂一些玉米、糠麸及饼类精料。在怀孕初期，粗饲料可以适当多些。在妊娠后期，要逐渐增喂含蛋白质、矿物质和维生素丰富的精饲料和多汁饲料。

6. 防止贼风　冬季时要将羊舍墙壁四周特别是墙基部的缝隙堵严，保证不透风。尽量不要在高床漏缝地板上养羊，地板下的冷空气会使羊只的四肢受寒，而引起严重的关节疾病。

7. 羊舍要保持清洁卫生，定期清除粪便，定期消毒　每隔 1 个月就应对母羊圈舍进行彻底消毒，防止冬季传染病的暴发。

8. 不喂发霉变质、有毒、酸度过大的饲草饲料　在冬季，青贮饲料和微贮饲料是羊只的常用饲料，但是在母羊妊娠期这类饲料每只母羊每天不超过 1.5 kg 为宜，要有一定的过渡期，在喂前最好先饲喂些干草。在饲喂时，还要将发黑发白的部分剔出，防止饲喂发霉、变质、有毒的饲料引起母羊产死胎、弱胎和畸胎。

（三）羔羊期饲养管理

羔羊成活率是辽宁绒山羊重要的繁殖性状，直接影响辽宁绒山羊饲养业的经济效益，而影响辽宁绒山羊羔羊成活的因素多而复杂，主要包括以下几个方面（杨秋凤和刘兴伟，2008）。

1. 公母羊选种选配　避免公母羊之间近亲繁殖。近亲配种产生的羔羊个体生活力和适应性差，易出现羊畸胎、弱胎和死胎。

2. 配种时期　配种时期与羔羊成活率有密切关系。1 年 1 产配种应选在秋季 10 月份；产羔日期就在第 2 年 3 月份以后，此时气温温暖，饲草丰盛，羔羊成活率高。如果是 1 年 2 产，第 2 次配种应选在 4 月中旬至 5 月中旬；产羔日期在秋季 10 月份，气温在 10 ℃左右，羔羊成活率高。

3. 羔羊防疫　羔羊出生后要立即肌内注射破伤风血清，每只羔羊注射

1 500 U。出生 15 d 后，注射山羊的三联四防疫苗，预防羔羊痢疾、肠毒血症、炭疽和羊快疫的发生。羔羊生长到 1 月龄以后，皮下注射羊痘疫苗和山羊传染性胸膜肺炎疫苗。另外，要定期做好圈舍、料槽和水槽的消毒。

4. 羔羊饲养管理 初乳含有丰富的蛋白质、矿物质和维生素，易消化吸收，富含免疫球蛋白，可提高羔羊的抗病力，并含有较多的镁盐，具有轻泻作用，能够促进羔羊胎便的排出。因此，在产后 30～60 min，应让羔羊吃上初乳。一般 10 日龄就应补饲青饲料，补充维生素和微量元素；15 日龄开始补饲混合精料，精料可采用玉米粒、大豆粒炒熟后粉碎，拌入少许胡萝卜丝、食盐和骨粉，放入食槽内任羔羊舔食。同时用小盆盛些淡盐水让羔羊自由饮用，防止发生异食癖。羔羊生后 20 d 左右，可随母羊到附近放牧，将产羔母羊组成母仔小群，由专人放牧看管。羔羊长到 1 个月后，可随大群放牧，以放牧为主，哺乳为辅。

5. 脐带消毒和打耳标 羔羊出生后要立即进行脐带消毒，在距离脐带根部约 5 cm 位置将脐带撕断，压迫止血，用碘酊涂擦。给羊羔打耳标时，将羊耳标、耳标钳用 75％酒精擦拭。羔羊耳部两面皮肤用碘酊擦拭，再用 75％酒精擦拭脱碘，在血管较少的部位打号。

6. 缺奶羔羊哺乳 找好代哺母羊或人工哺乳。找代哺母羊和人工哺乳之前，尽量先让缺奶羔羊吃一些亲生母亲的初乳，以提高后天对疾病的抵抗力。代哺时尽量哺喂同品种的母羊乳，其次用奶山羊的乳汁，再次用牛奶或奶粉。用奶粉冲兑乳汁要做到定质、定温、定量、定时，再加一些促进羔羊消化的酶类制剂。

7. 羔羊运动 羔羊适当运动不仅能提高羔羊的体质，逐渐缩短羔羊与母羊接触时间，利于羔羊早断奶、早补饲、早分群。羔羊运动时要由近及远，选择草质优良、水质没有污染的牧场。

（四）育肥羊饲养管理

辽宁绒山羊属绒、肉兼用型山羊品种，以肉质鲜美、产绒量高、屠宰率高而著称。采用直线育肥的方法使羯羊（去势的公羊称为羯羊）快速出栏，以获取最大的经济效益。

张淑琴等（1999）研究发现，给以放牧加补饲混合精料［0.75 kg/(d·只)］的饲养水平，可以使体重 24 kg 的周岁羯羊平均日增重达到 199.30 g，经 60 d 补饲肥育期，达到 35 kg 上市标准体重，可以提早至越冬前出栏上市。王球等（2011）研究发现，3～4 月龄的断乳去势羔羊，经过 4～6 个月的育肥，到翌年的 3—4 月份梳绒后出售、屠宰，这样既保障了绒的价值，又保证了羊的增重，可取得较高的经济效益，每只羊可盈利 300～500 元。

育肥过程如下。

1. 驱虫 应用阿弗米星（Avermeetins，商品名"虫克星"）等驱虫药，每只羊灌服 50 g，驱杀体内外寄生虫。

2. 健胃 应用中成药"健胃散"（主要由鸡内金、三七、黄芪、海螵蛸等 10 味中药组成），每只羊按 50 g 剂量拌入精饲料喂给。

3. 免疫 育肥前注射羊"三联四防"（羔羊痢疾、羊猝狙、羊肠毒血症及羊快疫）疫苗。

4. 保温 采用塑料棚舍饲养技术。

5. 饮水 特别是冬季要饮用温热水。

6. 饲料 羯羊短期育肥所需营养要全面，能量水平要高。粗饲料可利用玉米秸秆、豆秸、麦秸、地瓜秧、各种树叶、杂草等，自由采食。精饲料推荐配方：玉米 60%、豆粕 12%、酒糟 10%、麸皮 14.5%、食盐 1%、多种维生素 0.2%、微量元素 0.3%，混合拌匀。日喂量，育肥前期 400 g/(d·只)，后期 500 g/(d·只)。

（五）抓绒期的饲养管理

辽宁绒山羊抓绒期的饲养管理需注意如下事项（毕文成和袁安生，2009）。

1. 绒毛生长与繁殖间营养合理 绒山羊母羊繁殖周期与绒毛生长周期（8 月份至翌年 2 月份）相吻合，使绒山羊绒毛生长与繁殖对营养需求出现相互竞争。为避开绒山羊绒毛生长与繁殖对营养需求的竞争，在以放牧为主绒山羊群中，母羊配种期应在 10 月下旬至 11 月上旬。妊娠前期胎儿生长缓慢，营养需求少，营养可优先供给绒毛生长，而此阶段正是绒毛快速生长时期；妊娠后期，对营养需求量增加时，绒毛已生长缓慢或基本停止生长。在此阶段配种，在产绒性能已达到较高水平的基础上，获得了较好的繁殖性能。

2. 放牧条件下绒山羊补饲 夏秋季节，牧草生长旺季，以放牧为主。冬春季节，应以放牧为辅，补饲为主。放牧条件下，合理的补饲能够提高绒山羊的生产性能，提高经济效益，增加牧民的收入。11 月份以前，放牧采食的营养物质可以满足绒毛生长需要；11月份以后，天气寒冷，牧草枯萎，放牧采食的营养物质不能满足绒山羊的需要，每天补饲粗蛋白质水平12%的混合精料200 g，能满足放牧绒山羊营养需要。

3. 生长环境调控 绒山羊绒毛生长主要受光周期影响。在同一营养水平（1.2倍维持需要）下舍饲，缩短光照可以显著提高产绒量。在放牧条件下，每日减少2 h光照，产绒量提高。

五、一般管理技术

（一）药浴

药浴就是用杀虫剂药液对羊只体表进行洗浴。药浴的目的是驱杀羊体表寄生虫、杂菌，预防和治疗疥癣病，使羊只体表清洁卫生，以利于羊生长发育。

1. 药浴时间 每年进行两次药浴：春天梳完绒、剪完毛，5月中旬进行第一次药浴；秋季10月中旬进行第二次药浴。每次药浴要进行2次，间隔7 d。

2. 药浴方法 具体方法有浸浴法和喷浴法。浸浴法是把药液放入药浴池中，将羊整体浸于药液中浸透；喷浴法是用电动或燃油式清洗机将配制好的杀虫剂药液喷淋到羊体表，喷透即可。所用方法可根据具体情况而定。

3. 水温 水温高易烫伤，水温低药浴效果差。药浴正常水温为30～35 ℃（手感不觉烫）。

4. 药浴浓度 常用的药品为马拉硫磷（Malathion，商品名"除癞灵"），常用预防浓度为1∶360。浓度小，效果不佳；浓度大，羊会中毒。

5. 浸泡时间 每只羊药浴时间大约1 min。一般来说，浸泡时间稍长些为好，可灵活掌握。

6. 注意事项 药浴前禁止羊采食，药浴前要检查羊只是否有外伤，进行大群药浴要先试验；选择无风、有阳光天气进行，药浴人员要防中毒；羊浴后要及时晾干，勿暴晒。

（二）抓绒

山羊抓绒也称梳绒，是用铁制梳绒耙子从羊身上将羊绒顺利梳下，是绒山羊管理工作中的一个重要环节。抓绒技术如下（宋传德，2005）。

1. 抓绒时间 不同种类的羊其绒纤维生长时间有差异，脱绒时间也不尽

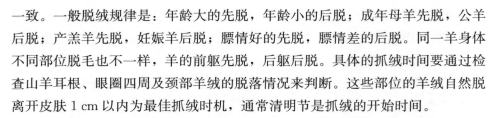

一致。一般脱绒规律是：年龄大的先脱，年龄小的后脱；成年母羊先脱，公羊后脱；产羔羊先脱，妊娠羊后脱；膘情好的先脱，膘情差的后脱。同一羊身体不同部位脱毛也不一样，羊的前躯先脱，后躯后脱。具体的抓绒时间要通过检查山羊耳根、眼圈四周及颈部羊绒的脱落情况来判断。这些部位的羊绒自然脱离开皮肤 1 cm 以内为最佳抓绒时机，通常清明节是抓绒的开始时间。

2. 抓绒工具 抓绒用特制的铁梳，有稀梳和密梳 2 种。稀梳通常由 7～8 根钢丝组成，钢丝间距 2～2.5 cm，钢丝直径 0.3 cm 左右。密梳通常由 12～14 根钢丝组成，钢丝间距 0.5～1 cm。梳子前端弯成钩状，磨成钝圆形，顶端要整齐。最好备大、小两种梳耙，抓羊体身躯，大面的用大梳耙，耳后、腋下、尾根等小块地方用小梳耙。

3. 步骤和方法 抓绒场地要宽敞、平坦，有条件的可准备专用抓绒操作台，把羊保定在操作台上。先清理羊被毛上的沙土、粪块等杂物，用稀梳顺毛沿颈、肩、背、腰、股等部位由上而下将毛梳顺。再用密梳从头部抓起，手劲要均匀，顺躯体前进。梳子要贴近皮肤，抓完后再逆毛抓 1 次，尽量将绒抓净。

4. 注意事项 抓绒前后要避免雨淋，耳后、腋下等地方要有耐心，以免扯坏皮肤，破坏毛囊，影响以后的产绒量。对妊娠母羊要特别小心，要保护好乳房、阴户等器官。对不小心扯破皮的地方要马上涂碘酒消毒。对有皮肤病的羊应最后单独抓绒，羊绒要单独存放，单独处理。梳齿带有油污、抓不下绒时，可在地上反复擦几下，去油后继续使用。抓绒时山羊要空腹，抓羊、放羊要按一个方向，即从哪侧放倒还要从哪侧立起，切不可就地翻转，以防发生肠捻转、膨气。对个别无法抓绒的山羊，可用长剪紧贴皮肤将绒毛一并剪下。每只羊，尤其是留作种用的成年母羊，最好做个体产绒量记录，以作为将来育种的参考。将抓下的羊绒妥善保管好并及时出售。抓绒工具用后要及时消毒后保管备用。

六、疫病防治

（一）疫病预防

羊群引种时，应从具有种畜禽经营许可证的种羊场引进。引入后，单独放置，隔离观察 15～30 d，确定为健康合格后，方可进入饲养区；免疫接种可根据《中华人民共和国动物防疫法》及其配套法规要求，重点对国家规定的一、

二、三类羊病进行监控，主要有口蹄疫、蓝舌病、绵羊痘、山羊痘、山羊关节炎脑炎、传染性脓疱皮炎、传染性眼炎、肠毒血症等。此外，破伤风、传染性胸膜肺炎、各型产气荚膜梭菌病亦应列入重点免疫范围。定期驱虫，每季度驱虫一次。

（二）疫病治疗

坚持无病早防，有病早治的原则。饲养人员应每天 3 次对羊群进行观察，发现异常及时处理报告兽医，发现疫病及时治疗，疑似传染病时立即隔离观察；羊群发生恶性传染病时，依据《中华人民共和国动物防疫法》规定，采集病料送检，并向当地畜牧兽医行政管理部门报告疫情，确诊为国家规定的一类传染病时，应配合当地畜牧兽医管理部门，对羊群实施严格的隔离、扑杀措施，并进行彻底清洗、消毒，对病死或淘汰的羊尸进行无害化处理。

七、粪便无害化处理

采用固态干粪机械或人工收集的方法，定时清除羊场粪便。在养羊生产中，严禁将饲草等废物抛入羊舍内，以免影响羊粪加工的下一个工序的质量与加工进度。羊粪堆积至 30 cm 时应集中清除，然后将粪便集中堆积到有机粪加工厂固定地点进行处理，采用现代生物工程技术并配合先进的发酵助剂进行发酵。

八、产品定位

绒山羊是我国珍贵的产绒山羊品种，可根据其产品特性与用途销往周边地区，并形成自己的品牌工业。

1. 羊绒　辽宁绒山羊在绒毛品质、产绒量等方面，在世界同类品种中居于首位，利用价值极高。其绒毛全白，毛绒混生，绒无髓、密而长，毛由无髓毛、有髓毛和两型毛三种纤维组成，有丝光、稀而长、无弯曲。据国家动物纤维质检中心测定，辽宁绒山羊羊绒细度平均为 14.50 μm，净绒率 75.51%，单根纤维绝对强度 4.59 g，绒长平均为 9.5 cm，伸直率为 51.42%。

2. 羊肉　山羊肉品质优良且营养价值高，其蛋白质含量高，脂肪含量低，胆固醇含量比鸡、兔肉低。随着社会的发展和人们膳食结构的改善，人们对羊肉的消费量呈持续增加趋势，在亚洲和非洲许多国家和地区，将山羊肉作为上

等食品和滋补品，并作为喜庆场合的佳肴，价格高于猪肉和牛肉。

　　3. 羊皮　羊皮可做服装、鞋、箱子、皮包、手套等。

　　4. 羊粪、尿　绒山羊的粪尿比各种家畜粪尿肥力强，其氮、磷、钾含量比较高，是一种很好的有机肥料，它对改善土壤结构、防止板结都有显著效果。

参 考 文 献

白曼，李景玉，姜怀志，2015. 辽宁绒山羊母羊产绒性状变化规律的研究 [J]. 中国草食动
　　物科学，35（5）：15 - 18.

邵卫平，2015. 辽宁绒山羊育成公羊对不同苜蓿比例 TMR 日粮消化性能的研究 [J]. 现代
　　畜牧兽医（1）：15 - 19.

曹阳，丛玉艳，李文婷，等，2013. 锰水平对辽宁绒山羊母羊血液免疫指标的影响 [J]. 草
　　业科学，30（7）：1099 - 1105.

柴贵宾，李健云，张微，等，2011. 不同能量蛋白水平对舍饲辽宁绒山羊产绒性能和营养
　　物质代谢率的影响 [J]. 中国畜牧杂志，47（11）：29 - 33.

常青，2011. 辽宁绒山羊皮肤的发育过程及年周期变化规律的研究 [D]. 长春：吉林农业
　　大学.

陈洋，陈辉，常青，等，2013. 辽宁绒山羊胎儿期皮肤毛囊发生发育的研究 [J]. 中国畜牧
　　杂志，49（11）：18 - 20.

丛玉艳，张曦，邓宏炜，等，2010. 日粮硫水平对生绒期辽宁绒山羊瘤胃发酵的影响 [J].
　　黑龙江畜牧兽医（19）：66 - 68.

高佩民，万吉生，2006. 辽宁绒山羊运动量测试观察研究 [J]. 现代畜牧兽医（3）：9 - 10.

谷博，孙丽敏，常青，等，2013. 血管内皮生长因子在辽宁绒山羊胎儿期皮肤毛囊发育中
　　表达及其与微血管密度关系的研究 [J]. 中国畜牧兽医，40（6）：158 - 161.

谷博，孙丽敏，姜怀志，2012. β - catenin 基因在辽宁绒山羊皮肤毛囊中表达的研究 [J].
　　经济动物学报，16（3）：144 - 147.

郭丹，韩迪，王春艳，等，2010. 辽宁绒山羊 7 个微卫星位点的遗传多样性分析 [J] 中国
　　畜牧兽医，37（12）：99 - 103.

郭丹，王婕，姜怀志，2010. 辽宁绒山羊微卫星多态性及其与经济性状相关性研究 [J]. 中
　　国草食动物，30（6）：5 - 7.

国家统计局，2011—2017. 中国统计年鉴 [M]. 北京：中国统计出版社.

国家遗传资源委员会，2011. 中国遗传资源志-羊志 [M]. 北京：中国农业出版社.

韩迪，郭丹，姜怀志，等，2013. 辽宁绒山羊卵泡闭锁中颗粒细胞凋亡特点的研究 [J]. 现
　　代畜牧兽医（8）：47 - 53.

韩迪，李向军，姜怀志，等，2009. 辽宁绒山羊繁殖性状遗传参数的研究 [J]. 现代畜牧兽医 (6)：31-33.

姜怀志，2004. 双羔型辽宁绒山羊 FSHR 基因 SNP 分析 [J]. 吉林农业大学学报，26 (5)：550-553.

姜怀志，2012. 中国绒山羊毛囊性状与发育调控的研究进展 [J]. 吉林农业大学学报，34 (5)：473-482.

姜怀志，陈洋，常青，2010. 血管内皮生长因子在哺乳动物皮肤毛囊周围血管新生过程中调控作用 [J]. 中国畜牧兽医，37 (5)：47-49.

姜怀志，陈洋，赵艳丽，等，2007. 辽宁绒山羊卵泡中 FSHR 基因表达的研究 [J]. 吉林农业大学学报，29 (4)：428-428.

姜怀志，葛晨霞，戴爽，等，2006. 辽宁绒山羊母羊繁殖规律的研究 [J]. 吉林农业大学学报，28 (1)：77-83.

姜怀志，郭丹，陈洋，等，2009. 中国绒山羊产业现状与发展前景分析 [J]. 畜牧与饲料科学，30 (10)：100-103.

姜怀志，韩迪，郭丹，等，2011. 辽宁绒山羊的若干种质特性 [J]. 中国草食动物，31 (6)：73-75.

姜怀志，李莫南，马宁，2000. 辽宁绒山羊舍饲生活规律的研究 [J]. 家畜生态，21 (2)：28-31.

姜怀志，李向军，戴爽，等，2008. 辽宁绒山羊母羊 FSH 全年分泌规律的研究 [J]. 中国畜牧杂志，44 (15)：15-17.

姜怀志，李雪，戴爽，等，2005. 卵巢黄体类型与闭锁卵泡直径关系的探讨 [J]. 现代畜牧兽医 (6)：20-21.

姜怀志，王淑萍，马宁，2001. 辽宁绒山羊的生态环境、生态特征及开发利用 [J]. 家畜生态，22 (1)：30-33.

姜怀志，杨雨江，2007. 辽宁绒山羊生殖器官形态学参数的研究 [J]. 中国畜牧兽医，34 (11)：142-143.

姜怀志，赵艳丽，陈洋，等，2009. 辽宁绒山羊毛囊群结构的研究 [J]. 中国畜牧兽医，36 (10)：28-30.

姜怀志，赵艳丽，李向军，等，2008. 内蒙古绒山羊毛囊性状参数的研究 [J]. 中国畜牧杂志，44 (5)：21-23.

金艳华，朱晓萍，贾志海，等，2010. 日粮铜钼水平对辽宁绒山羊营养物质消化代谢的影响 [J]. 中国农业大学学报，15 (4)：76-81.

李静，宋先忱，何永涛，等，2007. 日粮能量、蛋白水平对辽宁绒山羊精液品质和受胎率的影响 [J]. 饲料工业 (17)：30-32.

李瑞丽，张微，贾志海，等，2012. 不同营养水平对辽宁绒山羊空怀母羊生产性能的影响
[J]. 中国草食动物科学（S1）：324-326.

李瑞丽，张微，任婉丽，等，2012. 辽宁绒山羊空怀母羊能量需要量 [J]. 动物营养学报，
24（9）：1701-1706.

刘海斌，胡锐，蔡凤坤，等，2009. 日粮不同蛋白水平对舍饲辽宁绒山羊生产性能及营养
物质消化率的影响 [J]. 西北农林科技大学学报（自然科学版），37（3）：43-48.

刘书广，贾文彬，贾志海，等，2009. 日粮蛋白质水平对绒山羊公羊养分消化和精液品质
的影响 [J]. 中国农业大学学报，14（2）：92-97.

马宁，2011. 中国绒山羊研究 [M]. 北京：中国农业出版社.

马宁，李永军，宋亚琴，等，2005. 辽宁绒山羊毛囊性状遗传参数的估计 [J]. 吉林农业大
学学报，27（3）：323-327.

欧斌，涂吉华，朱晓萍，等，2009. 能量摄入水平对放牧绒山羊养分消化和产绒性能的影
响 [J]. 中国畜牧杂志，45（5）：21-24.

秦枫，贾志海，杨杰，等，2013. 日粮中碘、硒水平对绒山羊营养物质消化及生产性能的
影响 [J]. 江苏农业学报，29（2）：383-388.

任婉丽，朱晓萍，张微，等，2012. 日粮能量与蛋白质水平对绒山羊消化代谢和精液品质
的影响 [J]. 中国畜牧杂志，48（21）：51-55.

孙国平，2013. 两种育肥方式下绒山羊瘤胃发酵及几种瘤胃微生物数量的比较研究 [D].
呼和浩特：内蒙古农业大学.

孙亚波，边革，孙宝成，等，2012. 饲喂不同种类粗饲料的辽宁绒山羊瘤胃内酸碱环境及
氮代谢的研究 [J]. 现代畜牧兽医（11）：36-39.

孙亚波，周方庆，2015. 辽宁绒山羊育成母羊对不同苜蓿比例 TMR 日粮的消化性能研究
[J]. 现代畜牧兽医（8）：20-25.

孙昱，丛玉艳，邓宏炜，等，2012. 日粮锰水平对辽宁绒山羊与蛋白质代谢相关的血液指
标的影响 [J]. 黑龙江畜牧兽医（9）：69-71.

陶卫东，郑文新，高维明，等，2007. 优质高产绒山羊——新疆青格里绒山羊 [J]. 中国草
食动物，27（3）：63-64.

田可川，2015. 绒毛用羊生产 [M]. 北京：中国农业出版社.

王耕，夏玮明，张继虹，等，2004. 辽宁绒山羊行为观察 [J]. 黑龙江畜牧兽医（6）：
30-31.

王丽，彭丽琴，张文彬，等，1996. 内蒙古白绒山羊皮肤毛囊发生发育规律的研究 [J]. 畜
牧兽医学报，27（6）：524-530.

徐军，于长江，孙运刚，等，2010. 半胱胺对绒山羊瘤胃及盲肠内环境的影响 [J]. 中国饲
料（7）：26-28.

杨宁，张微，贾志海，等，2009.日粮不同蛋白水平对舍饲绒山羊种母羊养分消化、繁殖性能及产绒性能的影响［J］.中国畜牧杂志，45（23）：33-36.

杨毅强，刘海英，刘国华，等，2012.日粮锌水平对辽宁绒山羊种公羊精液品质的影响［J］.现代畜牧兽医（5）：48-51.

杨雨江，姜怀志，常青，等，2013.辽宁绒山羊胎儿皮肤中 Bcl-2/Bax 基因表达变化的研究［J］.中国畜牧杂志，49（3）：21-23.

杨雨江，孙丽敏，赵佳，等，2016.Bax/Bcl-2 基因在成年辽宁绒山羊皮肤次级毛囊表达及年周期变化规律［J］.中国兽医学报，36（2）：326-330.

姚纪元，包红喜，栾维民，等，2010.辽宁绒山羊皮肤血管内皮生长因子的表达研究［J］.中国畜牧兽医，37（12）：139-141.

姚纪元，陈洋，李景玉，等，2013.辽宁绒山羊毛囊 VEGF 表达及 MVD 的年周期变化［J］.中国畜牧杂志，49（15）：30-33.

叶尔夏提·马力克，2013.新疆博格达绒山羊［M］.乌鲁木齐：新疆人民出版社.

叶尔夏提·马力克，叶尔江，2004.育成新品种——新疆博格达绒山羊［J］.草食家畜（4）：25-27.

翟新利，2017.日粮锌水平对辽宁绒山羊种公羊精液品质的影响［J］.中国畜牧兽医文摘，33（04）：224.

张帆，2013.辽宁绒山羊品种资源保护与利用研究［D］.北京：中国农业科学院.

张富全，刘武军，2003.新疆阿克苏地区绒山羊发展现状及对策分析［J］.草食家畜（3）：3-6.

张桂山，徐晶，孙丽敏，等，2017.绒山羊皮肤毛囊 miR-1298-5P 靶基因预测及表达载体构建［J］.中国畜牧杂志，53（1）：28-32.

张建新，姚继广，白元生，等，2012.晋岚绒山羊新品种［J］.中国草食动物科学，32（2）：78-79.

张瑾，陈吉军，2002.新疆的畜禽品种资源及其利用［J］.新疆畜牧业（1）：19-20.

张世伟，2009.辽宁绒山羊育种志［M］.沈阳：辽宁科学技术出版社.

张曦，丛玉艳，2009.不同硫水平日粮对辽宁绒山羊生绒期氮硫代谢的影响［J］.中国饲料（10）：31-33.

张燕军，尹俊，李长青，等，2006.内蒙古阿尔巴斯绒山羊胎儿期皮肤毛囊发生发育规律研究［J］.畜牧兽医学报，37（8）：761-768.

张英杰，2015.羊生产学［M］.北京：中国农业大学出版社.

张永升，张微，朱晓萍，等，2009.日粮铜钼水平对绒山羊产绒性能和血液相关激素的影响［J］.中国农业大学学报，14（6）：68-72.

赵艳娇，常青，姜怀志，2012.辽宁绒山羊胎儿发育的初步研究［J］.中国草食动物科学，

32（5）：20－23.

赵艳丽，姜怀志，张世伟，2009. 辽宁绒山羊 2 个品系皮肤毛囊结构及其活性变化规律的比较［J］.吉林农业大学学报，31（6）：746－751.

赵艳丽，姜怀志，张世伟，等，2011. 辽宁绒山羊皮肤毛囊细胞凋亡特点的研究［J］.中国畜牧兽医，38（8）：35－38.

朱玉成，薛帮科，何茂昌，2009. 陇东绒山羊新品种培育研究报告［J］.畜牧兽医杂志，18（2）：24－27.

ALVES K S, 2003. Dietary energy levels for Santa Ines sheep apparent digestibility［J］. Recista Brasileira de Zoootecnia，32：1962－1968.

BEDI S P S, PATTANAIK A K, KHAN S A, et al. , 2000. Effect of graded levels of iodine supplementation on the performance of barbari goats［J］. Indian Journal of Animal Sciences，70：736－739.

CHOWHURY S A, HOVELL F D, ϕRSKOVE R, et al. , 1995. Protein utilization during energy undernutrition in sheep sustained on intragastric infusion：effect of changing energy supply on protein utilization［J］. Small Ruminant Res，18（3）：219－226.

DEVANT M, FERRET A, Gasa J, et al. , 2000. Effects of protein and degradability on performance，ruminal fermentation，and nitrogen metabolism in rapidly growing heifers fed high－concentrate diets from 100 to 230kg body weight［J］.J Anim Sci，78（6）：1667－1676.

DOMINGUEZ－VARA I A, GONZALEZ－MUNOZ S S, PINOSRODRIGUEZ J M, et al. , 2009. Effects of feeding selenium－yeast and chromium－yeast to finishing lambs on growth，carcass characteristics，and blood hormones and metabolites［J］. Animal Feed Science and Technology，152：42－49.

KUMAR N, GARD A K, DASS R S, et al. , 2009. Selenium supplementation influences growth performance，antioxidant status and immune response in lambs［J］. Animal Feed Science and Technology，153：77－87.

PATTIE W A, 1989. The inheritance of Cashmere in Australian goats. 2. Genetic parameters breeding values［J］. Livestock Production Science，21：251－261.

VALDES C, CARRO M D, RANILLA M J, et al. , 2000. Effect of forage to concentrate ratio complete diets offered to sheep on voluntary food intake and some digestive parameters［J］. Anim Sci，70：119－126.

附录 绒山羊营养需求

说明：① 以下表中给出的日粮能量含量（8、10、12 MJ/kg）主要是考虑动物在适宜采食量情况下假设的日粮能量浓度，仅作举例参考，由此计算的干物质采食量在实际使用中应按照实际日粮浓度进行调整。

② 分别用视黄醇当量（RE）和国际单位（IU）作为维生素 A 和维生素 E 的需要量单位。1 RE 等于 1.0 μg 反式视黄醇，或 5.0 μg β-胡萝卜素，或 7.6 μg 其他类胡萝卜素。

③ 钙的维持利用效率为 0.50，生长利用效率均为 0.45，磷的维持和生长利用效率均为 0.70。

④ BW 为活体重，kg。

附表 1 绒山羊母羊空怀期每日营养要量

体重(kg)	日增重(g/d)	毛增重(g/d)	日粮能量含量(MJ/kg)	干物质采食量(kg/d)	干物质采食量/BW(%)	代谢能(MJ/d)	净能(MJ/d)	粗蛋白质(g/d)	可消化粗蛋白质(g/d)	钙(g/d)	磷(g/d)	钠(g/d)	氯(g/d)	钾(g/d)	镁(g/d)	硫(g/d)	钴(g/d)	铜(g/d)	碘(g/d)	铁(g/d)	锰(g/d)	硒(g/d)	锌(g/d)	维生素A(RE/d)	维生素E(IU/d)
30	20	2	8	0.89	2.95	7.08	4.16	62.24	37.87	2.07	1.35	0.60	0.85	4.28	0.57	1.95	0.10	17.71	0.44	6	10.53	0.20	13.87	942	159
	20	4	8	0.91	3.05	7.31	4.20	66.35	40.47	2.10	1.35	0.60	0.85	4.36	0.57	2.01	0.10	18.28	0.46	7	11.20	0.31	15.40	942	159
	40	2	8	1.03	3.42	8.20	4.58	73.64	44.67	2.75	2.17	0.64	0.88	4.74	0.61	2.26	0.11	20.51	0.51	8	12.40	0.35	17.20	942	159
	40	4	8	1.05	3.51	8.43	4.62	77.75	47.27	2.78	2.17	0.64	0.88	4.82	0.61	2.32	0.12	21.08	0.53	9	13.07	0.35	18.73	942	159
35	20	2	8	0.97	2.78	7.79	4.62	68.01	41.41	2.18	1.35	0.70	0.99	4.81	0.65	2.14	0.11	19.47	0.49	7	11.87	0.31	15.37	1099	186
	20	4	8	1.00	2.86	8.02	4.66	72.12	44.01	2.21	1.35	0.70	0.99	4.89	0.65	2.20	0.11	20.04	0.50	8	12.53	0.32	16.90	1099	186
	40	2	8	1.11	3.18	8.91	5.04	79.41	48.21	2.86	2.17	0.74	1.01	5.27	0.69	2.45	0.12	22.27	0.56	9	13.73	0.35	18.70	1099	186
	40	4	8	1.14	3.26	9.14	5.08	83.52	50.81	2.89	2.17	0.74	1.01	5.35	0.69	2.51	0.12	22.84	0.57	8	14.40	0.32	20.23	1099	186
40	20	2	8	1.06	2.65	8.47	5.05	73.57	44.82	2.28	1.35	0.79	1.13	5.35	0.74	2.33	0.12	21.16	0.53	9	13.20	0.32	16.87	1256	212
	20	4	8	1.23	3.07	9.82	5.52	89.08	54.22	3.00	2.17	0.83	1.15	5.87	0.78	2.70	0.13	24.54	0.61	10	15.73	0.35	21.73	1256	212
	40	2	8	1.06	2.65	8.47	5.05	73.57	44.82	2.28	1.35	0.79	1.13	5.33	0.74	2.33	0.12	21.16	0.53	9	13.20	0.32	16.87	1256	212
	40	4	8	1.23	3.07	9.82	5.52	89.08	54.22	3.00	2.17	0.83	1.15	5.87	0.78	2.70	0.13	24.54	0.61	11	15.73	0.35	21.73	1256	212
45	20	4	8	1.17	2.60	9.35	5.52	83.07	50.72	2.39	1.35	0.88	1.26	5.93	0.83	2.57	0.13	23.38	0.58	9	15.20	0.32	19.90	1413	239
	20	6	8	1.20	2.66	9.59	5.56	87.32	53.31	2.43	1.35	0.88	1.26	6.02	0.83	2.64	0.13	23.98	0.60	10	15.87	0.32	21.43	1413	239
	40	4	8	1.31	2.91	10.47	5.94	94.47	57.52	3.04	2.17	0.92	1.29	6.39	0.87	2.88	0.14	26.18	0.65	11	17.07	0.35	23.23	1413	239
	40	6	8	1.34	2.98	10.71	5.98	98.72	60.11	3.07	2.17	0.92	1.29	6.48	0.87	2.95	0.15	26.78	0.67	12	17.73	0.35	24.77	1413	239

（续）

体重(kg)	日增重(g/d)	毛增重(g/d)	日粮能量含量(MJ/kg)	干物质采食量(kg/d)	干物质采食量/BW(%)	代谢能(MJ/d)	净能(MJ/d)	粗蛋白质(g/d)	可消化粗蛋白质(g/d)	钙(g/d)	磷(g/d)	钠(g/d)	氯(g/d)	钾(g/d)	镁(g/d)	硫(g/d)	钴(g/d)	铜(g/d)	碘(g/d)	铁(g/d)	锰(g/d)	硒(g/d)	锌(g/d)	维生素A(RE/d)	维生素E(IU/d)
50	20	4	8	1.25	2.50	9.99	5.93	88.32	53.94	2.47	1.35	0.98	1.40	6.44	0.92	2.75	0.14	24.98	0.62	10	16.53	0.32	21.40	1570	265
	20	6	8	1.28	2.56	10.23	5.97	92.57	56.53	2.51	1.35	0.98	1.40	6.53	0.92	2.81	0.14	25.58	0.64	11	17.20	0.32	22.93	1570	265
	40	4	8	1.39	2.78	11.11	6.35	99.72	60.74	3.10	2.17	1.02	1.43	6.90	0.96	3.06	0.15	27.78	0.69	12	18.40	0.35	24.73	1570	265
	40	6	8	1.42	2.84	11.35	6.39	103.97	63.33	3.14	2.17	1.02	1.43	6.98	0.96	3.12	0.16	28.38	0.71	13	19.07	0.35	26.27	1570	265
55	20	4	8	1.33	2.41	10.62	6.34	93.43	57.07	2.57	1.35	1.07	1.54	6.94	1.00	2.92	0.15	26.54	0.66	11	17.87	0.32	22.90	1727	292
	20	6	8	1.36	2.47	10.86	6.38	97.68	59.66	2.60	1.35	1.07	1.54	7.03	1.00	2.99	0.15	27.14	0.68	12	18.53	0.32	24.43	1727	292
	40	4	8	1.47	2.67	11.74	6.76	104.83	63.87	3.20	2.17	1.11	1.56	7.40	1.04	3.23	0.16	29.34	0.73	13	19.73	0.35	26.23	1727	292
	40	6	8	1.50	2.72	11.98	6.80	109.08	66.46	3.23	2.17	1.11	1.56	7.49	1.04	3.29	0.16	29.94	0.75	14	20.40	0.36	27.77	1727	292

附表 2　绒山羊母羊单胎妊娠前期每日营养需要量

体重(kg)	羔羊初生重(kg)	毛增重(g/d)	日粮能量含量(MJ/kg)	干物质采食量(kg/d)	干物质采食量/BW(%)	代谢能(MJ/d)	净能(MJ/d)	粗蛋白质(g/d)	可消化粗蛋白质(g/d)	钙(g/d)	磷(g/d)	钠(g/d)	氯(g/d)	钾(g/d)	镁(g/d)	硫(g/d)	钴(g/d)	铜(g/d)	碘(g/d)	铁(g/d)	锰(g/d)	硒(g/d)	锌(g/d)	维生素A(RE/d)	维生素E(IU/d)
30	2.6	2	8	1.01	3.37	8.09	4.02	85.84	52.42	3.04	1.88	0.67	0.91	4.71	0.60	2.22	0.11	20.23	0.51	11	11.97	0.20	10.97	942	159
	2.6	4	8	1.04	3.47	8.32	4.06	89.95	55.02	3.08	1.91	0.67	0.90	4.79	0.60	2.29	0.11	20.80	0.52	12	13.33	0.29	12.50	942	159
	3.0	2	8	1.05	3.48	8.36	4.05	90.54	55.29	3.29	2.00	0.69	0.92	4.83	0.62	2.30	0.11	20.90	0.52	13	13.37	0.29	11.03	942	159
	3.0	4	8	1.07	3.58	8.59	4.09	94.65	57.89	3.33	2.03	0.69	0.92	4.91	0.62	2.36	0.12	21.48	0.54	14	14.63	0.29	12.57	942	159
35	2.6	2	8	1.10	3.14	8.80	4.48	91.61	55.96	3.16	1.99	0.77	1.04	5.24	0.69	2.42	0.12	22.00	0.55	13	13.30	0.29	12.47	1099	186
	2.6	4	8	1.13	3.23	9.03	4.52	95.72	58.56	3.19	2.03	0.77	1.04	5.33	0.69	2.48	0.12	22.58	0.56	14	14.67	0.29	14.00	1099	186
	3.0	2	8	1.13	3.24	9.07	4.51	96.31	58.83	3.40	2.11	0.78	1.05	5.36	0.70	2.49	0.12	22.68	0.57	15	14.70	0.29	12.53	1099	186
	3.0	4	8	1.16	3.32	9.30	4.55	100.42	61.43	3.44	2.14	0.78	1.05	5.44	0.70	2.56	0.13	23.25	0.58	16	15.97	0.29	14.07	1099	186
40	3.0	2	8	1.22	3.05	9.75	4.95	101.87	62.24	3.51	2.21	0.88	1.19	5.88	0.79	2.68	0.13	24.38	0.61	15	14.63	0.29	14.03	1256	212
	3.0	4	8	1.25	3.12	9.98	4.99	105.98	64.84	3.54	2.25	0.88	1.19	5.97	0.79	2.74	0.14	24.95	0.62	16	16.00	0.29	15.57	1256	212
	3.4	2	8	1.25	3.13	10.03	4.99	106.57	65.10	3.76	2.33	0.89	1.20	6.00	0.80	2.76	0.14	25.08	0.63	17	16.03	0.29	14.10	1256	212
	3.4	4	8	1.28	3.21	10.26	5.03	110.68	67.70	3.79	2.37	0.89	1.20	6.09	0.80	2.82	0.14	25.65	0.64	18	17.30	0.29	15.63	1256	212

（续）

体重(kg)	羔羊初生重(kg)	毛增重(g/d)	日粮能量含量(MJ/kg)	干物质采食量(kg/d)	干物质采食量/BW(%)	代谢能(MJ/d)	净能(MJ/d)	粗蛋白质(g/d)	可消化粗蛋白质(g/d)	钙(g/d)	磷(g/d)	钠(g/d)	氯(g/d)	钾(g/d)	镁(g/d)	硫(g/d)	钴(g/d)	铜(g/d)	碘(g/d)	铁(g/d)	锰(g/d)	硒(g/d)	锌(g/d)	维生素A(RE/d)	维生素E(IU/d)
45	3.0	4	8	1.33	2.95	10.63	5.41	111.37	68.14	3.64	2.35	0.97	1.33	6.48	0.88	2.92	0.15	26.58	0.66	17	16.63	0.29	17.07	1413	239
	3.0	6	8	1.36	3.02	10.87	5.45	115.62	70.73	3.68	2.39	0.97	1.33	6.57	0.88	2.99	0.15	27.18	0.68	18	18.00	0.29	18.60	1413	239
	3.4	4	8	1.36	3.03	10.91	5.45	116.07	71.00	3.89	2.47	0.99	1.34	6.60	0.89	3.00	0.15	27.28	0.68	19	18.03	0.29	17.13	1413	239
	3.4	6	8	1.39	3.10	11.15	5.49	120.32	73.59	3.93	2.51	0.99	1.34	6.69	0.89	3.07	0.15	27.88	0.70	20	19.30	0.29	18.67	1413	239
50	3.4	4	8	1.44	2.89	11.55	5.86	121.32	74.22	3.99	2.57	1.08	1.48	7.11	0.98	3.18	0.16	28.88	0.72	19	17.97	0.30	18.63	1570	265
	3.4	6	8	1.47	2.95	11.79	5.90	125.57	76.81	4.03	2.61	1.08	1.48	7.19	0.98	3.24	0.16	29.48	0.74	20	19.33	0.30	20.17	1570	265
	3.8	4	8	1.48	2.96	11.82	5.89	126.02	76.59	4.24	2.69	1.10	1.49	7.22	0.99	3.25	0.16	29.55	0.74	21	19.37	0.30	18.70	1570	265
	3.8	6	8	1.51	3.02	12.06	5.93	130.27	79.68	4.28	2.73	1.10	1.49	7.31	0.99	3.32	0.17	30.15	0.75	22	20.63	0.30	20.23	1570	265
55	3.4	4	8	1.52	2.77	12.18	6.27	126.43	77.35	4.09	2.67	1.18	1.61	7.61	1.06	3.35	0.17	30.45	0.76	22	19.30	0.30	20.13	1727	292
	3.4	6	8	1.55	2.82	12.42	6.31	130.68	79.94	4.13	2.71	1.18	1.61	7.70	1.06	3.42	0.17	31.05	0.78	22	20.67	0.30	21.67	1727	292
	3.8	4	8	1.56	2.83	12.45	6.30	131.13	79.72	4.34	2.79	1.19	1.63	7.73	1.08	3.42	0.17	31.13	0.78	23	20.70	0.30	20.20	1727	292
	3.8	6	8	1.59	2.88	12.45	6.34	135.38	82.81	4.37	2.83	1.19	1.63	7.82	1.08	3.49	0.17	31.73	0.79	24	21.97	0.30	21.73	1727	292

附表3 绒山羊母羊双胎妊娠前期每日营养需要量

体重(kg)	羔羊初生重(kg)	毛增重(g/d)	日粮能量含量(MJ/kg)	干物质采食量(kg/d)	干物质采食量/BW(%)	代谢能(MJ/d)	净能(MJ/d)	粗蛋白质(g/d)	可消化粗蛋白质(g/d)	钙(g/d)	磷(g/d)	钠(g/d)	氯(g/d)	钾(g/d)	镁(g/d)	硫(g/d)	钴(g/d)	铜(g/d)	碘(g/d)	铁(g/d)	锰(g/d)	硒(g/d)	锌(g/d)	维生素A(RE/d)	维生素E(IU/d)
30	2.3	2	8	1.11	3.69	8.85	4.12	99.58	60.80	4.19	2.37	0.78	0.96	5.08	0.66	2.43	0.12	22.13	0.55	18	11.97	0.29	10.92	942	159
	2.3	4	8	1.14	3.78	9.08	4.16	103.69	68.09	4.22	2.41	0.76	0.96	5.16	0.66	2.50	0.12	22.70	0.57	19	13.33	0.29	12.45	942	159
	2.7	2	8	1.16	3.88	9.30	4.17	107.27	70.19	4.66	2.60	0.79	0.99	5.28	0.69	2.56	0.13	23.25	0.58	20	13.37	0.29	10.98	942	159
	2.7	4	8	1.19	3.97	9.53	4.21	111.38	77.49	4.70	2.63	0.79	0.99	5.36	0.69	2.62	0.13	23.83	0.60	21	14.63	0.29	12.52	942	159
35	2.3	2	8	1.20	3.41	9.56	4.58	105.35	64.34	4.30	2.49	0.85	1.10	5.61	0.75	2.63	0.13	23.90	0.60	20	13.30	0.29	12.42	1099	186
	2.3	4	8	1.22	3.50	9.79	4.62	109.46	71.63	4.33	2.52	0.85	1.10	5.69	0.75	2.69	0.13	24.48	0.61	21	14.67	0.29	13.95	1099	186
	2.7	2	8	1.25	3.58	10.01	4.63	113.04	73.73	4.78	2.71	0.89	1.12	5.81	0.77	2.75	0.14	25.03	0.63	22	14.70	0.29	12.48	1099	186
	2.7	4	8	1.28	3.66	10.24	4.67	117.15	81.03	4.81	2.74	0.89	1.12	5.89	0.77	2.82	0.14	25.60	0.64	23	15.97	0.29	14.02	1099	186

（续）

体重(kg)	羔羊初生重(kg)	毛增重(g/d)	日粮能量含量(MJ/kg)	干物质采食量(kg/d)	干物质采食量/BW(%)	代谢能(MJ/d)	净能(MJ/d)	粗蛋白质(g/d)	可消化粗蛋白质(g/d)	钙(g/d)	磷(g/d)	钠(g/d)	氯(g/d)	钾(g/d)	镁(g/d)	硫(g/d)	钴(g/d)	铜(g/d)	碘(g/d)	铁(g/d)	锰(g/d)	硒(g/d)	锌(g/d)	维生素A(RE/d)	维生素E(IU/d)
40	2.7	2	8	1.34	3.34	10.69	5.07	118.60	67.75	4.88	2.81	0.98	1.26	6.33	0.86	2.94	0.15	26.73	0.67	23	14.63	0.29	13.98	1256	212
	2.7	4	8	1.37	3.41	10.92	5.11	122.71	75.04	4.92	2.85	0.98	1.26	6.42	0.86	3.00	0.15	27.30	0.68	24	16.00	0.29	15.52	1256	212
	3.1	2	8	1.39	3.48	11.14	5.13	126.30	77.14	5.36	3.04	1.01	1.29	6.53	0.89	3.06	0.15	27.85	0.70	25	16.03	0.29	14.05	1256	212
	3.1	4	8	1.42	3.55	11.37	5.17	130.41	84.44	5.40	3.07	1.01	1.29	6.62	0.89	3.13	0.16	28.43	0.71	26	17.30	0.29	15.58	1256	212
45	2.7	4	8	1.45	3.21	11.57	5.53	128.10	73.65	5.02	2.95	1.07	1.40	6.93	0.95	3.18	0.16	28.93	0.72	25	16.63	0.29	17.02	1413	239
	2.7	6	8	1.48	3.28	11.81	5.57	132.35	80.93	5.06	2.99	1.07	1.40	7.02	0.95	3.25	0.16	29.53	0.74	26	18.00	0.29	18.55	1413	239
	3.1	4	8	1.50	3.34	12.02	5.59	135.80	83.04	5.50	3.17	1.11	1.42	7.13	0.97	3.31	0.17	30.05	0.75	27	18.03	0.30	17.08	1413	239
	3.1	6	8	1.53	3.41	12.26	5.63	140.05	90.33	5.53	3.21	1.11	1.42	7.22	0.97	3.37	0.17	30.65	0.77	28	19.30	0.30	18.62	1413	239
50	3.1	4	8	1.58	3.17	12.66	6.00	141.05	76.87	5.60	3.27	1.20	1.56	7.64	1.06	3.48	0.17	31.65	0.79	27	17.97	0.30	18.58	1570	265
	3.1	6	8	1.61	3.23	12.90	6.04	145.30	84.15	5.63	3.31	1.20	1.56	7.73	1.06	3.55	0.18	32.25	0.81	28	19.33	0.30	20.12	1570	265
	3.5	4	8	1.64	3.28	13.10	6.06	148.75	86.26	6.07	3.49	1.24	1.59	7.84	1.09	3.60	0.18	32.75	0.82	29	19.37	0.30	18.65	1570	265
	3.5	6	8	1.67	3.34	13.34	6.10	153.00	93.55	6.11	3.53	1.24	1.59	7.92	1.09	3.67	0.18	33.35	0.83	30	20.63	0.30	20.18	1570	265
55	3.1	4	8	1.66	3.02	13.29	6.41	146.16	80.00	5.69	3.37	1.29	1.70	8.14	1.15	3.65	0.18	33.23	0.83	29	19.30	0.30	20.08	1727	292
	3.1	6	8	1.69	3.08	13.53	6.45	150.41	87.28	5.73	3.41	1.29	1.70	8.23	1.15	3.72	0.19	33.83	0.85	30	20.67	0.30	21.62	1727	292
	3.5	4	8	1.72	3.12	13.73	6.47	153.86	89.39	6.17	3.59	1.33	1.72	8.34	1.17	3.78	0.19	34.33	0.86	31	20.70	0.30	20.15	1727	292
	3.5	6	8	1.75	3.18	13.97	6.51	158.11	96.68	6.21	3.63	1.33	1.72	8.43	1.17	3.84	0.19	34.93	0.87	32	21.97	0.30	21.68	1727	292

附表 4 绒山羊母单胎妊娠后期每日营养需要量

体重(kg)	羔羊初生重(kg)	毛增重(g/d)	日粮能量含量(MJ/kg)	干物质采食量(kg/d)	干物质采食量/BW(%)	代谢能(MJ/d)	净能(MJ/d)	粗蛋白质(g/d)	可消化粗蛋白质(g/d)	钙(g/d)	磷(g/d)	钠(g/d)	氯(g/d)	钾(g/d)	镁(g/d)	硫(g/d)	钴(g/d)	铜(g/d)	碘(g/d)	铁(g/d)	锰(g/d)	硒(g/d)	锌(g/d)	维生素A(RE/d)	维生素E(IU/d)
30	2.6	2	8	1.12	3.72	8.93	4.13	98.35	60.05	3.18	2.01	0.99	1.74	5.13	0.66	2.46	0.12	22.33	0.56	27	17.33	0.30	19.20	1365	159
	2.6	4	8	1.15	3.82	9.16	4.17	102.45	62.65	3.21	2.05	0.99	1.74	5.22	0.66	2.52	0.13	22.90	0.57	29	18.00	0.30	20.73	1365	159
	3.0	2	10	0.95	3.16	9.49	4.20	107.11	65.40	3.17	1.87	1.03	1.77	4.69	0.69	2.09	0.10	18.98	0.47	29	18.67	0.30	20.53	1365	159
	3.0	4	10	0.97	3.24	9.72	4.24	111.22	68.00	3.20	1.90	1.03	1.77	4.75	0.69	2.14	0.11	19.44	0.49	30	19.33	0.30	22.07	1365	159

（续）

体重 (kg)	羔羊初生重 (kg)	毛增重 (g/d)	日粮能量含量 (MJ/kg)	干物质采食量 (kg/d)	干物质采食量/BW (%)	代谢能 (MJ/d)	净能 (MJ/d)	粗蛋白质 (g/d)	可消化粗蛋白质 (g/d)	钙 (g/d)	磷 (g/d)	钠 (g/d)	氯 (g/d)	钾 (g/d)	镁 (g/d)	硫 (g/d)	钴 (g/d)	铜 (g/d)	碘 (g/d)	铁 (g/d)	锰 (g/d)	硒 (g/d)	锌 (g/d)	维生素A (RE/d)	维生素E (IU/d)
35	2.6	2	10	0.96	3.21	9.64	4.59	104.12	63.59	2.99	1.82	1.10	1.98	4.97	0.75	2.12	0.11	19.28	0.48	31	18.67	0.30	20.70	1 593	186
	2.6	4	8	1.23	3.53	9.87	4.63	108.22	66.19	3.32	2.16	1.10	1.98	5.75	0.75	2.71	0.14	24.68	0.62	32	19.33	0.30	22.23	1 593	186
	3.0	2	8	1.28	3.64	10.20	4.66	112.88	68.94	3.58	2.28	1.14	2.00	5.91	0.77	2.81	0.14	25.50	0.64	33	20.00	0.31	22.03	1 593	186
	3.0	4	8	1.30	3.73	10.43	4.70	116.99	71.54	3.61	2.32	1.14	2.00	5.99	0.77	2.87	0.14	26.08	0.65	34	20.67	0.31	23.57	1 593	186
40	3.0	2	8	1.36	3.89	10.88	5.10	118.44	72.35	3.68	2.39	1.25	2.21	6.43	0.86	2.99	0.15	27.20	0.68	35	21.33	0.31	23.53	1 820	212
	3.0	4	8	1.39	3.47	11.11	5.14	122.55	74.95	3.72	2.43	1.25	2.21	6.51	0.86	3.06	0.15	27.78	0.69	36	22.00	0.31	25.07	1 820	212
	3.4	2	8	1.43	3.58	11.44	5.17	127.21	77.69	3.98	2.55	1.29	2.24	6.67	0.89	3.15	0.16	28.60	0.72	37	22.67	0.31	24.87	1 820	212
	3.4	4	8	1.46	3.65	11.67	5.21	131.32	80.29	4.01	2.59	1.29	2.24	6.75	0.89	3.21	0.16	29.18	0.73	38	23.33	0.31	26.40	1 820	212
45	3.0	2	8	1.47	3.68	11.76	5.56	127.94	78.25	3.82	2.53	1.35	2.46	7.03	0.95	3.23	0.16	29.40	0.74	39	23.33	0.31	26.57	2 048	239
	3.0	6	8	1.50	3.33	12.00	5.60	132.19	80.84	3.86	2.57	1.35	2.46	7.11	0.95	3.30	0.17	30.00	0.75	40	24.00	0.31	28.10	2 048	239
	3.4	4	8	1.54	3.42	12.32	5.63	136.71	83.59	4.11	2.69	1.39	2.48	7.27	0.97	3.39	0.17	30.80	0.77	41	24.67	0.31	27.90	2 048	239
	3.4	6	8	1.57	3.49	12.56	5.67	140.96	86.18	4.15	2.73	1.39	2.48	7.35	0.97	3.45	0.17	31.40	0.79	42	25.33	0.31	29.43	2 048	239
50	3.4	4	8	1.62	3.60	12.96	6.04	141.96	86.81	4.21	2.79	1.48	2.72	7.78	1.06	3.56	0.18	32.40	0.81	43	26.00	0.32	29.40	2 275	265
	3.4	6	8	1.65	3.30	13.20	6.08	146.21	89.40	4.25	2.83	1.48	2.72	7.86	1.06	3.63	0.18	33.00	0.83	44	26.67	0.32	30.93	2 275	265
	3.8	4	8	1.69	3.38	13.52	6.12	150.00	92.16	4.50	2.96	1.53	2.74	8.01	1.09	3.72	0.19	33.80	0.85	45	27.33	0.32	30.73	2 275	265
	3.8	6	8	1.72	3.44	13.76	6.16	154.25	94.75	4.54	2.99	1.53	2.74	8.10	1.09	3.78	0.19	34.40	0.86	46	28.00	0.32	32.27	2 275	265
55	3.4	4	8	1.70	3.40	13.59	6.45	147.07	89.94	4.31	2.89	1.57	2.95	8.28	1.15	3.74	0.19	33.98	0.85	47	27.33	0.32	30.90	2 506	292
	3.4	6	8	1.73	3.14	13.83	6.49	151.32	92.53	4.35	2.93	1.57	2.95	8.37	1.15	3.80	0.19	34.58	0.86	48	28.00	0.32	32.43	2 506	292
	3.8	4	8	1.77	3.22	14.15	6.53	155.11	95.29	4.60	3.06	1.61	2.98	8.52	1.17	3.89	0.19	35.38	0.88	49	28.67	0.32	32.23	2 506	292
	3.8	6	8	1.80	3.27	14.39	6.57	159.36	97.88	4.64	3.09	1.61	2.98	8.61	1.17	3.96	0.20	35.98	0.90	50	29.33	0.32	33.77	2 506	292

附表 5　绒山羊母羊双胎妊娠后期每日营养需要量

体重 (kg)	羔羊初生重 (kg)	毛增重 (g/d)	日粮能量含量 (MJ/kg)	干物质采食量 (kg/d)	干物质采食量/BW (%)	代谢能 (MJ/d)	净能 (MJ/d)	粗蛋白质 (g/d)	可消化粗蛋白质 (g/d)	钙 (g/d)	磷 (g/d)	钠 (g/d)	氯 (g/d)	钾 (g/d)	镁 (g/d)	硫 (g/d)	钴 (g/d)	铜 (g/d)	碘 (g/d)	铁 (g/d)	锰 (g/d)	硒 (g/d)	锌 (g/d)	维生素A (RE/d)	维生素E (IU/d)
30	2.3	2	10	1.03	3.43	10.3	4.30	123.04	76.68	4.09	2.28	0.92	2.21	4.86	0.92	2.27	0.11	20.6	0.52	55	24.00	0.31	25.87	1 365	159
	2.3	4	10	1.05	3.51	10.53	4.34	127.15	80.79	4.12	2.31	0.89	2.21	4.92	0.92	2.32	0.12	21.06	0.53	56	24.67	0.31	27.40	1 365	159
	2.7	2	12	0.93	3.10	11.16	4.42	137.24	84.71	4.37	2.3	0.93	2.27	4.61	0.95	2.05	0.10	18.60	0.47	57	26.67	0.32	28.53	1 365	159
	2.7	4	12	0.95	3.16	11.39	4.46	141.35	88.82	4.40	2.33	0.93	2.27	4.66	0.95	2.09	0.10	18.98	0.47	58	27.33	0.32	30.07	1 365	159
35	2.3	2	10	1.10	3.15	11.01	4.76	128.81	80.22	4.18	2.37	0.98	2.53	5.34	1.02	2.42	0.12	22.02	0.55	60	25.33	0.32	27.37	1 593	186
	2.3	4	10	1.12	3.21	11.24	4.8	132.92	84.33	4.21	2.40	0.98	2.53	5.41	1.02	2.47	0.12	22.48	0.56	61	26.00	0.32	28.9	1 593	186
	2.7	2	10	1.19	3.39	11.87	4.88	143.01	88.25	4.7	2.63	1.02	2.59	5.63	1.05	2.61	0.13	23.74	0.59	62	28.00	0.32	30.03	1 593	186
	2.7	4	12	1.01	2.88	12.10	4.92	147.12	92.36	4.47	2.40	1.02	2.59	5.11	1.05	2.22	0.11	20.17	0.50	63	28.67	0.32	31.57	1 593	186
40	2.7	2	8	1.57	3.92	12.55	5.32	148.57	91.66	5.17	3.11	1.12	2.78	7.01	1.16	3.45	0.17	31.38	0.78	65	29.33	0.33	31.53	1 820	212
	2.7	4	10	1.28	3.20	12.78	5.36	152.68	96.40	4.81	2.74	1.12	2.78	6.17	1.16	2.81	0.14	25.56	0.64	66	30.00	0.33	33.07	1 820	212
	3.1	2	10	1.34	3.36	13.43	5.43	162.76	100.95	5.3	2.97	1.16	2.83	6.39	1.19	2.95	0.15	26.86	0.67	67	32.00	0.33	34.20	1 820	212
	3.1	4	10	1.37	3.42	13.66	5.47	166.87	105.06	5.33	3.0	1.16	2.83	6.46	1.19	3.01	0.15	27.32	0.68	68	32.67	0.33	35.73	1 820	212
45	2.7	4	8	1.68	3.73	13.43	5.78	158.07	99.07	5.31	3.24	1.20	3.08	7.60	1.25	3.69	0.18	33.58	0.84	70	31.33	0.33	34.57	2 048	239
	2.7	6	8	1.71	3.80	13.67	5.82	162.32	103.95	5.07	3.28	1.20	3.08	7.69	1.25	3.76	0.19	34.18	0.85	71	32.00	0.33	36.10	2 048	239
	3.1	4	8	1.79	3.98	14.31	5.89	172.26	108.36	5.54	3.53	1.24	3.13	7.96	1.29	3.94	0.20	35.78	0.89	72	34.00	0.34	37.23	2 048	239
	3.1	6	10	1.46	3.23	14.55	5.93	176.51	112.61	5.12	3.11	1.24	3.13	6.99	1.29	3.20	0.16	29.10	0.73	73	34.67	0.33	38.77	2 048	239
50	3.1	4	8	1.87	3.74	14.95	6.30	177.51	111.58	5.64	3.63	1.33	3.28	8.47	1.38	4.11	0.21	37.38	0.93	75	35.33	0.34	38.73	2 275	265
	3.1	6	8	1.90	3.8	15.19	6.34	181.76	115.83	5.67	3.67	1.33	3.28	8.55	1.38	4.18	0.21	37.98	0.95	76	36.00	0.34	40.27	2 275	265
	3.5	4	10	1.58	3.16	15.82	6.41	191.71	120.24	5.65	3.42	1.37	3.33	7.67	1.41	3.48	0.17	31.64	0.79	77	38.00	0.34	41.40	2 275	265
	3.5	6	10	1.61	3.21	16.06	6.45	195.96	124.49	5.68	3.45	1.37	3.33	7.74	1.41	3.53	0.18	32.12	0.80	78	38.67	0.34	42.93	2 275	265
55	3.1	4	10	1.95	3.54	15.58	6.71	182.62	114.71	5.73	3.73	1.42	3.57	8.97	1.48	4.28	0.21	38.95	0.97	80	36.67	0.34	40.23	2 506	292
	3.1	6	8	1.98	3.60	15.82	6.75	186.87	118.96	5.77	3.77	1.42	3.57	9.06	1.48	4.35	0.22	39.55	0.99	81	37.33	0.34	41.77	2 506	292
	3.5	4	8	2.06	3.74	16.45	6.82	196.82	123.37	6.24	4.02	1.46	3.62	9.32	1.51	4.52	0.22	41.13	1.03	82	39.33	0.35	42.90	2 506	292
	3.5	6	8	2.09	3.79	16.69	6.86	201.07	127.62	6.28	4.06	1.46	3.62	9.41	1.51	4.59	0.23	41.73	1.04	83	40.00	0.35	44.43	2 506	292

附表6　绒山羊母羊哺乳期每日营养需要量

体重 (kg)	产奶量 (kg)	毛增重 (g/d)	日粮能量含量 (MJ/kg)	干物质采食量 (kg/d)	干物质采食量/BW (%)	代谢能 (MJ/d)	净能 (MJ/d)	粗蛋白质 (g/d)	可消化粗蛋白质 (g/d)	钙 (g/d)	磷 (g/d)	钠 (g/d)	氯 (g/d)	钾 (g/d)	镁 (g/d)	硫 (g/d)	钴 (g/d)	铜 (g/d)	碘 (g/d)	铁	锰 (g/d)	硒 (g/d)	锌 (g/d)	维生素A (RE/d)	维生素E (IU/d)
30	0.3	2	8	0.94	3.14	7.54	4.86	80.84	53.27	2.47	1.73	0.83	2.85	5.06	1.02	2.45	0.10	18.85	0.47	8	9.87	0.38	21.53	1 605	168
	0.3	4	8	0.97	3.24	7.77	4.90	84.95	55.87	2.51	1.77	0.83	2.85	5.14	1.02	2.52	0.11	19.42	0.49	9	10.53	0.38	23.07	1 605	168
	0.6	2	10	0.91	3.03	9.10	5.84	110.84	75.47	3.27	2.12	1.01	3.80	5.63	1.31	2.37	0.10	18.20	0.46	10	11.07	0.48	32.53	1 605	168
	0.6	4	10	0.93	3.11	9.33	5.88	114.95	78.00	3.30	2.15	1.01	3.80	5.70	1.31	2.43	0.10	18.66	0.47	11	11.73	0.48	34.07	1 605	168
	0.9	2	12	0.89	2.96	10.66	6.82	140.84	97.67	4.08	2.52	1.18	4.74	6.23	1.61	2.31	0.10	17.77	0.44	12	12.27	0.57	43.53	1 605	168
	0.9	4	12	0.91	3.03	10.89	6.86	144.95	100.27	4.11	2.54	1.18	4.74	6.29	1.61	2.36	0.11	18.16	0.45	13	12.93	0.57	45.07	1 605	168
	1.2	2	12	1.02	3.40	12.23	7.80	170.84	119.87	5.09	3.11	1.36	5.69	7.28	1.90	2.65	0.11	20.38	0.51	14	13.47	0.67	54.53	1 605	168
	1.2	4	12	1.04	3.46	12.46	7.84	174.95	122.47	5.11	3.14	1.36	5.69	7.33	1.90	2.70	0.11	20.76	0.52	15	14.13	0.67	56.07	1 605	168
35	0.3	2	8	1.03	2.94	8.24	5.33	86.61	56.81	2.58	1.84	0.94	3.16	5.59	1.14	2.68	0.12	20.61	0.52	9	11.20	0.38	23.03	1 873	196
	0.3	4	8	1.06	3.03	8.47	5.37	90.72	59.41	2.62	1.88	0.94	3.16	5.67	1.14	2.75	0.12	21.18	0.53	10	11.87	0.38	24.57	1 873	196
	0.6	2	8	1.23	3.50	9.81	6.31	116.61	79.01	3.66	2.51	1.12	4.11	6.82	1.44	3.19	0.13	24.52	0.61	11	12.40	0.48	34.03	1 873	196
	0.6	4	8	1.25	3.58	10.04	6.35	120.72	81.61	3.70	2.55	1.12	4.11	6.90	1.44	3.26	0.14	25.09	0.63	12	13.07	0.48	35.57	1 873	196
	0.9	2	10	1.14	3.25	11.37	7.29	146.61	101.21	4.39	2.83	1.29	5.06	7.23	1.73	2.96	0.13	22.74	0.57	13	13.60	0.58	45.03	1 873	196
	0.9	4	10	1.16	3.31	11.60	7.33	150.72	103.81	4.42	2.86	1.29	5.06	7.30	1.73	3.02	0.13	23.20	0.58	14	14.27	0.58	46.57	1 873	196
	1.2	2	12	1.08	3.08	12.93	8.27	176.61	123.41	5.16	3.18	1.47	6.01	7.72	2.02	2.80	0.12	21.55	0.54	15	14.80	0.67	56.03	1 873	196
	1.2	4	12	1.10	3.13	13.16	8.31	180.72	126.01	5.18	3.21	1.47	6.01	7.78	2.02	2.85	0.12	21.94	0.55	16	15.47	0.67	57.57	1 873	196
40	0.3	2	8	1.12	2.79	8.92	5.79	92.17	60.22	2.69	1.95	1.05	3.48	6.11	1.26	2.90	0.12	22.31	0.56	10	12.53	0.38	24.53	2 140	224
	0.3	4	8	1.14	2.86	9.15	5.83	96.28	62.82	2.72	1.98	1.05	3.48	6.19	1.26	2.98	0.13	22.89	0.57	11	13.20	0.38	26.07	2 140	224
	0.6	2	8	1.31	3.28	10.49	6.77	122.17	82.42	3.77	2.62	1.23	4.43	7.34	1.56	3.41	0.14	26.22	0.66	12	13.73	0.48	35.53	2 140	224
	0.6	4	8	1.14	2.86	9.15	5.83	122.17	62.82	2.72	1.98	1.05	3.48	6.19	1.26	2.98	0.13	22.89	0.57	13	13.20	0.38	26.07	2 140	224
	0.9	2	8	1.21	3.01	12.05	7.74	152.17	104.62	4.48	2.92	1.40	5.38	7.70	1.85	3.13	0.13	24.10	0.60	14	14.93	0.58	46.53	2 140	224
	0.9	4	8	1.54	3.84	12.28	7.79	156.28	107.22	4.89	3.33	1.40	5.38	8.66	1.85	3.99	0.17	30.70	0.77	15	15.60	0.58	48.07	2 140	224
	1.2	2	12	1.13	2.84	13.61	8.72	182.17	126.82	5.23	3.26	1.58	6.33	8.17	2.14	2.95	0.12	22.69	0.57	16	16.13	0.67	57.53	2 140	224
	1.2	4	12	1.15	2.88	13.84	8.76	186.28	129.42	5.25	3.28	1.58	6.33	8.22	2.14	3.00	0.13	23.07	0.58	17	16.80	0.67	59.07	2 140	224

（续）

体重 (kg)	产奶量 (kg)	毛增重 (g/d)	日粮能量含量 (MJ/kg)	干物质采食量 (kg/d)	干物质采食量/BW (%)	代谢能 (MJ/d)	净能 (MJ/d)	粗蛋白质 (g/d)	可消化粗蛋白质 (g/d)	钙 (g/d)	磷 (g/d)	钠 (g/d)	氯 (g/d)	钾 (g/d)	镁 (g/d)	硫 (g/d)	钴 (g/d)	铜 (g/d)	碘 (g/d)	铁 (g/d)	锰 (g/d)	硒 (g/d)	锌 (g/d)	维生素A (RE/d)	维生素E (IU/d)
45	0.3	4	8	1.23	2.73	9.81	6.27	101.67	66.12	2.82	2.09	1.16	3.80	6.71	1.39	3.19	0.13	24.54	0.61	11	14.53	0.39	27.57	2 408	252
	0.3	6	8	1.26	2.79	10.05	6.31	105.92	68.71	2.86	2.12	1.16	3.80	6.80	1.39	3.27	0.14	25.14	0.63	12	15.20	0.39	29.10	2 408	252
	0.6	4	8	1.42	3.16	11.38	7.25	131.67	88.32	3.91	2.76	1.34	4.74	7.94	1.68	3.70	0.16	28.44	0.71	13	15.73	0.49	38.57	2 408	252
	0.6	6	8	1.45	3.23	11.62	7.29	135.92	90.91	3.95	2.80	1.34	4.74	8.03	1.68	3.78	0.16	29.04	0.73	14	16.40	0.49	40.10	2 408	252
	0.9	4	10	1.29	2.88	12.94	8.23	161.67	110.52	4.59	3.03	1.51	5.69	8.24	1.97	3.36	0.14	25.88	0.65	15	16.93	0.58	49.57	2 408	252
	0.9	6	10	1.32	2.93	13.18	8.27	165.92	113.11	4.62	3.06	1.51	5.69	8.31	1.97	3.43	0.14	26.36	0.66	16	17.60	0.58	51.10	2 408	252
	1.2	4	10	1.45	3.22	14.50	9.20	191.67	132.72	5.62	3.65	1.69	6.64	9.36	2.26	3.77	0.16	29.01	0.73	17	18.13	0.68	60.57	2 408	252
	1.2	6	10	1.47	3.28	14.74	9.24	195.92	135.31	5.65	3.68	1.69	6.64	9.43	2.26	3.83	0.16	29.49	0.74	18	18.80	0.68	62.10	2 408	252
50	0.3	4	8	1.31	2.61	10.46	6.70	106.92	69.34	2.92	2.19	1.27	4.11	7.22	1.51	3.40	0.14	26.14	0.65	12	15.87	0.39	29.07	2 675	280
	0.3	6	8	1.34	2.67	10.70	6.74	111.17	71.93	2.96	2.23	1.27	4.11	7.31	1.51	3.48	0.15	26.74	0.67	13	16.53	0.39	30.60	2 675	280
	0.6	4	8	1.50	3.00	12.02	7.68	136.92	91.54	4.01	2.86	1.45	5.06	8.45	1.80	3.91	0.17	30.05	0.75	14	17.07	0.49	40.07	2 675	280
	0.6	6	8	1.53	3.06	12.26	7.72	141.17	94.13	4.05	2.90	1.45	5.06	8.54	1.80	3.98	0.17	30.65	0.77	15	17.73	0.49	41.60	2 675	280
	0.9	4	8	1.70	3.40	13.58	8.65	166.92	113.74	5.09	3.54	1.62	6.01	9.68	2.09	4.41	0.19	33.95	0.85	16	18.27	0.59	51.07	2 675	280
	0.9	6	8	1.73	3.46	13.82	8.69	171.17	116.33	5.13	3.57	1.62	6.01	9.77	2.09	4.49	0.19	34.55	0.86	17	18.93	0.59	52.60	2 675	280
	1.2	4	10	1.51	3.03	15.14	9.63	196.92	135.94	5.70	3.73	1.80	6.96	9.82	2.38	3.94	0.17	30.29	0.76	18	19.47	0.68	62.07	2 675	280
	1.2	6	10	1.54	3.08	15.38	9.67	201.17	138.53	5.73	3.76	1.80	6.96	9.89	2.38	4.00	0.17	30.77	0.77	19	20.13	0.68	63.60	2 675	280
55	0.3	4	8	1.39	2.52	11.08	7.12	112.03	72.47	3.02	2.29	1.38	4.43	7.72	1.63	3.60	0.15	27.70	0.69	13	17.20	0.39	30.57	2 943	308
	0.3	6	8	1.42	2.57	11.32	7.16	116.28	75.06	3.06	2.32	1.38	4.43	7.81	1.63	3.68	0.16	28.30	0.71	14	17.87	0.39	32.10	2 943	308
	0.6	4	8	1.58	2.87	12.64	8.09	142.03	94.67	4.11	3.00	1.56	5.38	8.95	1.92	4.11	0.17	31.61	0.79	15	18.40	0.49	41.57	2 943	308
	0.6	6	8	1.61	2.93	12.88	8.13	146.28	97.26	4.14	3.06	1.56	5.38	9.04	1.92	4.19	0.18	32.21	0.81	16	19.07	0.49	43.10	2 943	308
	0.9	4	8	1.78	3.23	14.21	9.07	172.03	116.87	5.19	3.63	1.73	6.33	10.19	2.21	4.62	0.20	35.52	0.89	17	19.60	0.59	52.57	2 943	308
	0.9	6	8	1.81	3.28	14.45	9.11	176.28	119.46	5.23	3.67	1.73	6.33	10.27	2.21	4.70	0.20	36.12	0.90	18	20.27	0.59	54.10	2 943	308
	1.2	4	10	1.58	2.87	15.77	10.05	202.03	139.07	5.78	3.81	1.91	7.27	10.28	2.51	4.10	0.17	31.54	0.79	19	20.60	0.68	63.57	2 943	308
	1.2	6	10	1.60	2.91	16.01	10.09	206.28	141.66	5.81	3.84	1.91	7.27	10.35	2.51	4.16	0.18	32.02	0.80	20	21.47	0.68	65.10	2 943	308

附表7 绒山羊种公羊非配种期每日营养需要量

体重 (kg)	日增重 (g/d)	毛增重 (g/d)	配种次数 (次/d)	日粮能量含量 (MJ/kg)	干物质采食量 (kg/d)	干物质采食量 BW (%)	代谢能 (MJ/d)	净能 (MJ/d)	粗蛋白质 (g/d)	可消化粗蛋白质 (g/d)	钙 (g/d)	磷 (g/d)	钠 (g/d)	氯 (g/d)	钾 (g/d)	镁 (g/d)	硫 (g/d)	钴 (g/d)	铜 (g/d)	碘 (g/d)	铁 (g/d)	锰 (g/d)	硒 (g/d)	锌 (g/d)	维生素A (RE/d)	维生素E (IU/d)
30	10	2	—	8	0.98	3.28	7.87	4.78	81.19	47.62	1.97	1.05	0.58	0.84	4.54	0.55	2.16	0.11	24.60	0.49	11	9.60	0.30	12.20	942	159
	10	4	—	8	1.01	3.38	8.10	4.82	85.30	50.22	2.00	1.07	0.58	0.84	4.62	0.55	2.23	0.11	25.31	0.51	12	10.27	0.30	13.73	942	159
	30	2	—	10	0.94	3.14	9.43	5.36	98.55	63.02	2.49	1.21	0.62	0.86	4.47	0.59	2.07	0.10	23.58	0.47	13	11.47	0.33	15.53	942	159
	30	4	—	10	0.97	3.22	9.66	5.40	102.66	65.62	2.51	1.23	0.62	0.86	4.54	0.59	2.13	0.11	24.15	0.48	14	12.13	0.33	17.07	942	159
40	10	2	—	8	1.19	2.98	9.53	5.85	97.73	56.69	2.22	1.23	0.77	1.11	5.69	0.72	2.62	0.13	29.77	0.60	13	12.27	0.30	15.20	1 256	212
	10	4	—	8	1.22	3.05	9.76	5.89	101.84	59.29	2.26	1.25	0.77	1.11	5.77	0.72	2.68	0.13	30.49	0.61	14	12.93	0.30	16.73	1 256	212
	30	2	—	8	1.39	3.46	11.09	6.43	115.09	72.09	3.04	1.60	0.81	1.14	6.31	0.76	3.05	0.15	34.64	0.69	15	14.13	0.34	18.53	1 256	212
	30	4	—	8	1.41	3.54	11.32	6.47	119.20	74.69	3.07	1.63	0.81	1.14	6.39	0.76	3.11	0.16	35.36	0.71	16	14.80	0.34	20.07	1 256	212
50	10	4	—	8	1.41	2.83	11.31	6.89	117.37	67.81	2.50	1.42	0.96	1.39	6.89	0.90	3.11	0.16	35.34	0.71	15	15.60	0.31	19.73	1 570	265
	10	6	—	8	1.44	2.89	11.55	6.93	121.62	70.40	2.54	1.45	0.96	1.39	6.97	0.90	3.18	0.16	36.09	0.72	16	16.27	0.31	21.27	1 570	265
	30	4	—	8	1.61	3.22	12.87	7.47	134.73	83.21	3.32	1.80	1.00	1.41	7.50	0.94	3.54	0.18	40.21	0.80	17	17.47	0.34	23.07	1 570	265
	30	6	—	8	1.64	3.28	13.11	7.51	138.98	85.80	3.35	1.82	1.00	1.41	7.59	0.94	3.60	0.18	40.96	0.82	18	18.13	0.34	24.60	1 570	265
60	10	4	—	8	1.60	2.66	12.79	7.85	132.14	75.91	2.73	1.59	1.15	1.66	7.98	1.07	3.52	0.18	39.95	0.80	17	18.27	0.31	22.73	1 884	318
	10	6	—	8	1.63	2.71	13.03	7.89	136.39	78.50	2.77	1.61	1.15	1.66	8.06	1.07	3.58	0.18	40.70	0.81	18	18.93	0.31	24.27	1 884	318
	30	4	—	8	1.79	2.99	14.35	8.43	149.50	91.31	3.55	1.96	1.19	1.69	8.59	1.11	3.94	0.20	44.83	0.90	19	20.13	0.35	26.07	1 884	318
	30	6	—	8	1.82	3.04	14.59	8.47	153.75	93.90	3.58	1.99	1.19	1.69	8.68	1.11	4.01	0.20	45.58	0.91	20	20.80	0.35	27.60	1 884	318
70	10	6	—	8	1.81	2.58	14.44	8.81	150.55	86.27	2.99	1.77	1.33	1.94	9.13	1.25	3.97	0.20	45.13	0.90	19	21.60	0.31	27.27	2 198	371
	10	8	—	8	1.74	2.48	13.89	8.56	146.20	81.21	2.62	1.61	1.31	1.93	8.91	1.23	3.82	0.19	43.41	0.87	20	21.33	0.30	27.13	2 198	371
	30	6	—	8	2.00	2.86	16.00	9.39	167.91	101.67	3.80	2.14	1.37	1.96	9.75	1.29	4.40	0.22	50.00	1.00	21	23.47	0.35	30.60	2 198	371
	30	8	—	8	2.03	2.90	16.23	9.43	172.24	104.31	3.84	2.17	1.37	1.96	9.83	1.29	4.46	0.22	50.72	1.01	22	24.13	0.35	32.13	2 198	371
80	10	6	—	8	1.98	2.47	15.81	9.69	164.22	93.76	3.20	1.92	1.52	2.21	10.18	1.42	4.35	0.22	49.40	0.99	21	24.27	0.32	30.27	2 512	424
	10	8	—	8	2.00	2.51	16.04	9.73	168.55	96.40	3.24	1.95	1.52	2.21	10.26	1.42	4.41	0.22	50.12	1.00	22	24.93	0.32	31.80	2 512	424
	30	6	—	8	2.17	2.71	17.37	10.27	181.58	109.16	4.02	2.29	1.56	2.24	10.80	1.46	4.78	0.24	54.27	1.09	23	26.13	0.35	33.60	2 512	424
	30	8	—	8	2.20	2.75	17.60	10.31	185.91	111.80	4.05	2.32	1.56	2.24	10.88	1.46	4.84	0.24	54.99	1.10	24	26.80	0.35	35.13	2 512	424

图书在版编目（CIP）数据

辽宁绒山羊 / 姜怀志等著 . —北京：中国农业出
版社，2020.1
（中国特色畜禽遗传资源保护与利用丛书）
国家出版基金项目
ISBN 978 - 7 - 109 - 26452 - 6

Ⅰ.①辽… Ⅱ.①姜… Ⅲ.①山羊－毛用羊－饲养管
理 Ⅳ.①S827.9

中国版本图书馆 CIP 数据核字（2020）第 010180 号

内容提要：辽宁绒山羊是我国乃至世界著名的绒山羊品种，对推动我国绒山羊业的发展发挥了重要作用。本书以著者们多年来在辽宁绒山羊的系统研究成果为基础，系统地介绍了辽宁绒山羊的品种特性、皮肤与毛囊结构、产绒性能与山羊绒品质、繁殖性能、生物学特性、重要经济性状遗传规律及形成机制、营养需求与饲养管理等内容，同时对我国绒山羊业的发展状况及辽宁绒山羊的应用前景进行了总结和分析。本书可供从事绵、山羊遗传育种及相关学科研究、教学工作者及技术推广工作的专业技术人员阅读参考。

中国农业出版社出版
地址：北京市朝阳区麦子店街 18 号楼
邮编：100125
责任编辑：周锦玉　　文字编辑：陈睿赜
版式设计：杨　婧　　责任校对：刘丽香
印刷：北京通州皇家印刷厂
版次：2020 年 1 月第 1 版
印次：2020 年 1 月北京第 1 次印刷
发行：新华书店北京发行所
开本：720mm×960mm　1/16
印张：16　　插页：8
字数：259 千字
定价：115.00 元

彩图2-1　辽宁绒山羊种公羊　　　　　　彩图2-2　辽宁绒山羊成年母羊

彩图2-3　辽宁绒山羊母羊群体

彩图2-4　主产区改良前的绒山羊群体　　　彩图2-5　主产区改良后的绒山羊群体

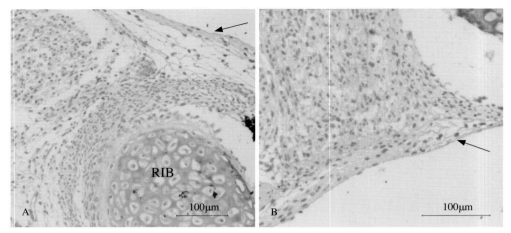

彩图 3-1　45d 胚龄辽宁绒山羊胎儿皮肤形态
箭头所示为 45d 胚龄胎儿表皮的角质化细胞；RIB.肋骨断面

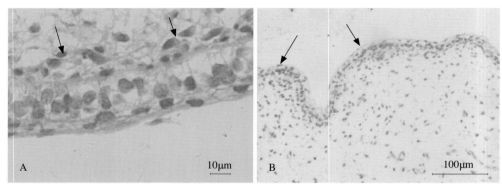

彩图 3-2　60d 胚龄辽宁绒山羊胎儿皮肤和毛囊形态
A.箭头所示的拱形结构为真皮叶间细胞；
B.箭头所示为聚集的上皮角质化细胞

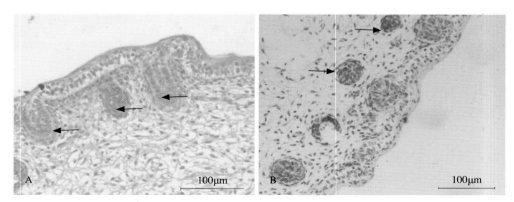

彩图 3-3　75d 胚龄辽宁绒山羊胎儿皮肤和毛囊形态
A.箭头所示为由真皮叶间细胞构成的柱状结构；B.箭头所示为真皮浓缩核

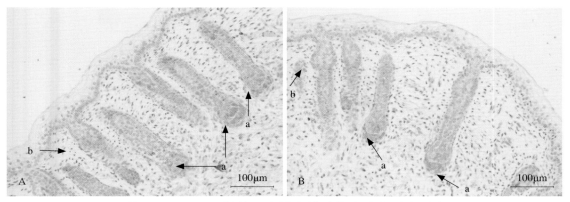

彩图3-4　90d胚龄的辽宁绒山羊胎儿皮肤和毛囊形态
a.毛球；b.毛囊膨大部

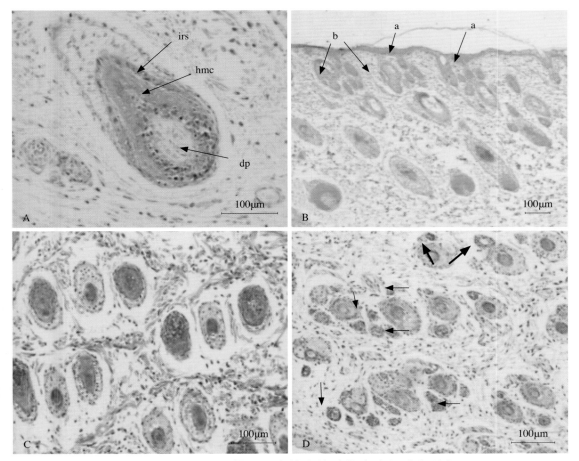

彩图3-5　105d胚龄的辽宁绒山羊胎儿皮肤和毛囊形态
A.dp为已经发育成熟的真皮乳头，hmc为毛母质细胞，irs为毛母质细胞外周的内根鞘；
B.a为次级毛囊原始体，sg为已经形成的皮脂腺；
D.细箭头所示为分布于初级毛囊周围的次级毛囊原始体，粗箭头所示为汗腺

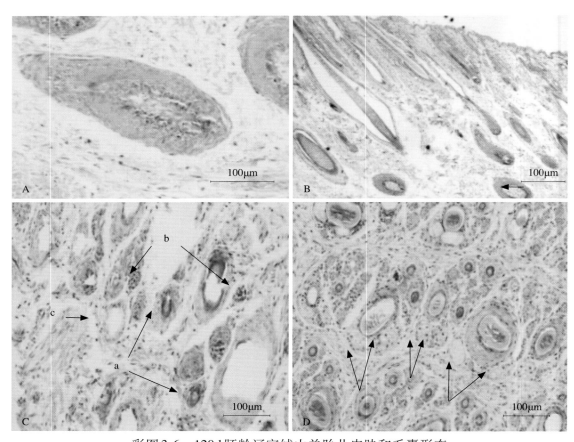

彩图3-6　120d胚龄辽宁绒山羊胎儿皮肤和毛囊形态
C.箭头a所示为已经成熟的次级毛囊，箭头b所示为正在发生的次级毛囊，
箭头c所示为体积明显增大的汗腺；D.箭头所示为位于初级毛囊两侧的个皮脂腺

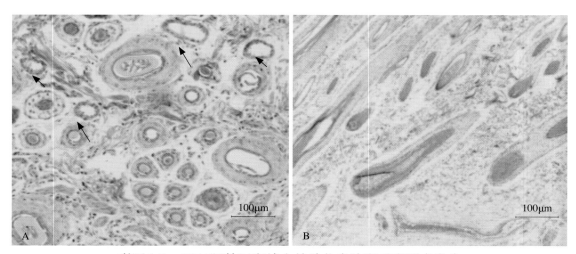

彩图3-7　135d胚龄辽宁绒山羊胎儿皮肤和毛囊形态发生
箭头所示为汗腺

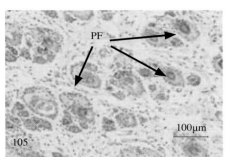

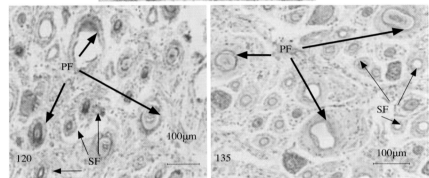

彩图3-8　辽宁绒山羊不同胚龄胎儿毛囊活性状态
PF.初级毛囊；SF.次级毛囊（下同）

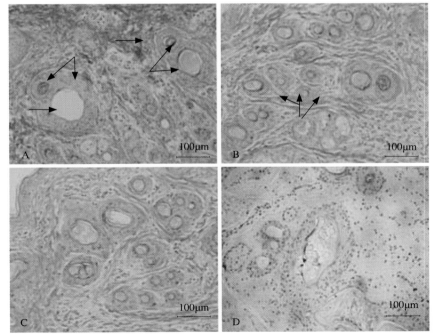

彩图3-9　辽宁绒山羊成年母羊近表皮层的初级毛囊（A、B）和次级毛囊（C、D）
A.箭头所示为5月份时两处"新旧并存"的初级毛囊；
B.箭头所示为11月份时"新旧并存"的初级毛囊

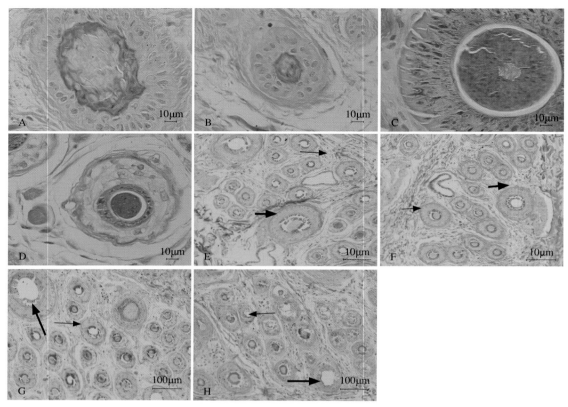

彩图3-10　辽宁绒山羊成年母羊毛囊的不同活性状态
E和F.粗箭头所示为初级毛囊，细箭头所示为次级毛囊；
G和H.粗箭头所示为无活性的初级毛囊，细箭头所示为次级毛囊

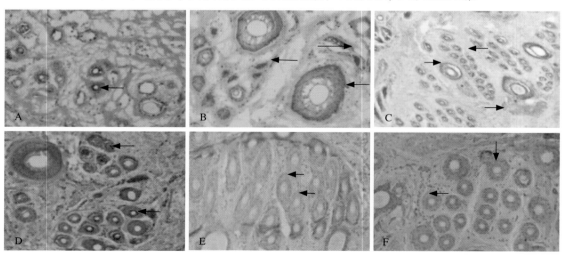

彩图3-11　辽宁绒山羊不同月份皮肤毛囊细胞凋亡检测结果（横切）
A.2月份　B.4月份　C.6月份　D.8月份　E.10月份　F.12月份
箭头所示为聚集的呈阳性的凋亡毛囊细胞

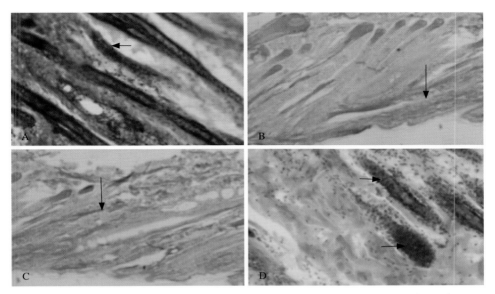

彩图3-12　辽宁绒山羊不同月份皮肤毛囊细胞凋亡检测结果（纵切）

A.6月份　B.8月份　C.12月份　D.2月份

箭头所示为聚集的呈阳性的凋亡毛囊细胞

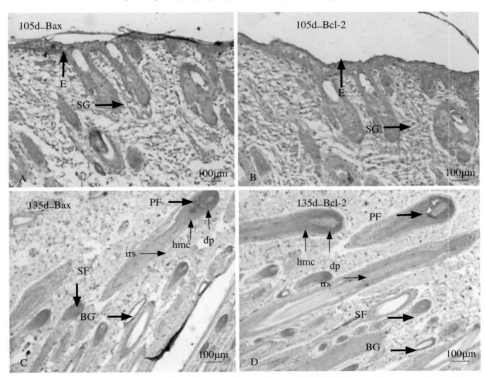

彩图3-13　*Bax*和*Bcl-2*基因在辽宁绒山羊不同胚龄胚胎皮肤中的表达部位

E.表皮；SG.皮脂腺；BG.汗腺；PF.初级毛囊；SF.次级毛囊；

hmc.毛母质细胞；irs.内根鞘；dp.真皮乳头

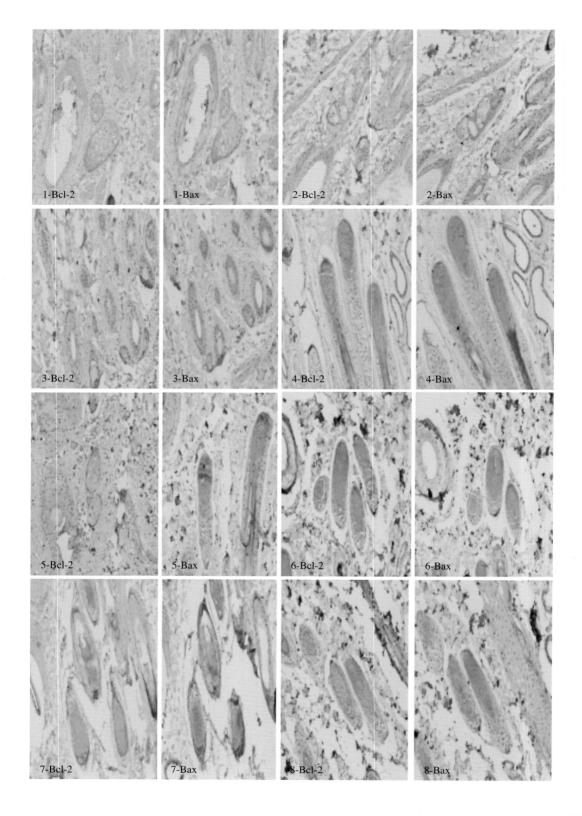

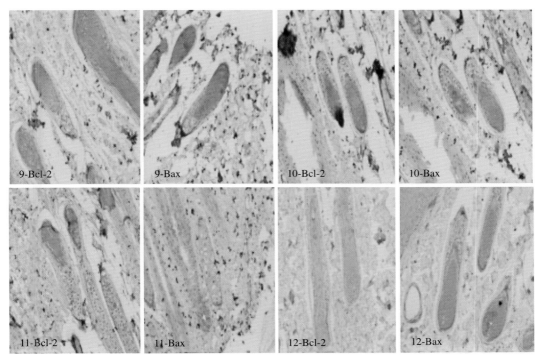

彩图3-14　辽宁绒山羊成年母羊不同月份皮肤的Bax和Bcl-2表达

1–Bcl–2表示1月份Bcl-2表达图片；1–Bax表示1月份Bax表达图片；余同

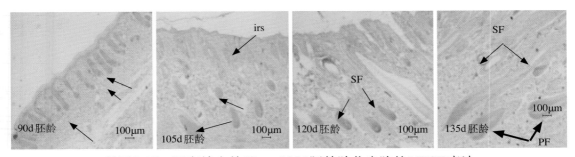

彩图3-15　辽宁绒山羊90～135d胚龄胎儿皮肤的VEGF表达

irs.内根鞘；PF.初级毛囊；SF.次级毛囊；无字母箭头所示为阳性表达VEGF的部位

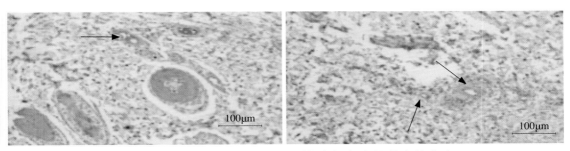

彩图3-16　辽宁绒山羊135d胚龄胎儿皮肤的微血管分布

箭头所示为CD34阳性表达的微血管

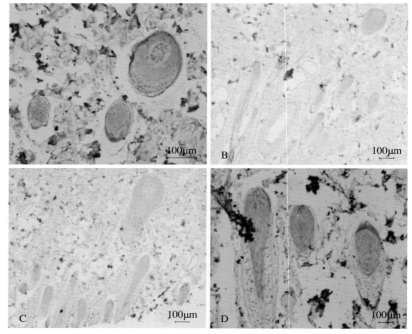

彩图3-17　辽宁绒山羊成年母羊不同月份的VEGF表达
A.4月份　B.6月份　C.7月份　D.8月份

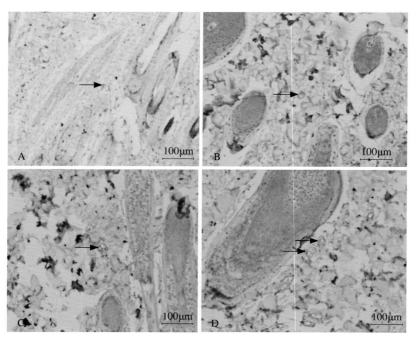

彩图3-18　辽宁绒山羊成年母羊不同月份的微血管分布
A.4月份　B.6月份　C.7月份　D.8月份
箭头所示为CD34阳性表达的微血管

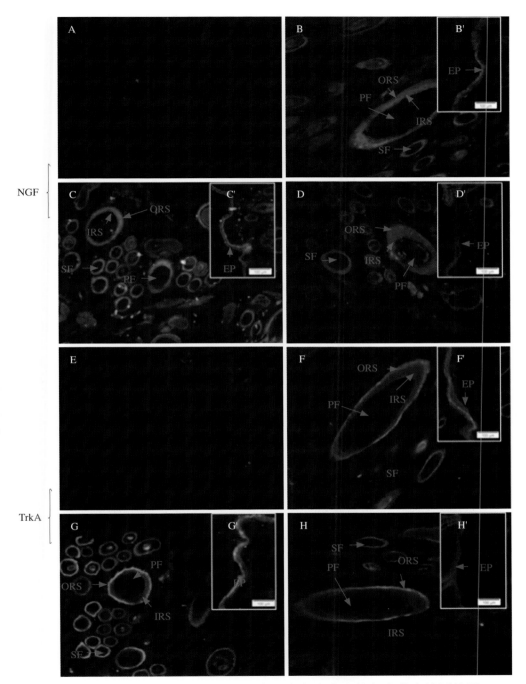

彩图3-19　NGF和TrkA蛋白在毛囊和表皮中的免疫荧光检测结果

A、E.对照　B、F.休止期　C、G.生长期　D、H.退行期

阳性染色显示为绿色；A～H为NGF和TrkA蛋白在毛囊中的表达；

B'～D'、F'～H'为NGF和TrkA在表皮中的表达（A、E为对照）；EP.表皮；

PF.初级毛囊；SF.次级毛囊；IRS.内根鞘；ORS.外根鞘；DP.真皮乳头（放大倍数100×）

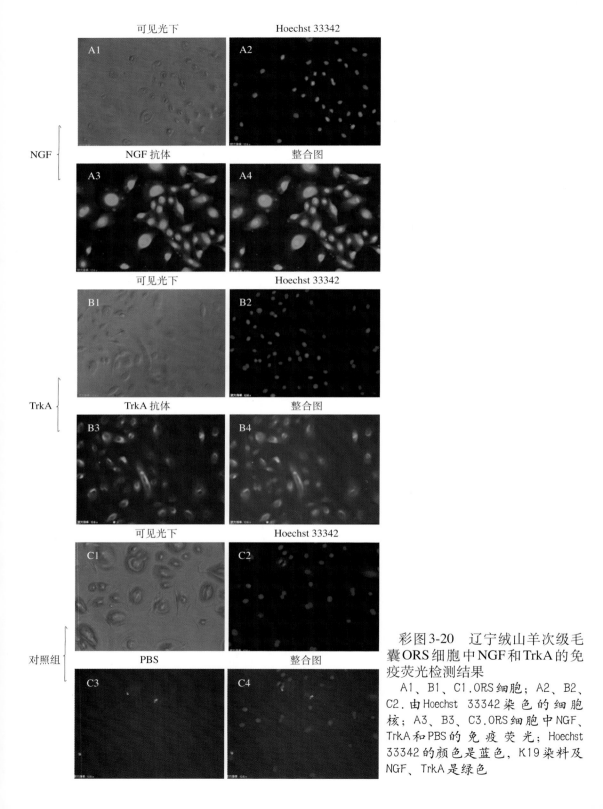

彩图3-20　辽宁绒山羊次级毛囊ORS细胞中NGF和TrkA的免疫荧光检测结果

A1、B1、C1.ORS细胞；A2、B2、C2.由Hoechst 33342染色的细胞核；A3、B3、C3.ORS细胞中NGF、TrkA和PBS的免疫荧光；Hoechst 33342的颜色是蓝色，K19染料及NGF、TrkA是绿色

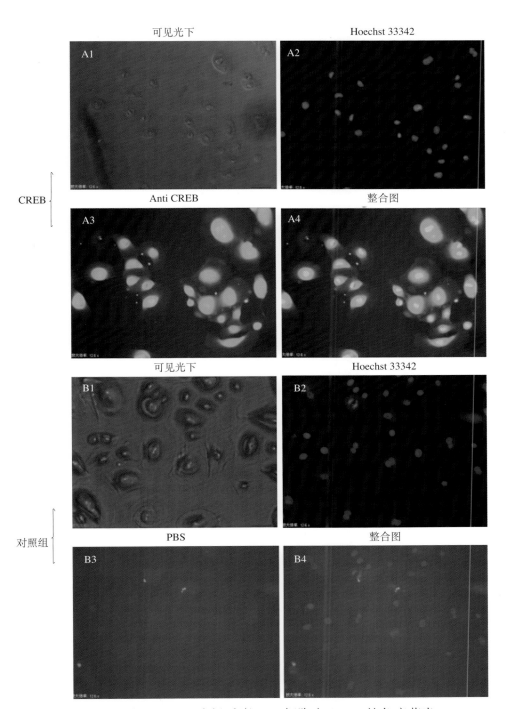

彩图3-21　次级毛囊ORS细胞中CREB的免疫荧光

A1、B1.ORS细胞；A2、B2.由Hoechst 33342染色的细胞核；A3、B3.ORS细胞中CREB、PBS的免疫荧光；Hoechst 33342的颜色是蓝色，CREB的颜色是绿色

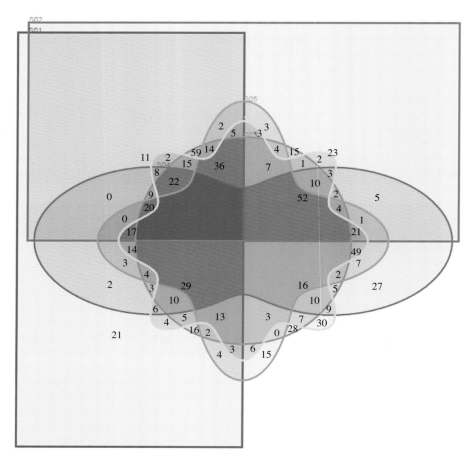

彩图3-22　辽宁绒山羊和细毛羊共有及特有miRNA数量维恩图

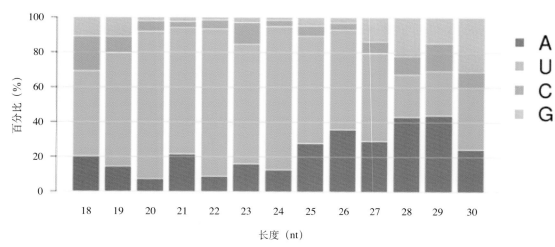

彩图3-23　不同长度小RNA的首位点碱基分布
横坐标表示不同长度序列；纵坐标表示各长度中首位点碱基所占百分比

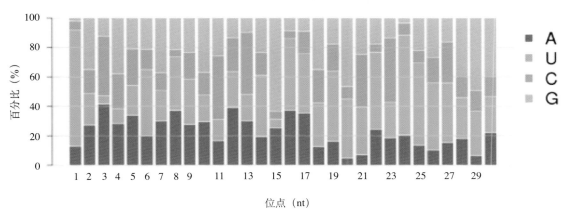

彩图3-24　小RNA各位点碱基偏好
横坐标表示序列各位点；纵坐标表示各位点碱基所占百分比

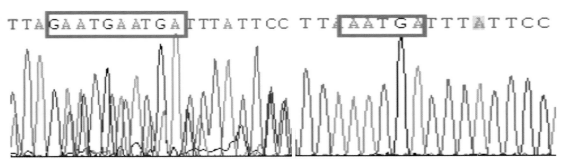

彩图3-25　突变前后的TGFBR1靶位点序列
左为突变前；右为突变后

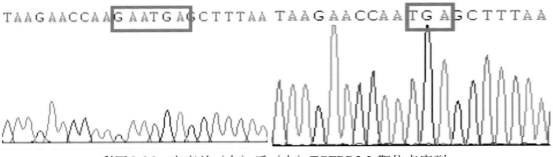

彩图3-26　突变前（左）后（右）TGFBR2-L靶位点序列

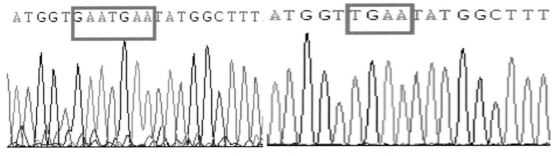

彩图3-27　突变前（左）后（右）FGF2-L靶位点序列

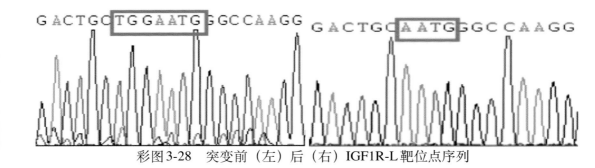

彩图3-28　突变前（左）后（右）IGF1R-L靶位点序列

彩图3-29　突变前（左）后（右）FGF14-L靶位点序列